悦客春晓

一日承千载，
桃源缀古今。
筑梦芳草地，
悦客见初心。

悦容春晓图

一承日
千戴桃
樂源
築古
夢今
草芳
容戊
見
心
和

保持历史耐心和战略定力，高质量高标准推动雄安新区规划建设。

——习近平总书记在 2019 年 1 月 18 日的京津冀协同发展座谈会上的讲话

雄 安 设 计 专 业 丛 书

高 质 量 发 展 的
中国园林营造法式探索

雄安新区悦容公园园林设计

（上　册）

河北雄安新区规划研究中心　编著

同济大学 出版社
TONGJI UNIVERSITY PRESS

序

　　设立河北雄安新区，是以习近平同志为核心的党中央深入推进京津冀协同发展作出的一项重大决策部署，是继深圳经济特区和上海浦东新区之后又一具有全国意义的新区，是千年大计、国家大事。按照党中央、国务院对雄安新区规划建设的总体部署，以疏解北京非首都功能为牛鼻子，高起点规划、高标准建设雄安新区。坚持世界眼光、国际标准、中国特色、高点定位，坚持生态优先、绿色发展，坚持以人民为中心，注重保障和改善民生，坚持保护弘扬中华优秀传统文化、延续历史文脉，努力打造贯彻落实新发展理念的创新发展示范区，成为新时代高质量发展的全国样板。

　　为深入贯彻党中央、国务院对《河北雄安新区规划纲要》《河北雄安新区总体规划（2018—2035年）》的批复精神，充分衔接《河北雄安新区绿色空间专项规划》和《河北雄安新区容东片区控制性详细规划》，雄安新区管委会组织开展悦容公园设计方案的研究制定工作，经过前期定位研究、国际方案征集、实施方案优化综合、知名设计大师众创、专家论证深化完善等多个阶段，集聚国内外造园智慧和经验，编制形成悦容公园林设计方案，并经相关程序审核通过，作为雄安新区2019年开工的67项重点工程，率先启动建设。

　　本书的编辑和出版充分体现此次雄安新区园林设计工作的创新性和示范意义，体现世界眼光、国际标准、中国特色、高点定位的要求，有利于悦容公园实施建设，提高设计和建设水平，便于同类型项目学习、借鉴和参考，为高质量规划建设城市大型绿色空间和中国特色园林提供示范和样板。

　　在指导思想上，坚持生态文明发展战略，尊重自然、顺应自然、道法自然，践行"绿水青山就是金山银山"的理念。雄安新区蓝绿空间占比70%，坚持人与自然和谐共生，坚持以人民为中心，营造优质的绿色生态环境；完善大型公共绿地的服务功能、生态功能，丰富活动内涵，保障公共安全，传承历史文脉，精心塑造可游、可赏、可读的绿色人文空间；坚持弘扬中华优秀传统文化，保留中华文化基因，彰显地域文化特色，坚持中西合璧、以中为主、古今交融。中华优秀传统文化是中华民族在五千年历史长河中积淀下来的理性思辨和生存智慧，可谓源远流长、生生不息，在内容特质、时代价值、国际影响等方面均彰显其独特的魅力。中国园林作为中国哲学意识形态的具体表现，倡导"天人合一，师法自然""虽由人作，宛自天开"，蕴含着博大精深的文化内涵和精神思想，南北园林北雄南秀、北刚南柔的特征精粹和美学艺术，乃中华文化之瑰宝，对于传承中国传统造园智慧意义深远。

　　在造园理念上，遵循中华民族的哲学思想，切实保护并妥善利用城市的自然和人文资源。中华民族数千年来形成的宇宙观就是"天人合一"。管子说："人与天调，天下之美生。"生态环境保护和园林景观美的创作都应以与自然协调为前提。悦容公园规划设计以中国园林"天人合一，师法自然"的哲学理念为指导，以中国传统园林文化为核心，以中国造园史纲为脉络，集合南北园林造园法式精粹，充分运用中国传统园林造园智慧，以"城景融合"及"三段论"的叙事式设计方法，构建"一河两湖三进苑，千年绿脉显九园，融绘古今画中来，中国园林呈经典"的空间意象，打造城市绿色生态基底，解决城市滞蓄排涝、应急避难等功能，为市民创造绿色开放空间，提供休闲游憩、文化娱乐、健康生活等绿色服务，把出于自然美又高于自然

美的风景园林艺术美与社会美相融汇，绘就"大美雄安、中轴礼赞、筑梦桃源、秀美景苑"的悦容画卷。

在风貌特色上，以中国园林文化为核心，创造新时代的中国风景园林。中国盛行的山水诗画是"一方水土养一方人"的印证。城市、建筑、园林创作之源都是环境，以本土环境融入各地方人文彰显中国特色和地方风格。中华民族的风景，以"人与天调，天人共荣"的理念和特色自立于世界民族之林，越是民族的就越是世界的。悦容公园作为中国园林艺术传承和发展的载体，设计团队对中国传统园林理法作了深刻的研究，尤其是从《园冶》《园衍》等中国传统的造园著作中提炼、传承和发展经典造园理法，紧密结合现代社会居住、生产、生活和休闲文化需要，探索并创新现代中国风景园林。本书通过"一心见山水，三苑呈画卷，五介融城野，七美塑兹园，九师汇众智，共绘在此间"这一言简意赅的叙事方式，为人们讲述一个新时代的造园故事，总结悦容公园造园的"六章、十二法、七十二式"，让传统文化随着时代的发展更有生命力、创造力。

在营造法式上，遵循华北地区平原建城的规律，不挖湖堆山，"胸中有山方能画水，意中有水方许作山"，巧妙利用现状坑塘，借壁为"山"筑微丘，自北向南起伏延伸，犹续太行绵延之势；丘因水活，水得丘秀，随形就势的水系呈"一河两湖"的形态，承担地区排涝、蓄滞和海绵功能等；在写意山水间架基础上，挖掘"容城古八景"之"白塔鸦鸣"等景点，重塑历史风景名胜，形成乡愁记忆的新标志；全园"起、承、转、合"的空间序列，构成完整的园林布局章法。

在机制创新上，本次设计工作汇聚全国园林行业领军人物和国内外知名设计机构，集思广益、众创众规，历时一年半，充分汲取融合国际方案征集的先进理念和成果精华，多方案比选、多专业综合，聚焦雄安新时代的中国园林的传承和创新，以"创造历史、追求艺术"的精神，集中形成悦容公园"1+9+10"的设计方案成果体系，即1张规划蓝图、9个特色园、10个景观专项导则，实现全过程、全方位、全覆盖设计，帮助建设者加强对方案的认识和理解，提高建设水平。

千年雄安，典范之城！悦容公园是展示新时代中国园林传承与创新的示范工程，集聚了园林人的智慧和汗水！各参建团队按照统一规划、统一设计、统一建设的原则，坚持一张蓝图干到底，保持历史耐心和战略定力，以精益求精的工匠精神，推进建设、深入实践。愿悦容公园不负众望，展现中国传统园林的当代新篇，为雄安这幅城绿交融、林水相依的中国画卷再添浓墨重彩。

蓝绿交织绘底色，
城景应和寓生机。
工匠精神铸经典，
悦容筑梦见初心。

中国著名风景园林规划与设计教育家、中国工程院院士

前言

规划建设雄安新区，是党中央深入推进京津冀协同发展作出的一项重大决策部署，对于探索人口、经济密集地区优先开发新模式，调整优化京津冀城市布局和空间结构，培育创新驱动发展新引擎具有重大现实意义和深远历史意义。

按照党中央、国务院对《河北雄安新区规划纲要》《河北雄安新区总体规划（2018—2035年）》的批复精神，牢固树立和贯彻落实新发展理念，按照高质量发展要求，着眼建设北京非首都功能疏解集中承载地，创造"雄安质量"和推动高质量发展的全国样板，建设现代化经济体系新引擎，坚持世界眼光、国际标准、中国特色、高点定位，坚持生态、绿色发展，坚持以人民为中心，注重保障和改善民生，坚持保护和弘扬中华优秀传统文化，延续历史文脉，推动雄安新区实现更高水平、更有效率、更加公平、可持续发展的目标，建设成为绿色生态宜居新城区、创新驱动发展引领区、协调发展示范区、开放发展先行区，努力打造贯彻落实新发展理念的创新发展示范区。

根据《河北雄安新区规划纲要》和《河北雄安新区总体规划（2018—2035年）》确定的总体目标和发展部署，坚持一张蓝图干到底，坚持把绿色作为高质量发展的普遍形态，践行生态文明思想，贯彻落实"绿水青山就是金山银山"的理念，尊重自然、顺应自然、保护自然，统筹城、水、林、田、淀系统治理，统筹生产、生活、生态三大空间，统筹绿色廊道和景观建设，构建蓝绿交织、清新明亮、疏密有度、水城共融的城市空间布局，营造宁静、和谐、美丽的自然环境，全面提升生态环境质量，建设新时代的生态文明典范城市。塑造城市特色风貌，坚持中西合璧、以中为主、古今交融，弘扬中华优秀传统文化，保留中华文化基因，体现中华传统经典建筑元素，彰显地域文化特色，体现文明包容；加强城市设计，围绕功能定位，强化分区引导，形成中华风范、淀泊风光、创新风尚的新区风貌。塑造高品质城区生态环境，以城市森林、组团隔离带、生态廊道网络为载体，结合城市组团布局、各级公共中心和开放空间，因地制宜设计丰富多样的环境景观，实现城市功能和景观环境的相互渗透和有机融合。注重人性化、艺术化设计，打造优美、安全、舒适、共享的城市空间景观廊道和景观体系，提升城市空间品质与文化品位，实现城中有园、园中有城。塑造体现中华文明、凝聚城市精神、承载中心功能的城市轴线空间，借鉴中华传统营城理念，继承华北地区平原建城智慧，按照传承历史、开创未来的设计理念，构建绿色为底、功能多元、风貌协调、布局灵动、特色鲜明、文化内涵深厚的城市开放空间。

按照《河北雄安新区总体规划（2018—2035年）》《河北雄安新区绿色空间专项规划》和《河北雄安新区容东片区控制性详细规划》的内容要求，悦容公园位于起步区南北中轴线的北延伸段、容东片区与容城县城之间，规划布局定位为城市大型绿地空间，总面积约230公顷，承担着发挥轴线传承、绿色生态、休闲游憩、历史人文、公共服务、城市排涝、应急避难等多项综合功能，弘扬中国园林造园理念和营造法式，展示中国传统文化特色的重任，是雄安生态画卷的重要组成部分。根据党中央、国务院关于高起点规划、高标准建设雄安新区的总体部署和要求，在河北省委、省政府的坚强领导下，雄安新区管委会认真组织开展公园的设计方案研究和编制工作，汇聚全国园林行业领军人物和境内外知名设计机构，集思广益、众创众规，分别从前期定位研究、国际方案征集、实施方案优化综合、知名设计大师众创集创、专家论证深化完善五个阶段，聚焦新时代雄安对中国园林的传承和创新，集中形成雄安新区悦容公园设计方案。严格落实《河北雄安新区总体规划（2018—2035年）》《河北雄安新区容东片区控制性详细规划》，加强与现状资源的利用衔接，遵循"总—分—总"的工作思路，秉承"专业的事由专业团队做"和"设计全覆盖"的原则，充分汲取融合国际方案征集的先进理念和成果精华，经过多方案比选、多专业综合，规划形成一张蓝图。在后续方案设计过程中，不断扩充专家领衔的园林团队和建筑、桥梁、文化艺术等专业团队，坚持生态优先、绿色发展，以中国园林"天人合一，师法自然"理念为指导，以演绎中国造园史纲为脉络，以弘扬中国传统园林文化造园智慧为核心，以彰显南北园林营造法式精粹为特色，着力打造自然生态、环境优美、功能复合、安全舒适、文化浓厚、尺度宜人的绿色开放空间，实现人与自然和谐共生，让人民群众有更多的幸福感和获得感，绘就"大美雄安、中轴礼赞、筑梦桃源、秀美景苑"的悦容画卷，切实贯彻"把每一寸土地都规划得清清楚楚再开工建设"的要求，创造"雄安质量"。该方案历经585天的创作和推敲打磨，由南北方资深园林专家组成的专家组多轮评审把关，现已经雄安新区管委会有关程序审核通过，项目作为雄安新区2019年开工的67项重点工程，已经开工建设。

聚焦创新、绿色、协调、开放、共享五大发展理念，悦容公园规划设计以规划引领、尊重场地、传承文化、完善功能、面向未来为出发点，随形就势——往南承礼中轴线，穿城入淀；向北延伸生态脉，易水北泽，与大溵古淀、绿博园共同构成"方城居中、南北双苑"的规划格局。规划设计充分利用地形地貌现状、生态环境、历史人文等要素，明确公园的总体意象、目标定位、空间结构、营造法式、文化场景、公共活动和建设标准等，构建"一河两湖三进苑，千年绿脉显九园，融绘古今画中来，中国园林呈经典"的空间意象，"一河"指源自南拒马河堤之上的源远流长坊，包括向起步区南北轴线延伸的排涝、水系景观河道；"两湖"指以现状坑塘为依托并承担地区排涝、蓄滞和海绵功能的东湖、西湖；"三进苑"指因城市道路自然分割形成的北、中、南三苑，北苑——林泉成趣，自然朴野，中苑——大地诗画，园林集萃，南苑——蓝绿续轴，景苑胜概；"千年绿脉"指蓝绿交织的生态之脉，是悦容公园的空间骨架、生态基底；"九园"指汇聚中国南北园林特色、营造法式和园林文化精粹于一体的园中园，由九个知名的中国园林设计大师领衔主创设计，分别为松风园、环翠园、桃花园、白塔园、清音园、拾溪园、芳林园、燕乐园和曲水园，她们犹如九颗中国园林集萃的硕果，缀满枝头，挂结在悦容之树上，汲取着雄安沃土的养分，散发着中国园林的魅力和芬芳。每个园子都蕴涵着一个故事，营造着一种氛围，描绘着美好的生活，传承并创新着一套营造法式中国文化精神。设计通过生态界面、风景界面、活力界面、园林界面、礼仪界面5类共享界面的打造，实现公园与城市的渗透融合；通过生境、画境、意境、礼序、四时、需求、技艺7个层面，彰显园林之美；针对不同区域和空间特点，对全园水系、地形、置石、植物、建筑、桥梁、铺装、园林家具、智慧设施、养护修剪10个专项内容进行分类分区和定标定则，统一风格，统一形式，统一材质，统一色彩，统一命名方式，体现中国园林文化内涵、特色要求和时代特征，实现设计全覆盖。同时，植根中华基因，从中国山水精神和哲学的角度，对设计加以总结提炼，以古为源，形成悦容造园"六章、十二法、七十二式"，为后续方案实施、开工建设和传承学习提供有力支撑和保障，探索中国园林营造法式的传承、创新和发展。

按照高起点规划、高标准建设、高质量发展的要求，为进一步加强对新区高品质生态环境的建设指导，发挥样板示范作用，推广科学创新的工作机制和方法，创造"雄安质量"，利于悦容公园实施建设，提高设计和建设水平，便于同类型项目学习、借鉴和参考，集中整合、编写了雄安新区悦容公园园林设计成果，编写工作严格按照有关规定执行。

《雄安新区悦容公园园林设计》分为上下两册。上册为悦容公园完整的方案设计成果和中国园林营造法式的探索研究，下册为悦容公园营造技术集成应用指南和建成效果展示。上册第一章由"缘起"开篇，怀古叙今，简述雄安新区的设立背景、区域历史、风土人情，以及在民族自信、文化自信感召下，园林人肩负的历史使命和责任；第二章"绘园"，聚焦悦容公园的建设目标和愿景，详细表述设计理念、设计思路和方法策略；第三章"造园"，详细演绎悦容公园设计方案，总述悦容造园营造法式；第四章"读园"，由众创的领衔设计大师，从园林故事、造园理法和创作感悟等角度，畅谈漫叙九个大师园；第五章"众创"，系统归纳悦容公园开放包容的众创机制和保障措施，展示各阶段各专业设计咨询的成果、过程、机制和特点；第六章"使命"，阐述新时代中国园林人的使命担当，以及对中国园林文化传承创新和促进长远发展的思考。下册第七章"营建技术"，阐述建设过程中坑塘崖壁、水生态保障、土方堆筑、古建筑施工等关键施工技术和工法；第八章"建成效果"，图文并茂展示公园建成全貌；第九章"建设管理"，总结施工总体部署和施工集成管理的实践与探索。为了尊重原创，所有引用参考文献的内容，均标明出处和作者。

在雄安的热土上，即将崛起一座充溢着中国深厚文化底蕴和园林文化精粹的实景园林博物馆，这也将是全国首座园林室外大讲堂，她凝聚着老中青几代园林人的匠心梦想和心血智慧，凝聚着广大雄安人的希望和期待，正所谓"人民城市人民建，人民城市为人民"，悦容公园必将成为人们日常休闲活动、健身娱乐、陶冶情操和文化传承的好去处、大客厅，使之拥有更多的幸福感和获得感。随着悦容公园实施建设的开启，雄安这幅城绿交融、林水相依的中国画卷正徐徐铺展。

鉴于笔者眼界和水平，疏漏之处敬请读者不吝指正。在此，一并感谢所有参与、参加此项工作的单位、个人以及领导、专家和社会各界！

本书编委会

目　　录

1

CHAPTER1

第 1 章

缘 起

正是春光三月里，依稀风景似江南。

——允祥《题画》

溯容城历史文化，探究区域自然风貌，解读悦容公园的规划缘起。

1.1
古韵今风

　　雄安新区，地处京津冀腹地，规划范围涵盖河北省雄县、容城、安新三县行政辖区（含白洋淀水域），任丘市鄚州镇、苟各庄镇、七间房乡和高阳县龙化乡，规划面积1770平方公里。该区域位于太行山东麓、冀中平原中部、南拒马河下游右岸，在大清河水系冲积扇上，属太行山麓平原向冲积平原的过渡带。域内地势平坦，生态环境优良。其悠久的历史可以追溯至新石器时代；商周时期已有人类在此居住繁衍；春秋时期地处燕南赵北，其中今雄县、容城、安新北部属燕，安新南部归赵；至秦代容城始设县，在三县之中最早被设置为县；汉高帝八年（前199）在容城县境封深泽侯国，景帝三年（前154）改置容城县，隶幽州涿郡。于汉之后，三县在历史的发展进程中呈现出错综复杂的建制省并史，分分合合，根脉相连。千年之后的今天，雄县、安新、容城，因雄安新区而成为一个整体，焕发出新的生机。

　　历史与人文很早就在此汇聚，留下了丰厚的自然与人文荟萃。雍正年间，怡亲王允祥在古易水流域直隶治水，书写了营田水利的篇章，作有《题画》组诗：

<blockquote>
赤栏桥外柳毵毵[1]，千里桃花一草庵。
正是春光三月里，依稀风景似江南。
片月衔山出远天，笛声悠扬晚风前。
白鸥浩荡春波阔，安稳轻舟浅水边。
瑶圃琼台玉作田，高人策蹇灞桥边。
诗成自为丰年喜，沽酒寻梅亦偶然。
</blockquote>

1. 容城怀古

（1）水乡泽国，塞上江南

　　容城古代属于易水流域，地域范围除今天的容城县外，在其北部、东部、南部分别跨越了南拒马河、白沟河、大清河，毗邻白洋淀。

　　南拒马河（图1-1，图1-2），也就是古代的易水干流，在西周至秦汉期间，流经容城、

---

1. 毵毵（sān sān），毛发、枝条等细长的样子。

图 1-1　南拒马河景象 1
资料来源：项目组摄于 2019 年 [2]

图 1-2　南拒马河景象 2
资料来源：项目组摄于 2019 年

2. 本书中未标明资料来源的图片及表格均为雄安新区悦容公园项目组拍摄、绘制或编制。

安新和雄县，东至渤海。《水经注》记："巨马河出代郡广昌县涞山，即涞水也。"涞源曾名广昌县隶代郡，涞山一山分七峰，又名"七山"。《广昌县志》中说："拒马河源，在县城南半里，出七山下。"拒马河古称涞水，约在汉时，改称"巨马"，有水大流急如巨马奔腾之意。相传曾因拒石勒之马南下[3]，后渐写作"拒马"。无论"巨马""拒马"，均言其水势之大（图1-3）。

白沟河，在新城县南15千米，为巨马河下游，"白沟河在县南三十里，出山西代郡涞山，由涞水至定兴为巨马河，至新城县南为白沟河，即宋辽分界处"[4]，主要位于宋雄州归信县（今河北雄县）与辽涿州新城县（今河北高碑店新城镇）之间，出雄州后则名霸河。北宋时期，雄安周边地区存在着许多河流。白沟河南岸，即雄州，"北抵白沟，南临易水，当九河之冲，西北负诸山阜间来霖雨，其支流横至，湍注益暴"。据万历《保定府志》记载，九河分别为：徐河、漕河、雹河、萍河、一亩泉河、方顺河、唐河、滋河和沙河。

自然水系河流古已有之，人工水体建设对于这片土地的生态环境同样产生了重要的影响作用。宋代颁布的方田制，将河北沿边水体建设纳入国防工程，下令河北沿边兴置塘泺、水田及榆塞，以限制契丹戎骑之冲突。淳化年间（990—994年），河北"频年霖雨水潦，河流湍溢，坏城垒民舍，处处蓄为陂塘"，于是，何承矩"请因其势大兴屯田，种稻以足食"，遂"相度地形，众流所会，开为塘泊"，自雄州至沧州，"东西长六百余里，南北阔至二十余里，狭亦七八里，周回二千余里，深亦有数丈处"，"自是苇蒲、蠃蛤之饶，民赖其利"，而容城一带沿河周边的生态环境也逐渐改造成胜似江南的水乡泽国，呈现出"长沟如浙右，下壤似淮东。塘泺依依住，桥梁处处通""渔舟掩映江南浦""芰荷极望，以小舫游其间，鸥鹭往来，红香泛于樽俎，四时有蟹，暑月甚肥"的江南水乡景象。

图1-3 南拒马河航拍
资料来源：中国雄安官网，2019年

---

3. 西晋末年匈奴汉国大将石勒率大军自西一路东进，并州刺史大将军刘琨依托滔滔古涞水摆兵布阵，阻止了石勒大军渡河，收复了并州。

4. 出自清代厉鹗《辽史拾遗》卷14。

向水而生，因水而兴，这片古老而充满活力的土地，在自然与人工改造的融合后，形成水乡泽国的塞上江南，在千古流淌的河湖水系和塘泺淀泊的滋养中，生生不息。

（2）燕南赵北，兼容并蓄

容城的地域历史文化植根于燕赵文化，并与其一脉相承。

春秋时期，容城地当燕之南陲，为燕南赵北之城。燕桓公曾在容城境内（今南阳一带）建别都临易（前697）。雄县、容城县属燕；安新县北部属燕，南部隶赵。安新县西北的古长城，即战国时燕赵国界。在南阳遗址的考古挖掘中出土的博山炉等青铜器及铭文陶片，就向世人展示了容城燕文化的风采。东汉末年，公孙瓒迫于袁绍势力，从幽州迁至临易，改临易为易京城，大事营垒建楼，有百楼之称。西汉有民谣道："燕南陲，赵北际，中间不合大如蛎，唯有此间可避世。"可知容城在相当长的历史岁月中曾是偏安之隅。后赵，石虎[5]从辽西来，患易京城之坚固，派兵两万大加破坏。宋朝时期，北方民族与中原汉族争战不断，宋辽曾以白沟（泛指白沟河、拒马河、大清河等）为界。元朝由于连续不断的战乱，容城境内人烟稀少，农田荒芜。明朝时期古北口外小兴州（今滦平县一带）和山西等地大量移民迁居于此，境内人口又逐渐繁衍起来。作为游牧文化和农耕文化的交界带，自古而今，容城保持着南北兼收、开放融合的文化特点和风俗习惯。

（3）容城八景，风雅人文

容城自古为文化肇兴之地，人杰地灵，文化源远而深厚。这里曾养育了以"容城三贤"为代表的著名人物：元初著名理学家刘因、明朝弹劾权相严嵩的谏臣杨继盛、明末清初的大儒孙奇逢。他们的思想、学养、处世之道一脉相承，体现了容城人重信尚义的千古精神，也正是这种精神，在燕赵大地，世代传承，成就了容城的人文精神和文化基因。"一方水土养一方人"，勤劳、质朴、正义的乡风民气感染着生活在这片土地上的一代代人民。

这里还曾拥有久负盛名的"容城古八景"——"古城春意""易水秋声""玉井甘泉""白沟晓渡""贤冢洄澜""忠祠松雪""古篆摇风""白塔鸦鸣"，展露了昔日容城四时变换的自然风貌和独具特色的人文风景，再现了往昔易水之滨一派华北水乡的秀美胜景，描绘了一幅中国人理想家园的怡人画卷。

"正是春光三月里，依稀风景似江南。"容城古八景之首为"古城春意"，城北春信早，是一处自然景观。《容城县志》记载："在城北十五里。土壤肥饶，草木畅茂，每春早发，比他地异。"（图1-4）其被列作古八景之首，可见这般欣欣向荣的春色之于容城的重要性。因此在《悦容春晓图》中将再度着墨，唤醒最富有生机的季节，体现万物和谐之美。

"易水秋声"描绘的是容城县境内的南拒马河，全长12千米，发源于涞源县，古称涞水或易水。此为南拒马河秋景。《容城县志》载："树本荫翠，禾稼繁盛，暑退风清，水声嘹亮。"（图1-5）在悦容公园规划中，水源引自南拒马河，生态主河道贯通南北，自然舒展、张弛有度，水位随季节涨落，营造"易水"沿线的自然意境和生态风貌。

5.石虎，（295—349年），字季龙，羯人，上党武乡（今山西榆社北）人，后赵明帝石勒之侄，后赵国主，334—349年在位。

图 1-4 古城春意图
资料来源: 《容城县志》

图 1-5 易水秋声图
资料来源: 《容城县志》

　　古时白沟镇属容城县所辖。"白沟晓渡"此景说的是当时的水陆码头，每日清晨，水运如织，一派繁忙景象。据《容城县志》载："地当孔道，烟树苍茫，朝露未晞，竞渡绣错。"（图1-6）悦容公园慢行系统及服务设施规划充分考虑与水系风景的结合及滨水公共空间的营造，以此充分延展水景景观的参与度和体验度。

　　"白塔鸦鸣"成为一景则源于一个传说。据传，该塔"在城东白塔村。伫立塔下，拍手相击，鸦声即应，神秘莫测"。（图1-7）据考证，白塔历史可追溯至宋代，早已不复存在，成

图1-6　白沟晓渡图
资料来源：《容城县志》

图1-7　白塔鸦鸣图
资料来源：《容城县志》

了容城永远的遗憾，唯有大、小白塔村还在容城的土地上生息繁衍。悦容公园的规划将重塑这一象征着场地精神和地域文脉的地标，为公园注入灵魂，为城市创造风景。

"容城古八景"不仅展现了古代容城最有代表性、最深入人心的自然景观和人文景观，也说明了在古代容城人民已经开始积极探索尝试将自然景象与人文审美融合，形成和谐的、优美的人居环境。

2. 容城叙今

历经千年沧海桑田，容城仍保留着良好的生态自然资源和农田广袤、平原村落的质朴风貌，同时也迎来其新的时代使命。

容城整体自然资源较为丰富，地势平坦，土壤肥沃、河渠纵横（图1-8）。地处太行山东麓、南拒马河下游南岸，形成了西揽太行、北承拒马的总体山水格局。境内地形西北高、东南低，海拔标高（黄海高程）7.5~19.5米，自然纵坡约1‰，为缓倾平原，整体地形较为开阔平坦。土壤质地有沙质、沙壤、轻壤、中壤四种类型，多为轻壤，自东向西逐渐变细，由偏沙到偏黏。土壤中含钾较为丰富，缺磷，有机质含量较低（图1-9）。

图 1-8　容城地形地貌航拍
资料来源：720 云全景平台，2019 年

图 1-9　容城土壤作物
资料来源：项目组摄于 2019 年

　　水系格局三面环河、一面靠淀。北部以南拒马河与定兴县为界，东部与雄县隔大清河相望，南靠白洋淀，西临萍河，白沟引河从容城县东部南北穿过。其中南拒马河发源于涞源县，流经易县、涞水等县，在新城县的白沟镇与北拒马河汇流，最终经大清河入白洋淀，容城县内全长约 19.3 千米（图 1-10）。从容城、雄县、安新地名通名中自然实体类通名统计数据（表 1-1）可以看到，容城所对应的自然地貌形式主要包括河、洼等，这说明容城县范围内地势较低、水资源相对丰富的自然特征。容城水质良好，绝大部分都可以用来灌溉。由于平原区地势平坦，无水能可以利用。境内没有大的河流穿过，地表水只有降水自产径流和引堤水量。

图 1-10　大清河流域中容城的水系格局

表 1-1　容城、雄县、安新自然实体类通名统计情况

自然实体	通名频次		
通名类型	容城县	雄县	安新县
淀	0	0	76
河	6	8	3
湾	0	7	3
洼	6	0	1
口	1	14	9
头	2	9	12
岗	0	18	0
地	0	0	8
窝	1	1	0
角	0	0	3

　　容城位于中纬度地带，属于东部季风区暖温带半干旱气候，主要特点是大陆性气候显著，四季分明，春季干燥多风，秋季天高气爽。历年平均降水量为 540 毫米，1 月份最少为 1.7 毫米，7 月份最多为 167.9 毫米，降水量季节分配极不均匀，夏季最多，秋季、春季次之，冬季最少。这样的自然条件也决定了其典型的植被风貌，在植物区划上容城区域属于 III 区北部暖温带落叶阔叶林区，其原生的地带性植被为暖温带落叶阔叶林和温带针叶林混交，主要有以栎树、白蜡树属、槭树属、杨树等为主的落叶阔叶林和以油松、侧柏为主的温带针叶林（图 1-11）。

　　正是这样的山水环境、物候特色及生态资源为容城未来的发展奠定了坚实的基础和优势条件，也成为悦容公园规划设计的依据和出发点——尊重自然，因地制宜，而后造福于民。

图 1-11　容城当地植被
资料来源：项目组摄于 2019 年

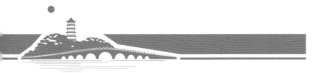

1.2

释义悦容

　　容，以续容城之名。

　　"悦，乐也。"[6]悦字本义为高兴、快乐，如"万乘之国行仁政，民之悦之，犹解倒悬也"[7]。悦也可用作动词，意为使之愉快，比如万姓悦服、赏心悦目等。

　　悦容之悦，以自然之养为悦，以园林之美为悦，以文脉之续为悦，以生活之适为悦，以风雅之胜为悦。

　　容城自秦置县，在古代为燕国之地，历经两千多载，虽几经分封置废，其名称也曾有多次变化，有桑丘、宜家、深泽、成侯、道县、全忠、南容城、北容城等名目，唯"容城"之名跨越数代沿用至今，见证了这片土地的沧海桑田。

　　容城之名始见于汉代。据《容城县志》记载，汉景帝中元三年（前147）以匈奴降王徐卢封容城侯，是为容城侯国。《容城县志》亦记载："汉封降王有容氏于此，置容城县。"容城一名的由来，盖从"有容氏"与"成侯国"各取一字衍变而来，后来"成"渐变为"城"。又据传说：道家始祖名叫容成子，道号易家，他曾脚踏龟背，观日月星象，受龟纹启示，绘成阴阳道纹。之后周丞相姜子牙在此基础上绘成八卦。文王演《易》后，感容成子之功，追封容成子后代。封号称易家。封地之内，不纳税赋，不服徭役，不受战乱侵害。这块本来人烟稀少、水草丰茂的土地，很快就变成人烟稠密的膏腴之地。居民日出而作，日入而息，读书咏诗，刻碑铸鼎，文风颇盛，名士层出不穷。秦皇"焚书坑儒"，此地灾难不断，渐渐荒芜。后代感念始祖恩德，此地改叫容成子，后衍变为容城。汉初有民间歌谣"燕南陲，赵北际，中间不合大如蛎，唯有此间可避世"，来怀念这一世外桃源的乐土。

　　历史长河中，人们曾享有祥和与安逸，也曾遭受灾难，经历变革。雄安新区这一历史性的机遇，如同新时代的一缕阳光，即将唤醒这片厚重的土地，以吸收千年中华文明的滋养，再次萌芽和生长。

　　悦容公园将根植这片沃土，充分尊重地域自然条件，深入挖掘历史资源、延续场地文脉，追溯"古容城八景"所描绘的美好自然人文图景，以"天人合一"的中国园林精神为出发点，

---

6. 出自《尔雅·释诂》。
7. 出自《孟子·公孙丑》。

将中国园林文化和造园艺术精粹深刻而透彻地贯穿于设计中，再现风雅容城，成为连接历史和未来的时空纽带，用最美的语言诠释"中华基因"在雄安新区的表达，延续并弘扬中华优秀传统文化。同时，它也将继承燕赵大地开放包容的气度，坚持创新、绿色、协调、开放、共享的发展理念，运用中西合璧、以中为主、古今交融的设计手法，汲取融合新时代最鲜活的养分，让生命之树不断成长，结出芬芳硕果，塑造体现中华风范，凝聚雄安精神，彰显创新风尚的景观风貌。

悦容亦悦民。悦容公园的规划设计坚持生态文明发展战略，坚持以人民为中心，坚持弘扬中华优秀传统文化，在高质量发展中为百姓创造高品质生活；以公园为载体创造有价值的生活方式，将中国园林的艺术美展现给城市和百姓，将风雅的园林文化融入日常；在构建健康生态环境的基础上，优化拓展城市绿地功能，创造优良人居环境，实现人与自然和谐共生，让人民群众有更多的幸福感和获得感。

2

CHAPTER 2

第 2 章

绘 园

尽道此中如画景，不知此景画中无。

——顾逢《西湖如画轩》

演绎悦容公园的规划理念，展示总体规划方案，从多维的专业角度阐述设计特点。

2.1
明旨立意

不忘初心，牢记使命；创造历史，追求艺术。这是规划建设悦容公园的时代责任和使命担当。悦容公园规划设计是以习近平总书记新时代中国特色社会主义思想和党的十九大精神为核心指导思想；公园规划以雄安新区总体规划为遵循，践行"绿水青山就是金山银山"的理念；以建设绿色生态宜居新城区，构建蓝绿交织、清新明亮、水城共融的生态环境布局，再现林淀环绕的华北水乡、城绿交融的中国画卷为总体目标，打造"雄安质量"的新时代中国园林样板。

悦容公园的规划建设基于深刻研读《河北雄安新区规划纲要》（下文简称《规划纲要》）、《河北雄安新区总体规划（2018—2035 年）》（下文简称《总体规划》）内容，结合周边地块规划，分析场地需求，突出景观廊道区域生态与城市功能复合共存的战略意义，强化场地自然生态及历史人文特征，因地制宜设计丰富多样的环境景观。坚持中西合璧、以中为主、古今交融，通过生态、人本的理念提升公园环境品质与文化特性，打造具有时代特征、中国特色、历史记忆的重要城市生态空间和活动场所。

1. 绿水青山，循生态文明之道

2019 年伊始，习近平总书记视察雄安新区，强调雄安新区的城市规划与生态建设要体现出前瞻性和引领性，就是要靠生态环境来体现价值增加吸引力。习近平生态文明思想、"绿水青山就是金山银山"的理念是雄安生态文化建设所遵循的根本思想。《规划纲要》提出践行生态文明理念，尊重自然、顺应自然、保护自然，统筹城、水、林、田、淀系统治理，构建清新明亮、生态和谐的自然环境，建成新时代的生态文明典范城市。

初心所向、敬畏自然、融入自然是中国园林哲学观的起点。以此为基础，悦容公园设计秉持退耕还林、疏浚复绿、重塑生态环境的设计策略；将园内的丘、水、林、田、湖、草作为一个生命共同体进行统一保护、统一修复，重新整合割裂的自然资源，构建生态连续、斑块多样、环境可恢复的，具备调节、修复、循环功能的拟自然化的公园生态系统。通过强化对河流、湖泊、湿地等生态空间的保护，加强多样性生境[1]的营造，并与新区生态廊道网络连接，融合成网、外向通达，共同构成新区完整生态系统格局。让曾经的华北水乡回到诗中"连天春水晚烟浮，

---

1. 生境即物种或物种群体赖以生存的生态环境。

一曲红栏映碧流。绝似江南好风景，跨驴人去又回头"[2] 所描绘的白洋淀优美水乡风景，实现生态空间环境的林清水秀，生机盎然。

结合周边地块规划，分析场地需求，突出景观廊道区域生态与城市功能复合共存的战略意义，因地制宜设计丰富多样的环境景观。坚持中西合璧、以中为主、古今交融，打造具有时代特征、中国特色、历史记忆的重要城市生态空间和活动场所。

2. 师法自然，达和合之境

"天人合一"哲学观是我国传统园林文化中重要的哲学思想。中国园林的山水花木、亭榭屋舍是诗情画意的。可居、可游、可赏的诗情画意与自然和谐而存的环境，是中国园林的精髓所在，其营造手法从相地明旨到立基理水，从"象天法地"到"虽由人作，宛自天开"，都是天人合一哲学观的具象化。悦容公园设计强调以改善生态环境、建设生态城市为基础，充分尊重利用既有地形地貌、水网肌理、生态环境等要素，随形就势，顺应自然。融入自然环境，与自然和谐共存，建构自然、园林、人和谐共处的组织模式，同时将园林与城市区域环境融合成为一个完整和谐的景观系统，达到天人合一的理想之境。

3. 古今交融，筑圃见文心

习近平总书记在党的十九大报告中指出"中国特色社会主义文化，源自中华民族五千多年文明历史所孕育的中华优秀传统文化"，他将中华优秀传统文化提升到崭新阶段，赋予中华优秀传统文化时代内涵，将中华优秀传统文化转化为实现中华民族伟大复兴、构建"人类命运共同体"的强大精神力量。传统园林文化作为优秀传统文化的一支，无论从园林的物质内容到精神功能，都孕育着丰富的中国园林美学思想和博大精深的中国传统文化底蕴。

在设立雄安新区的时代背景下，悦容公园坚持中西合璧、以中为主、古今交融，弘扬中华优秀传统文化，保留中华文化基因，彰显地域文化特色；塑造城市特色，保护历史文化，形成体现历史传承、文化包容、时代创新的环境风貌。

位于雄安新区中轴北延伸段的悦容公园，面临时代赋予的巨大机遇和挑战，犹如中轴之上一幅诗意的高山流水中国卷轴画：有燕山太行之雄浑，有白洋淀泊水乡之柔美。林泉之间，流淌着自然的诗意与盎然的生机，体现中国古典园林之意趣。溪水微丘之畔，点缀着九个经典景园，共同形成中国园林的室外大讲堂：人们在不同的公园场所中聆听文化、陶冶性情、发掘艺术，中国园林文化和造园技艺得到了生动的传承和发展，使"居之者忘老，寓之者忘归，游之者忘倦"[3]。

悦容公园将中国园林艺术与精神深刻而透彻地贯穿于设计之中，用优美的语言诠释了"中华基因"在雄安新区的表达，融诗画意境于林泉之间，寄畅自然以澄怀观道，推动中国园林文化在雄安新区落地生根，塑造既体现传统园林特色又不失创新前瞻特质，既有古典神韵又具现代气息的城市公共空间，以期在白洋淀上绘出一幅浓淡相宜的园林画卷（图2-1）。

---

2. 引自清代袁枚《随园诗话》。
3. 引自明代文震亨《长物志》。

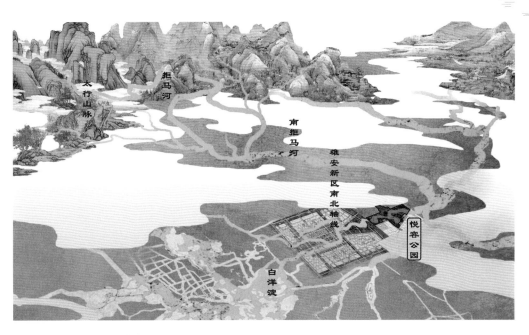

图 2-1 悦容公园山水空间定位图

4. 留住乡愁，展华北水乡画卷

规划深入挖掘历史资源并延续场地文脉，立足华北白洋淀区域环境特征探索，彰显环境自然禀赋，形成蓝绿空间与历史记忆、现代空间的有机对话，留住乡愁记忆，增添场地内涵。根植场地的自然地貌环境，尊重并珍惜场地的自然及文化特征，传承华北区域及白洋淀区域的优秀地方民俗、文化艺术及建筑园林遗产中的精髓内容，充分挖掘白洋淀区域的水乡风貌内涵，多维度、艺术化、创新性地综合运用到公园的场地环境塑造中，留住乡愁记忆，形成有乡土生命力、有地域文化特色、有环境历史特征的白洋淀绿色开放空间。

5. 以人为本，构城景应合

结合周边区域城市功能定位、规划布局，尤其是南侧起步区中轴线功能的向北延伸，综合考虑自然生态、公共活动、文化艺术、慢行交通、地下商业配套、绿色智能等要素，通过多元创新的人性化设计，优化拓展城市绿地的服务功能。

《规划纲要》提出："坚持以人民为中心，注重人性化、艺术化设计，提升城市空间品质与文化品位，打造具有文化特色和历史记忆的公共空间。营造优美、安全、舒适、共享的城市公共空间。"

悦容公园空间场所设计从城市维度出发，注重与城市空间的相互渗透，以提升绿色空间的共享性、复合性、多样性为目标。从服务设施角度，紧扣以人为本，提出全龄服务的"友好型公园"的概念，注重精细化、有温度、个性化的设计目标，力图构建融入环境的、与人的行为习惯契合、友好型的绿色公共设施；从而构建体系完整、布局均衡紧凑、有活力的公园绿色活力功能空间体系，为人们提供多元化的休闲活动场所；创建以人民作为中心的美好生活环境，诠释追求人与自然的和谐，为城市提供高品质绿色活力公共空间，努力实现人类命运共同体的美好愿望。

2.2

悦容愿景

中轴南眺，易水北泽，穿城入淀，悦容公园位于容城组团与容东片区组团之间，是贯穿容城组团南北向城市空间的重要生态景观廊道，是起步区中轴线的北延伸段，是城市迈向自然的蓝绿动脉。它将激活新老容城绿色共享的美好生活，更将作为雄安新区样板段，开启雄安与世界之间的绿色之窗（图 2-2）。

规划以中国传统造园智慧为出发点，营建面向新时代的秀美景苑，呼应启动区形成"方城居中，南北双苑"的规划格局。延续尊重自然、顺应自然的生态造园智慧，向开放共享、城苑融合转变，向全民服务、多元活力转变，实现从苑中之园到城中之园的进化。以国际化的东方园林，绘大美雄安，颂中轴礼赞，筑桃源新梦，营秀美景苑。

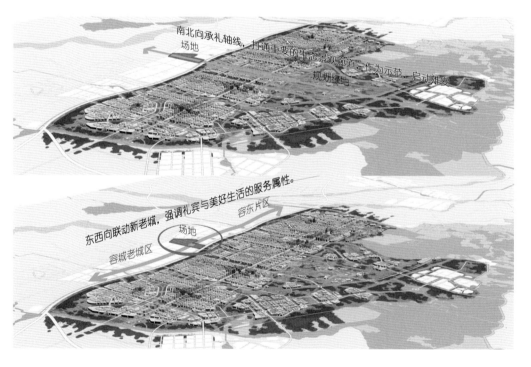

图 2-2 悦容公园城市空间定位图

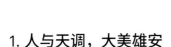

1. 人与天调，大美雄安

设计坚持天人和谐、生生不息的生态观，追求表现自然、融入自然和歌颂自然。尊重丘、水、林、田基底现状，重塑近自然多样性生境体系，以改善公园微气候，提升生态环境。遵循师法自然、随形就势的空间观，生态肌理脉络延太行林壑之势，联易水之脉，通淀泊，筑廊道，构建"微丘水脉双龙"的宏观格局。让大自然的交响乐与人类和谐相融，共谱人与自然同频共生的华美乐章。"人与天调，然后天地之美生。"[4]

2. 中华营城，中轴礼赞

规划传承了中华营城理念，呼应"方城居中，两轴延展"的城市营城理念，续接城市北轴，层层递进，融入自然。

设计延续起步区中轴线格局，以中轴线为核心建立对称均衡的公园空间格局，体现"山川定位"的理念。水脉地形呼应中轴之势，塔阁楼榭居中。公园格局秩序严谨，主次分明，层层递进延展，形成收放有度的空间序列，以此塑造体现中华文明、凝聚中国园林精神的公园轴线，表达了中国传统文化中的"礼制"观念，彰显了经典的园林文化空间。山水间，居中而立，美善交汇于中，绘新时代壮丽园林篇章（图 2-3）。

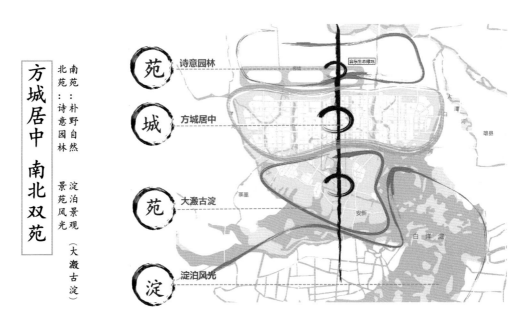

图 2-3　悦容公园规划定位图

---

4. 引自《管子·五行》。

---

3. 以人为本，筑梦桃源

设计传承中国园林的美学精神，融合以人为本的设计理念，营造"东方桃源式的诗意栖居意境"，实现人民对美好生活的期待，创造富含中国文化精神的美好环境。

坚持以人为中心，通过本底生态格局的完善、文化的传承、公共艺术的创新引领，构建公园环境与城市公共功能、市民生活方式有机融合的全龄友好园林环境。注重公园服务设施与城市功能融合，注重慢行网络与城市公共系统的衔接，注重公园生态环境与城市生态格局协调，形成层级合理、设施完善、功能便利、智能创新、活力共享的文化艺术公园，构筑未来的世界文化遗产，美好的中国园林之境。

4. 传承创新，秀美景苑

运用中国传统文化思维方式，认识研究和设计建设公园环境，传承尊重自然的"道法自然"的宇宙观和文化总纲，传承园林融合文化的诗画园林观，传承中国园林"虽由人作，宛自天开""巧于因借，精在体宜"的审美与理法，树立由生境－画境－诗境"三境融合"的风景营造观。

立足当代，将中国古典园林造园艺术的精髓与现代社会需求相结合，贯穿当代城市生态文明建设、绿色智慧发展和市民生活需求等方面。古为今用，助力创新，融汇中西现代先进园林技艺，创新应用多种新材料、新手法。科学设计，实践生态智慧技术，丰富造园素材，形成地方风格和适应现代社会生活功能的秀美景苑。"从来多古意，可以赋新诗。"[5]（图2-4）

图2-4 悦容公园鸟瞰效果图

---

5. 出自唐代杜甫《登兖州城楼》和《巳上人茅斋》。

2.3

一心见山水

　　中华民族崇尚山水的渊源久远。一山一水，是中国人的精神故乡。山水之包容，囊括了整个自然；江山之旷美，承托了家国情怀；山水比德，是高尚的精神追求；高山流水，亦是至高无上的艺术境界。

　　山水之间，有中国人的哲学；

　　山水之间，有中国人的自然；

　　山水之间，有中国人的气韵；

　　山水之间，有中国人的诗画；

　　山水之间，有中国人的园林。

1. 山水之间，哲学之道

　　孔子曰："知者乐水，仁者乐山。"老子说："上善若水，水善利万物而不争。"山水，绝不仅是自然地貌形态，而是中国人崇尚的一种精神，是中国哲学的表达。不论民间的万物有灵，还是文人士大夫的山水比德，中国传统思想中充满自然审美情结。"山川之美，古来共谈。"[6]山水不单是中国人物质生活的源泉，更是催生中华民族艺术的母体。历代文人数之不尽的山水画卷和山水诗词，或清幽婉转，或潇洒旷达，皆是大自然的山水给予他们艺术的血液、鲜活的精髓和丰富的营养。

　　山水文化体系对于中国古代人居环境的渗透是极为深入、复合的。[7]

　　它不仅表现为可视的物质型山水环境，更隐含于中国人独特的精神文化领域中。习近平总书记指出："城镇建设要体现尊重自然、顺应自然、天人合一的理念，依托现有山水脉络等独特风光，让城市融入大自然，让居民望得见山、看得见水、记得住乡愁。"这里的山水指的是实体的山水，是美好的自然生态环境，充分体现了中国哲学对自然和生命的关注。而精神哲学层面的山水文化，则在润物细无声地影响和塑造着我们的人居环境。山水元素在中国文化中最

6. 引自南北朝陶弘景《答谢中书书》。

7. 吴良镛：《中国人居史》，中国建筑工业出版社，2014。

初的表现形式就是园林，最为突出的载体亦是园林，因其对自然山水环境的模拟最为直接，给人的感受也最为强烈。从六朝时追求的"有若自然"，至明清时期的"壶中天地"，对山水精神的追求是中国园林亘古不变的主题。时代变迁，不同时期的园林呈现不同的形态和风貌，体现着对自然山水不同的理解和态度。

中国园林是一门体现山水哲学的空间艺术，它比现实的自然更理想化，更能体现人的主观意识与情感。即便眼前不见真山真水，依然能够写心中山水之意，营园中山水之境。

2. 蓝绿交织，气韵千年

（1）传承中华生态审美智慧

习近平总书记在雄安新区考察调研时强调："建设千年之城，更应生态为先。""蓝绿交织"是美好家园的底色，是一切发展的基础和前提条件。这一概念具体指的是以生态水网系统为主体的蓝色空间和以陆域山、林、田、草等构成的绿色空间，两者互相交融，构成生命共同体。中国自古以来追求的即是阴阳相生的自然生命整体所传递出的和谐之美，"蓝绿交织，气韵千年"是对中国传统生态审美智慧的致敬与延续。

"气韵生动"是南齐画家谢赫首先提出的美学准则，中国画论之所以以"气韵生动"为第一，标举的正是这生生不息的生命之美。在古人看来，万物皆有气韵，山川草木无不有气贯乎其间。"这生生不已的阴阳二气织成一种有节奏的生命，"宗白华先生说，"'气韵生动'，就是'生命的节奏'或'有节奏的生命'。"[8] 因此，"蓝绿交织"所承载的远不止是山水景象，而是构建更健康和完善的生态体系，传达蕴含了中华神韵的生态环境。

①蓝绿交织传山水神韵

悦容公园西北向有太行为守，南向以白洋淀为汇。但其所在区域，地势平缓，植被单一。平原托沃野，起伏生林泉。规划遵循"因地制宜"的造园精神，通过挖湖堆丘的生态造园手法，筑微地形，弱山形，重山意，塑造张弛有度的山脉，自北向南起伏延伸，续太行绵延之势。所谓"太行一脉走蜿蜒，莽莽畿西虎气蹲"[9]。"蓝脉"承接南拒马河来水，顺地形之势，与"绿脉"交织相生，形成一河两湖的水系格局（图 2-5）。幽泉出山，源于太行，生态主河道自北向南向中轴延续，形成流动的悦容之脉。东湖利用现状坑塘，借壁为山，局部运用夸张的艺术手法体现山水园林意境。远观微丘延绵，开合有致，近赏卷山勺水，气象万千。

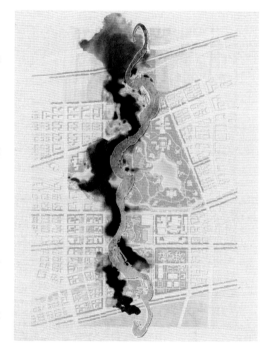

图 2-5　悦容公园蓝绿脉络图

---

8. 宗白华：《艺境》，北京大学出版社，1999。
9. 引自清代龚自珍《己亥杂诗》。

②蓝绿交织构山水生境

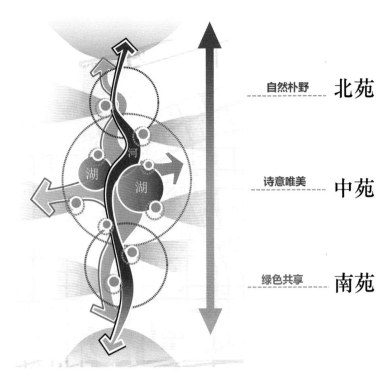

图 2-6 悦容公园空间结构图

悦容公园所织就的蓝绿生态之脉，充分缝合并融入区域级蓝绿网络，南北向连通了城市文明向自然过渡的气韵，东西向连接了容城老城和容东新区，激活了该片区的生态活力，为构建完整的区域生态系统做出了贡献（图 2-6）。蓝绿交织、林泉有致的地貌环境，不仅形成了岭、丘、岗、滩、岛、洲、潭、湖等景观形态，更生成了以此为基础的多样生境，所谓"山以水为血脉，以草木为毛发，以烟云为神彩。故山得水而活，得草木而华，得烟云而秀媚。水以山为面，以亭榭为眉目，以渔钓为精神，故水得山而媚，得亭榭而明快，得渔钓而旷落"[10]。万物得到自然的庇护，得畅生命无尽之生意。悦容公园全园打造 139 公顷林带、10 公顷草地、1 公顷田园、41 公顷水体。完善"林、田、湖、河、草"复合生态系统，构建 8 种复合型生境，营造一个有生命的中国园林（图 2-7，图 2-8）。

图 2-7 生境规划分析图

10. 引自北宋郭熙《林泉高致》。

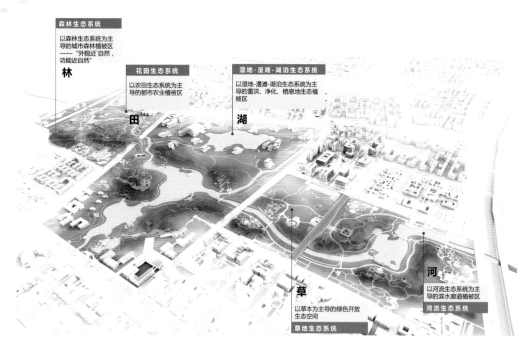

图 2-8　生态格局分析图

3.承续轴线，绵延主脉

（1）园林续轴承礼

　　城市中轴线是许多城市的核心构架，在中国历史名城中空间序列特征尤为明显。中轴线在空间序列、功能构成上的特征，可以反映出对应历史时期的城市建设思想，是彼时社会体制和民族文化的一抹缩影。

　　悦容公园作为雄安城市中轴线的最北端，可以赋予这条轴线新的内涵：其一，公园内基于传统礼序所形成的古典园林中轴序列，实现了以中国园林之脉延续城市文明之轴的愿景；其二，将轴线韵律收束于自然山水中，则协调了对于自然生态的追求（图2-9）。

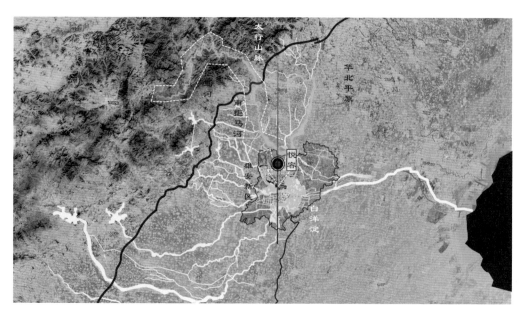

图 2-9　悦容公园轴线定位

（2）循序渐进的空间韵律

我们研究了中国古城中轴线的营造及皇家园林轴线的景观序列，其秩序感是基于对节点间距离的控制，同时依靠标志性建筑增强轴线的序列感。

悦容公园轴线遵循皇家园林的建筑空间法则，以归真台—白塔—容景阁—悦容台—牌楼等核心古典园林建筑自北向南组成序列控制点。这些核心古典园林建筑自南向北点缀于延绵起伏的微丘之上，塑造出起伏优美的风景天际线，形成有一定节奏感的景观序列。这些标志性古典园林建筑的形态依据历史文献及传世画作，展现古典建筑精粹，烘托了悦容公园中轴线的中华神韵，营造了层层递进的礼仪秩序之美。

（3）虚实相生的中轴气韵

通过研究大量中国古典园林的空间布局，我们发现，古典园林的轴线与城市轴线的形成有所差别，它们以山水格局的虚实变化和张弛收束形成独具中华山水气韵的空间轴线。北京西苑是中国现存历史最悠久、世界上保存最完整的皇家宫苑园林之一，素有人间"仙山琼阁"之美誉。其线性水系和三岛形成的纵向序列和节奏，呼应了轴线空间走向，而园林建筑的布局则加强了轴线的延续。

自悦容公园南入口进入，牌楼—悦容台之间以东西两侧地形和植被收束广场轴线，形成礼仪实轴将游人引入公园，穿过草坡，豁然开朗，面向南湖蓬瀛之境，游人视线收束于容景阁。容景阁向北，风景之轴逐渐由实转虚，隐于自然风景之中。白塔在湖光胜景的衬托下立于中苑，成为虚轴上的核心控制点，北苑的归真台，则低调地驻守在绿丘林泉之中，作为悦容公园迈向自然的结尾。由实转虚的风景轴线，"北承山水，南续文明"，实现以自然园林之脉延续城市文明之轴的愿景（图 2-10）。

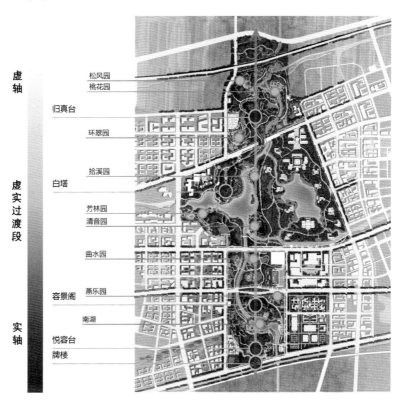

图 2-10　悦容公园虚实轴分析

4.诗情画意，融绘古今

（1）诗画同源，诗画有园

中国的山水诗、山水画、山水园是一脉相承的，山水诗是"诗中有画"，山水画是"画中有诗"，模山范水的山水园是"立体的画，无声的诗"，其中包含着深刻的人生体验，表现了中国人的民族底蕴、古典气质和性情。

山水诗的艺术风格，以淡远最为突出，写山水清晖，体现中国人以山为德、水为性的内在修为意识。山水画可供人集中体味中国画的意境、格调、气韵和色调。咫尺天涯的视错觉意识，成就山水画演绎的中轴主线。东晋宗炳的《画山水序》作为我国山水画论的开端，结合古代圣贤爱山水的"仁智之乐"和山水即"道"的体现，首次提出"山水以形媚道"的观点。

陈从周先生在《说园》中指出自古以来艺术手法皆一也，先立意，后协调。园林是一个由山水、建筑、花木组织成的、富含诗画情意的综合艺术品，其每处景致都如欣赏一幅幅不同的画卷，要有层次而深远，不仅绘画须有韵趣，造园布景也可参之。简而言之，就是要用无形的诗情画意构置有形的亭榭山石，使其中景物变幻无穷。

（2）悦容之诗，悦容之画

悦容公园设计之初，我们以一幅中国画《悦容春晓图》和一首小诗"一日承千载，桃源铄古今。筑梦芳草地，悦容见初心"来表达公园的设计愿景，同时确定了用诗画创造园林空间的创作特色。

悦容公园分北、中、南三苑，景点序列为三苑、九园、二十四桥。

公园北苑以陶渊明"采菊东篱下，悠然见南山"为文化立意核心，造园主题立意为"归园田居"。北部地势低平，位于公园水源头处，功能强调生态涵养和水系净化。我们用《诗经》中的多重意境来营造林、田、水、草等如诗如画的多样生境，用中国画的"平远"之式塑造微地形，点缀了"松风""桃源""环翠"三园。于是芳草萋萋的湿地，"万壑松风图"里的松涛声，桃园春早的"桃源花园记"，峰峦环翠的"云林画境"，都归于"南山菊圃"的清雅飘逸，也呼应了华北平原自然朴野的景观风貌。

中苑为公园核心区，微丘起势，借壁画山，理水成湖，是一组在大地上创造的中国园林诗画。以重塑容城历史名胜"白塔鸦鸣"作为公园的制高点和城市文化地标，体现"盛世筑塔塑名胜，匠心营苑新景荣。江山如画承古今，悦容同乐中华梦"的心愿。中苑山水格局以吉祥寓意的"鹤鹿同春图"呈献给雄安人民。环岛而设"拾溪""清音""芳林"三园，仿佛《溪山清远图》[11] 的画境，体现"何必丝与竹，山水有清音"[12] 的意境，充满"芳林有界，风月无边"的情趣。

南苑以"容景阁"为制高点，以"一池三山"经典园林格局呈现"蓬瀛画境"，体现中国古典园林的礼仪与章法，承礼中轴，展开美丽画卷。并有"曲水流觞图"（曲水园）、"自然童行诗"（儿童乐园）、"赏梅五式图"（梅园）、燕乐园、悦音台，镶嵌在绿地中，表达中国园林与书法、音乐、娱乐等方面不可分割的情缘。

中国园林泰斗孟兆祯院士曾题诗："综合效益化诗篇，诗情画意造空间；巧于因借彰地宜，景以境出美若仙。" 我们以画成园，以园入画，以诗显园，以园载诗。诗、画、园相润相生，共同传承中华文化的优秀基因，彰显中国园林的无限魅力。

---

11. 宋代夏圭所作。
12. 引自晋代左思《招隐诗》。

2.4
三苑呈画卷

1. 史纲为源，创新演绎园林故事

"中国幅员辽阔，江山多娇。大地山川的钟灵毓秀，历史文化的深厚积淀，孕育出中国古典园林这样一个源远流长、博大精深的园林体系。它展现了中国文化的精英，显示出华夏民族的灵气。它以其丰富多彩的内容和高度的艺术水平而在世界上独树一帜，被学界公认为风景式园林的渊源。"[13]

中国人对于理想家园、诗意生活的追求从未停止，园林则是这种追求极致的文化产物，是中华基因中的优美表达。自商周时期的"台""囿"开始，有着三千多年积淀的中国古典园林，灿若银河，由无数星辰的光芒汇聚而成：从数百平方公里的皇家宫苑[14]，到宅边半亩壶天胜境，它们都是人类文明发展史上的结晶，照亮我们继续前行的方向。历史的发展不会停滞不前，不同时代、不同区域的园林，表现出不同的美和文化，但根植于中国人内心对诗意生活和审美意境的向往和追求亘古不变。而在经济繁荣和社会文明程度到达一定高度的今天，这些向往和追求显得尤为强烈。"以铜为镜，可以正冠；以古为镜，可以知兴替；以人为镜，可以明得失。"[15] 浩瀚的中国园林文化，绝非只言片语可以讲透，也绝不是几个公园就能包罗，我们希望以谦卑的姿态，尝试通过了解和学习历史，总结中国园林发展的规律和脉络，借此帮助大家拓展对古典园林的认识，引发对未来理想人居环境的探索和思考。变化的时代里，最美的是不变的初心，随着时代的飞速发展，中国园林始终以优雅从容的姿态，展现着她的魅力和价值。

苏州园林设计院自 1982 年成立以来，致力于中国园林艺术理论研究和实践创作，探索园林的发展及其对未来人居环境的意义所在。近三十年来在国内外创作了许多优秀作品，从传统园林的保护与修复、古典园林与现代公共园林的融合、古典园林的现代创新演绎到园林化的人居环境设计等多个方面进行了理论结合实践的探索。纽约大都会博物馆中的明轩，

13. 周维权：《中国古典园林史》，清华大学出版社，1999。
14. 譬如汉代上林苑，规模甚巨，今已不存。
15. 引自后晋刘昫等《旧唐书》。

作为中国园林走向海外的开山之作，以苏州网师园内的"殿春簃"为蓝本建造；中方于2019年12月完成承建部分的流芳园坐落于洛杉矶亨廷顿植物园内，是至今海外最大的苏州园林，历经十年洗礼，实现了江南园林与自然生态园林的高度融合以及现代抗震钢结构在传统园林建筑中的运用；中式住宅"桃花源"，被联合国教科文组织评为"全球文明，世界瑰宝"，见证了中国人居作品的全球影响力，成为中国文化走向世界的超级符号。这些成果，都是基于对古典园林的发展脉络和艺术精髓的深刻理解和吸收，反映出各个时代对理想人居环境的诉求。从2019年开始，苏州园林设计院作为主要编写成员之一，参与《中国风景园林史·江南风景园林史分册》的编写工作，再次系统梳理和思考江南园林的历史发展脉络。希望能通过对悦容公园的规划设计的解析来展示我国灿烂的园林艺术以及园林人对未来理想人居环境的理解。

悦容公园，绝非简单复刻历史的片段，或是照搬经典的传统园林空间。循着历史的印记，以时间为脉，从古至今，探寻理想家园的空间意境，尝试提炼萃取不同时代的园林精粹，打破地域的界限，融汇南秀北雄的园林风貌，以变化有致的自然生态基底和山水空间巧妙糅合不同个性的园中园，以中国画中"留白"的手法表达时空的转换。追求不同时代园林意境的表达，而不拘泥于具体形态的复刻，结合新材料、新技术以及适合现代生活的使用功能，展示不同时代的园林之美，提炼和构建面向未来生活的理想空间（图2-11）。

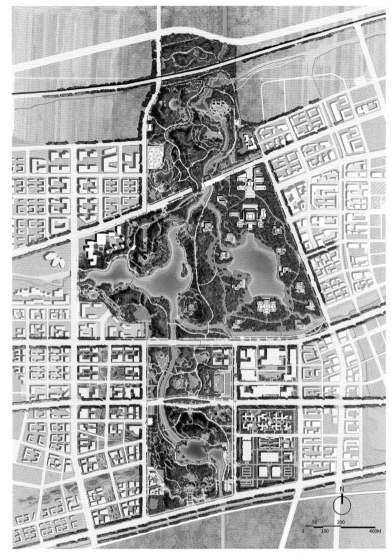

图 2-11 悦容公园平面图（其中雄安国际酒店方案仅为示意）

悦容公园，南面城市中轴，北接郊野生态，在蓝绿交织的底色上，以山水为脉，自北向南演绎园林发展的三个阶段——"林泉得趣，自然朴风""大地诗画，园林集萃""山水续轴，景苑胜概"，体现自然生态向城市文明的演进。

上篇（林泉得趣，自然朴风）
园林之始，隐于山林，宛若自然，体现拙朴之趣。
缘溪行，
芳草漫渚，
松风拂面，
幽谷环翠，

偶入桃源深处人家，

出而访菊，

见南山悠然。

——真自然

中篇（大地诗画，园林集萃）

园林之盛，写意山水，精巧绝伦，体现艺术之美。

清音入耳，

拾溪幽趣，

芳林烂漫，

仰观白塔晴峦，

俯瞰江南胜境，

图画天开。

——汇园林

下篇（山水续轴，景苑胜概）

园林之新，山水神韵，城市风景，体现共享之乐。

顺流而下，

曲水若书，

悦音韶华，

燕乐共享，

豁然展蓬瀛画境，

续中轴礼赞，

说两岸风雅。

——大园林

　　悦容公园不仅集中国园林精华与自然风光于一体，在运用经典园林造园手法营造空间的同时，还尝试使用适合当代和未来的造园空间手法，实现具有生命力和延续性的传承和发展，以求不负时代使命。

2. 三苑呈风景

（1）北苑：林泉得趣，自然朴风

　　北苑位于悦容公园北部，以两条东西向城市主干道为界，东西向平均宽度约 600 米，南北向平均长度约 880 米，总面积约 56 公顷（图 2-12）。

　　园林之始，隐于林泉。北苑正是"复归于朴"，回归到人与山水自然最淳朴的状态，呈自然拙朴之风，访山水林野之趣。通过描摹自然山林、湿地、田园，将"园林"隐于林泉，以自然本体表现主题，以林、田、水、草等多样景观风貌奠定其生态服务属性，营造最接近自然的、最贴近原生态的古朴园林意境，同时也是面向未来的桃源胜境。

图 2-12　北苑鸟瞰图

①北苑空间结构：一河沁两岸，两水环微丘，茂林隐多园

一河沁两岸：所谓山贵有脉，水贵有源，脉通贯通，全园得而生动。北苑承接南拒马河来水作为悦容公园的水系之源，"一河"即生态主河道，以"北泉藏幽，浅滩静流"之势形成水口湿地景观，形成了以河道为主体、自北向南延伸的生态景观廊带。

两水环微丘：地貌起势以"一脉既毕，余脉又起"的微地形脉络向南形成连续的起伏地形，逐渐过渡至中苑。水系自生态湿地下游形成分支，流经盆地、山谷顺流而下，两水环绕微丘呈现出"阴阳互抱"之势。

茂林隐多园：北苑以森林为主导的生态基底奠定了近自然的"茂林"风貌，将园林隐于茂林之下，形成自然风景与人文意境虚实相生、景境相宜的空间关系。

②北苑园林风格：自然朴风

"其居也，左湖右江，往渚还汀。面山背阜，东阻西倾。抱含吸吐，款跨纡萦。绵联邪亘，侧直齐平。"[16] 赋文中对"隐"于自然山水环境的园林建筑、花草树木等的描述，为后人呈现出中国古代较早的自然山水式文人园林的审美特质和园林风貌。[17] 北苑沿着这种"隐"于山水、"去饰取朴"的审美特点去尝试和探索，形成自然朴野的园林风格（图 2-13—图 2-15）。

16. 出自南朝谢灵运《山居赋》。
17. 傅志前：《从山水到园林——谢灵运山水园林美学研究》，博士学位论文，山东大学，2012。

图例
① 主入口
② 次入口
③ 生态防护林
④ 景观湿地
⑤ 活动草坪
⑥ 南山菊圃
⑦ 森林栈道
⑧ 归真台
⑨ 颐乐园
⑩ 河道
⑪ 环翠园
⑫ 松风园
⑬ 桃花园
⑭ 管理中心
⊗ 高压塔

N

50
25   100m

图 2-13 北苑平面图

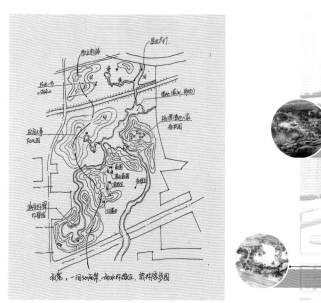

图 2-14 北苑构思草图

图 2-15 北苑景观结构图

海绵生态林地——"山有茂林，隰有蒹葭"

位于北苑津保铁路以北、容易线以南的海绵生态林地，贯通中轴生态景观廊道，同时也承接了全园的引水之源，奠定了其以生态服务功能为主的场地属性。从延宕了三千年的《诗经》之中，可以看到中华民族早期人与自然、草木相合的关系。为北苑启动开篇，推动着设计者去探寻园林最本真的意境，打造兼具生态保育功能与朴野自然园林风貌的生态景观范本。

场地通过四面环丘、引水入园营造自然静谧的山水格局基底。以"一林、一塘、一溪、一河"形成《诗经》中简约、拙朴的景观空间关系（图2-16）。"一林"，取自《小雅·车辖》中"依彼平林，有集维鹬"的意境，利用场地西北侧的大面积腹地，依托微丘地形形成静谧的林地空间，配合种植雄安地区乡土树种及食源性树种，为引鸟筑巢、觅食提供优良的环境条件；"一塘""一溪"，意境分别取自《国风·秦风·蒹葭》中"蒹葭苍苍，白露为霜"（图2-17）和《国风·周南·桃夭》中"桃之夭夭，灼灼其华"。两者都是以海绵绿地的形式，蓄水成塘，以溪净水，形成可变的弹性生态景观。在场地中心以野山石、卵石配合大面积芒草类植物形成朴野大气的景观风貌。临塘驻一亭，与西部高处山林间的扶苏亭形成视线上的呼应，近可赏蒹葭，远可观山林。在中心雨水花园到生态河道之间以海绵花溪的形式进行串联，石径穿梭于桃溪之间，形成了曲径逶迤、烂漫无边的春色一景。"一河"便是贯通南北的生态河道，"所谓伊人，在水一方"。隔岸对望，彼岸虽未见伊人，却有柳岸成荫下的潺潺流音，似在诉说这清源从太行山下流出，在南拒马河里徜徉，最终流淌于此，滋养于斯。

山有茂林，隰有蒹葭。"隰"指低湿之地，在构建场地海绵生态布局中，正是利用了这些"隰"。通过设计植草沟、地形汇水线承接场地内及周边街区的来水进行海绵传输；利用下沉海绵体储蓄雨水及客水，达到海绵蓄水功能；以植草沟—多塘—花溪完成水系的生态净化，从而保证流入生态河道的水质，最终形成多层分级的海绵生态布局。

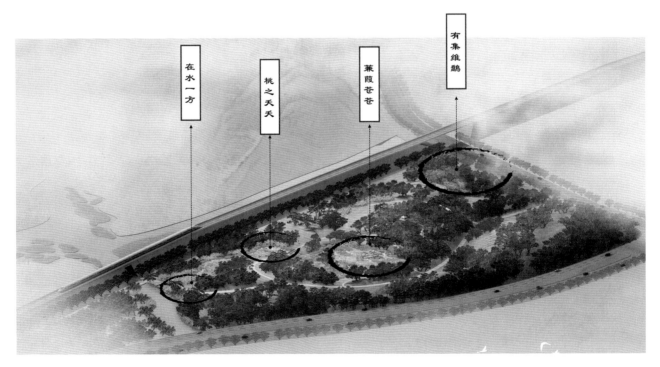

图2-16 北苑海绵生态林地鸟瞰图

图 2-17 景点"蒹葭苍苍"效果图

生态湿地——"芳草漫渚，洲岛横斜"

生态湿地位于北苑主河道上游水口位置，也是桃花园之北水溪渐起之处，是进入桃源的必经之所。从意境角度，以湿地之貌隐藏水之源起，以"缘溪行"作为进入桃源的园林意境表达和景观前奏；从功能角度，通过湿地于河道上游进行水体的生物净化，从而保证整体河道水质状况及生态稳定性；景观风貌自北向南从芳草萋萋、汀渚相连的白洋淀湿地风貌逐步过渡到柳岸浅屿的茂林湿地，呈现从生态化到园林化的风貌过渡。

场地设计模拟自然河流湿地中驳岸、岛屿的形态，以缓坡软质堤岸为主，水岸东北部的岸线主要以水中浅岛的形式，形成自西向东地形由低到高的层次变化，岛上主要以点植旱柳及片植荻类水生植物营造无人鸟类栖息湿地岛，岸上腹地以缓坡密林形成湿地背景；水岸西侧通过设计凹凸有致的岸线形成变化丰富的水陆交界带，将大小不一、地形起伏的岛屿与游赏栈道统一考虑，栈道随地形自然产生竖向的高差变化，与地形、水系的水平关系也在行进中不断发生变化，形成在岸边、在岛上、在水中等不同景观空间感受。同时根据视线分析，设置了两个以外向型观景为主的景观平台和一个以内向型休憩为主的下沉式景观平台，同时也营造出"荻洲鹭影""柳屿曲径""桃源在望"三种特色鲜明的景观空间节点。

湿地生态系统的构建主要围绕三方面：植物、动物及微生物。水生植物系统的构建主要包括挺水植物、浮叶植物及沉水植物。挺水植物主要设置在水陆交界带，沿岸种植芦苇、千屈菜、狼尾草等为鸟类等动物提供食物及栖息环境；浮叶植物主要通过植物根系进行水质净化，以睡莲科为主；而沉水植物如狐尾藻、马来眼子菜通常直接吸收水体中的氮、磷等营养物质，并释放生物因子，抑制藻类生长，从而净化水质。动物方面主要侧重考虑鸟类栖息地的营建，根据不同水鸟的栖息取食习惯，营建不同模式的植物群落，比如考虑到习惯拾取草本的鸟类集团倾

向选择滨水生境，故在滨水区域布置株高较高的草本植物如芦苇、水葱。这既为涉禽提高落脚点，也为游禽提供了一定的遮蔽空间。微生物的考虑主要选择在湿地当中较大的水面进行人为的微生物投放，能够在湿地生态系统构建初期将水体中的有害物质进行吸收转化，久之就会形成成熟的水下微生物系统。

生态湿地区域不仅展现了具有华北特质的水乡风貌，更重要的是从长远考虑，也将为全园的水质保证及生态多样性的完善起到不可替代的作用。设计时，主要以"轻设计"手法去营建湿地景观所需要的环境条件，然后等待这片场地有序地朝着更丰富更稳定的阶段去演替（图2-18，图2-19）。

图 2-18 北苑生态湿地鸟瞰图

图 2-19 北苑生态湿地效果图

南山菊圃 ——"出而访菊，见南山悠然"

　　南山菊圃位于北苑腹地中心，周边呈山环水绕之势，是北苑空间节点的重要核心，东侧与桃花园仅一路之隔；南侧与森林颐养区隔水相望，跨一桥便至；西侧远眺松风园及幽环翠园，将隐藏在山林、谷境、水际各处的园林节点串联起来，此谓北苑空间核心。文化立意选取陶渊明《饮酒（其五）》中的"采菊东篱下，悠然见南山"，将"菊圃""南山"作为园林主体，绘制一幅恬淡自然的园林画卷，此谓北苑之文化核心。因而，基于串联空间核心各场地的需要及打造"归于自然"的总体风貌的目标，场地设计选择了以植物造景为主的手法，采用叙事性的场景方式进行园林景观营造（图 2-20）。

　　园林主体由西侧山体与山脚下菊圃两部分构成，两者俯仰互借，各成一景；菊圃依山而建，游径沿山而上（图 2-21），两者又融为一体，形成完整的景观空间序列。由松下访菊圃而入，见一亭，亭外片植菊花，沿曲径而行，菊花时隐时现，途中偶遇两台，名为秋曜台和菊花台。

图 2-20　南山菊圃鸟瞰图

图 2-21　南山栈道效果图

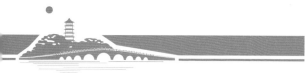

继而前行，见一篱门小院，推门而入，满院菊花扑面而来，抬头遥望山林，让人不觉感叹"采菊东篱下，悠然见南山"，形成第一个景观高潮。沿山而上，随栈道向南至归真台，登高而南望悦容中轴，清远旷达之感油然而生，至此达到景观序列的第二个高潮。

归真台坐北朝南，依山筑台，是悦容中轴北延的重要节点（图 2-22）。其以"返璞归真"为文化立意，以山居立景，"凸"字形的建筑平面布局形成了凌空于拙石之上的洒脱气势，自然朴野的建筑形貌又仿若建筑本身即是从拙石而出，有若自然雕琢而成。松林掩映，隐于云间，南望白塔而归于自然之境。

森林颐养 —— "披林撷秀，颐神乐心"

森林颐养区作为养老用地周边的绿色服务空间，主要聚焦老年人的身心健康问题展开设计（图 2-23）。以中国传统长寿文化为主题，主要设置有五峰馆、五松乐寿、百草圃、感官疗养区、康体广场、植物精气疗养区等景观节点，各个场地特征鲜明，以不同的景观元素赋予不同的长寿文化寓意，给使用者以充分的感官体验和积极的心理暗示。

西侧驿站入口区以五峰馆为主体，形成半围合式的园林空间，以"五峰"意喻"庐山东南五老峰"，临溪品茶，坐观五峰，风轻云淡是也。中部及北部为康体花园片区，景观特色根据老年人的身心特点打造形成康体广场、百草圃、感官疗养区、声音疗法区、精气疗养区五大颐养片区，主要从三个方面进行绿色颐养疗愈。

图 2-22　归真台效果图

图 2-23 森林颐养（东入口区）鸟瞰图

感官疗法，即通过声音疗法、触摸疗法、芳香疗法及色彩艺术疗法积极引导老人与景观的互动，调动老人的听觉、触觉、嗅觉及色觉，适当刺激感官以促进健康。举例来说，譬如泉音亭，以古松为植物造景元素形成"五松乐寿"的园林意境，亭中设水景与山石镶嵌互抱，亭中跌水声结合柔和的背景音乐，营造出静谧、放松的林下空间，人在其间自然感到心境平和（图2-24，图2-25）；又如竹音墙，设置在康体广场边缘，以竹条编制形成曲面景观墙，通过指尖的触碰形成有趣丰富的触觉感受，从而促进人与景观的互动。

运动疗法，即充分利用天然的运动设施、地形创造自然安全的运动场地，如康体广场，中间设置面积为 200 平方米的百草圃，周边以不同铺地材质区分出中心停留性运动空间及周边流动性运动空间，环植银杏为骨干树种以喻长寿之意，并形成林下休息空间，从而为不同需求的老人提供不同的活动空间。

负氧离子疗法，是指引用自然界中大气离子预防和治疗疾病的方法，主要通过种植康养植物，使其挥发对人体有理疗保健的成分，从而达到保健康养的功效。5200 平方米的精气疗养区，种植有 35 种康养植物，挥发大量杀菌抑菌物质，具有清新空气、舒心健体等功效，同时也能够吸附空气中的粉尘，改善环境质量。

图 2-24　泉音亭效果图

图 2-25　五松乐寿效果图

(2) 中苑：大地诗画，园林集萃

中苑以城市规划道路为界，东西宽度约 1600 米，南北长约 1000 米，总面积约 110 公顷。

中苑打造的是中国园林艺术的典范、东方的世界园林客厅和国际化的文化交往礼宾空间，绘大地诗画，集园林精粹，呈现双湖合璧、园林集萃的山水格局（图 2-26）。

①中苑空间结构：双湖合璧，园林集萃

中苑山水因山就势，双湖合璧，鹤鹿同春，展中华文化之经典。环绕双湖，景点星罗棋布，以塔为核，汇中国园林之精粹（图 2-27）。

双湖合璧，鹤鹿同春

中苑山水布局萃取中华山水营建智慧，一重意境，构建"塔影在波，云影天光"的园林胜景；二在情境，中苑双湖呈现"鹤鹿同春"之形态，寓国泰民安、政通人和的吉祥之意（图 2-28）。鹤鹿同春是中国传统寓意纹样之一，以"鹿"取"陆"之音，"鹤"取"合"之音，"春"的意象则取花卉、松树、椿树等来呈现，寓意为天下为春、世间繁荣，表达了人们祈求国泰民安的美好愿望。

鹤湖：位于悦容公园中苑西侧，水面呈"仙鹤"形，岸线挺拔有力，犹如描绘着傲然独立于风中的仙鹤。鹤湖周边掩映着多个经典江南园林，精巧典雅，含蓄温婉，显而不露。各座园林静静伫立，仿佛在共赏鹤湖之美——碧波拍浪，细柳依依，微风拂来，漾起圈圈涟漪。

鹿湖：位于悦容公园中苑东侧，水面呈"鹿"形，岸线曲折自然，犹如机敏瑞鹿，身姿曼妙。设计充分利用现状地形，因地制宜，蓄塘为湖，稍加修饰，湖面堤岛相依，长堤卧波，绿带缭绕，静谧秀美。

以塔为核，园林集萃

白塔为中苑控制性风景建筑，是悦容公园的核心地标，亦是新区中轴风景延续线上的重要节点。白塔选址于容城、容东片区视廊交汇处，坐落于悦容公园中苑核心绿岛白塔山，塔及地形总高约 70 米。环绕白塔，悦容公园内各园林呈圈层分布（图 2-29，图 2-30）。

内圈层：以白塔为圆心向外 200 米为半径布置园林，该圈层园林与白塔距离最近。仰借白塔，各景点布于白塔山腰或山脚，园林布局紧密结合白塔山地貌特征，借势筑园。白塔东侧设迎旭台，为一座台地园林，内建双台以迎旭日。白塔西侧结合地形高差设松鹤飞瀑，千岩竞秀，万壑争流。

中圈层：以白塔为圆心、向外 500 米为半径布置园林，该圈层园林与白塔隔湖相望，借景白塔，景致颇为疏朗。鹤湖南岸的塔影园以塔为设计思源；拾溪园内的双溪望远节点，北望双溪，南望白塔，将白塔景色借景于内；清音园以"清音落亭"为起点，框景东西向白塔，形成虚轴。各座园林布局精巧，与白塔形成"看与被看"的变幻关系，巧于因借。

图 2-26 中苑鸟瞰图

图 2-27　中苑空间结构图

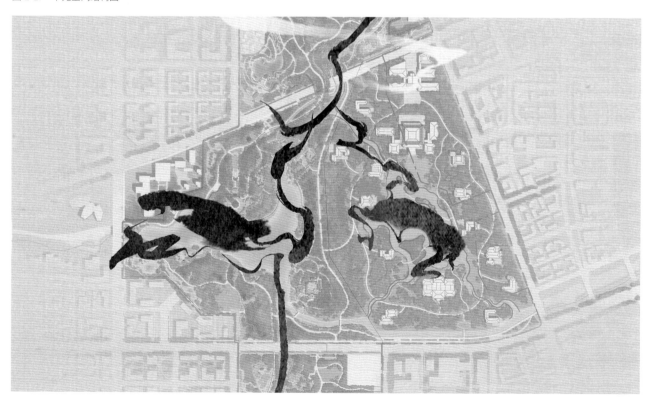

图 2-28　中苑双湖寓意图

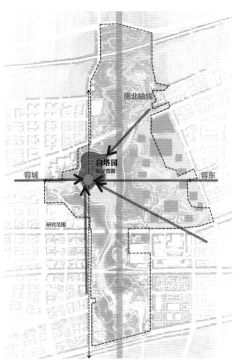

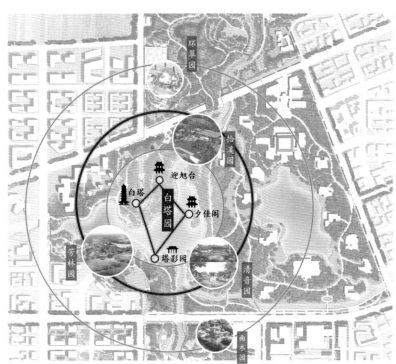

图 2-29　白塔园选址平面图　　　　　　图 2-30　中苑景观结构图

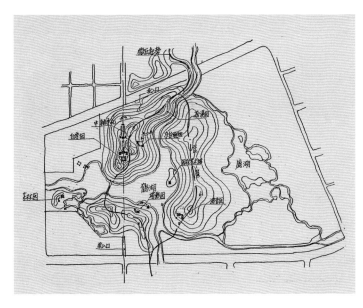

图 2-31　中苑构思草图

外圈层：以白塔为圆心、向外 800 米为半径布置园林，该圈层园林虽已位于中苑之外，但仍与白塔呈遥借关系，如北苑的归真台、环翠园，南苑的曲水园、悦音台、悦容阁等。

②中苑总体布局及特色节点

中苑筑山理水，两湖三岛，高低错落，主次分明，高远与平远、深山与阔水紧密相接，气脉通连，空灵疏秀，犹如一幅绘在大地上的园林画卷（图 2-31，图 2-32）。中苑三岛，是悦容公园南北向山脉延续的核心段落。三岛之中北岛为至高峰，亦为全园主峰，承载着白塔这一城市文化地标；南岛其次，与北岛共同作为悦容公园水旱双龙格局的重要组成；中岛为配峰，烘托南北山脉主线之延绵态势。

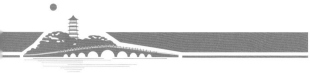

N

0 40 80   160

图 2-32 中苑平面图

北岛白塔山

北岛承接北苑微丘脉络走势，形成全园至高峰，至高点标高为 33.00 米。北岛名为白塔山，山间点缀一座白塔，缘起容城古八景之一"白塔鸦鸣"，充分挖掘历史文化内涵，对古景进行景观再创作，形成城市风景新地标。

北岛地形变化丰富，以白塔为主体形成四面景观——北向为礼制入口；南侧强调高峻，塔湖相映；主要景点分布在东西两侧，东侧为迎旭台，东向迎旭以观霞；西侧为松鹤飞瀑，位于山脚，流泉飞瀑以听籁。

迎旭台

迎旭台位于北岛东麓，依托白塔山山势，地形富于变化，且山、石、林、泉地貌齐全，山林背景以秋色为主题，是一处因山构园、空间张弛有度的台地园林。迎旭台因东迎旭日得名，意在笔先，暗含紫气东来祥瑞之意。

迎旭台设计以宋画《雕台望云图》为创作源泉，构园得体，序列清晰明了，分为上下两级台地，与自然空间相得益彰，其间穿插着亭、廊、台、轩、亭桥等，建筑随地形高低起落，园路顺岩坡曲折攀升，空间整体统一，又显得变化丰富。顺应地形，两级平台高差控制在 2 米，高台精工轻盈，用砖垒砌，上施压阑石，角部使用角柱石，上置角石[18]。台基与自然石料相结合，与高台一侧跌瀑自然过渡，两级平台之间，以一池碧水相连。迎旭双台一高一低，自然形成两处感受完全不同的观霞空间。若于高台迎旭，可见朝霞倒映在池水中，满池波光流彩，水面丰盈烂漫，朝霞与霞影水天一色，一池静水也便得名彩霞池。若于台下观霞，可于湖心小亭话古说今，东西两方向视野均较为宽敞，或看朝霞天光云影，或看夕照下白塔成剪影，彩霞池里楼台倒映，烟水迷离（图 2-33）。

18. 乔迅翔：《宋代建筑台基营造技术》，《古建园林技术》，2007 年 01 期。

图 2-33　迎旭台鸟瞰图

松鹤飞瀑

所谓"山无石不奇",为回应白塔山多方组画、西侧妙趣、旷奥相生之特色,此景点运用传统造园手法——峭壁山取筑建园林之法,"千岩竞秀,万壑争流,草木蒙笼其上,若云兴霞蔚"[19]。设计充分利用白塔园地下空间与外环境之间的竖向高差,因地制宜,结合现代工艺,模拟太行气韵,崖、岫、岗、嶂、壑、谷、洞、穴,旷奥兼备。同时在西侧为登塔打造了一条特色游径,于崖壁间曲折萦回,一步一景。整个景点的设计运用了古典掇山思想,并结合现代工艺完成了一次园林再创作(图 2-34)。

该景点的设计亦是动态化观赏中国山水画的一次初探,是具有游历感的画论的园林化实践。园林意境及画境上模拟范宽的《溪山行旅图》,前景潺潺流水从水雾中来,引人向前,进一步探究雾中美景。中景以双桥为画框,框内一座正面巨峰构成了画面主体,山头作密林,墨沉沉的一片,山峦靠右位置,一条瀑布一泻千里地从九霄云天直插入山下的氤氲之中,山脚丛林掩映,瀑布下一片水汽升腾的空灵之境,衬托出山的质感和量感。远景峰峦层叠,植被丰茂,高处的白塔与山体组成了独具特色的风景轮廓线。整个画面和谐统一,高山仰止,壮气夺人。前景、中景、远景 1:3:9 的空间比例与《溪山行旅图》的整体构图完美匹配。

中岛琵琶岛

中岛位于双湖之间,与白塔山隔湖相望,分隔两个不同标高的湖面。中岛通身呈梨形,线条流畅优美,像敦煌壁画中飞天乐伎手中的琵琶,因此称之为琵琶岛。在琵琶岛上,仿佛能看到乐伎手持琵琶,只消轻轻拨动琴弦,万般情愫瞬间涌现,耳畔仿若能听到山顶清音园中传来的水声,还有拾溪园传来的潺潺溪流声,那都是大自然的音乐,平和舒缓。

---

19. 出自宋代刘义庆《世说新语·言语》。

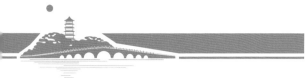

图 2-34　松鹤飞瀑效果图

琵琶岛在中苑两湖三岛山水画卷中作为配峰出现，最高点标高为 18.00 米，南北延绵，静卧在白塔山东南。岛上分布三个景点，南北两端坐落两个大师园，分别为清音园、拾溪园。清音园，是一处林泉相映的山地园林。山高水长，倚流而下，水落深潭，清音响幽，谓之"清音落"，以一个"落"字说尽江南山地园林经典特色。拾溪园是一处位于竹林幽深之地的水口园林。东西双溪，水系环抱，绘翠溪枕水之境，享园林雅集之趣。随遇而安，空灵清净，自性质朴，幽趣悟真，可称得上是一处突显国风雅韵、溪林相映的经典园林空间。琵琶岛西岸，独立一处湖心小岛，与陆地仅一桥相连。藏于其下的园林艺术馆，可谓悦容公园的原点，展现中国园林艺术的浓缩精华之所在。

园林艺术馆

园林艺术馆立于雄安中轴，置于湖中仙岛。就选址本身而言，以显"到岸请君回首望，蓬莱宫在海中央"[20] 的气质；其小巧、空灵的特性与隔湖相望的白塔园、清音园等大师园展示着虚实相合的别样园林空间，共同演绎着中华园林艺术的精髓。

古有李白所写"海客谈瀛洲，烟涛微茫信难求"，描绘了其梦中所向之仙境，而现今园林艺术馆依托其绝佳的场所气质，以"湖中岛，园之源"出发，基于"诗情"与"画意"，采用环境与建筑相融相生的手法，充分展现"虽由人作，宛自天开"的园林意境。在设计中采用了一座桥、一条路、一池水、一卧崖、一琼楼五个常见元素，巧妙组成不落窠臼的集合，并结合空间的收放起伏关系来共同构成整个主体：

一座轻盈的桥，立于其上，左赏瑶池水，右望东海外；

一条曲折的路，穿梭其中，曲径通幽，天台路迷；

一池明镜的水，憩于水畔，琪花瑶草，碧水鉴心；

一卧险峻的崖，站于崖边，出水而起，仙气浩然；

一座琼楼玉宇，临崖而立，璇霄丹阙，展中华木构之精华。

园林艺术馆的主体功能性建筑，全部藏于岛下及水下，既有利于保温节能又有效控制了露出地面的建筑体量。地下展厅强调参观者的代入感和参与性，结合现代技术，以裸眼3D、4D技术、场景模拟等手法实现传统园林四季及日夜变化的展示。同时结合其地下消防疏散的需求，依托"楼台耸碧岑，一径入湖心"[21] 的意境，设计了由地下"一径"连通水面的"塔影台"。走出地下展厅，登上水中央的"塔影台"，可远眺白塔，一览"塔影随潮没，钟声隔岸策"[22] 的胜景。

园林艺术馆不仅仅只是一个单纯的建筑，而是集中国传统文化意境及造园思想于一身的复合体。它也不同于传统园林，是传统园林艺术更加婉约和轻松的表达，是一粒镶嵌在自然园林间的珍珠，是水中的"悟空"之岛，是悦容公园园林艺术的点睛之笔。

---

20. 引自唐代白居易《西湖晚归回望孤山寺赠诸客》。
21. 出自唐代张祜《题杭州孤山寺》。

南岛

南岛北接鹤湖，南邻商业街区，承接南苑山水脉络的延续，最高点为标高为 20.50 米，为中苑两湖三岛山水画卷中的次峰。南岛山脉横卧，呈现出不同时空背景下园林"双面绣"，一北一南，一阴一阳，一静一动，承古续今，叙说风雅。南向续写面向未来的东方园林之境和百姓共享的城市风景，共同构成的美好图景；北向与白塔山、琵琶岛共构，描绘最经典的中国园林殿堂。

南岛于南向紧邻商业街处布点大师园"芳林园"。芳林园基于山水与日常的"诗意"连接，兼谈"风雅生活"与"大众风景"，是一处自然开放的城市公共园林。芳林有界，风月无边。南岛北向布点塔影园，于白塔隔水而立，借景营园。

塔影园

在中国古典园林中，远借塔影是园林营构中较常见的组景手法之一，它既拓展和延伸了景区的空间与视野，又丰富了景观的节奏和层次。借塔入园，在塔影与山水之间营造出诗画意境，深受中国文人欣赏与推崇，塔影也成为一个审美和寄情的符号。中国园林好借宝塔，亦好借"塔影"，比如无锡的寄畅园，借助园外远塔，组成了良好的"借景"；亦有苏州虎丘后凿池及泉，池成，虎丘塔影倒映其中，故改名为"塔影园"。[23]

中苑的塔影园相地巧妙，北邻鹤湖，地处山水之间，借景白塔，塔湖相映，因景而建。其设计融合了诸如虚实、动静、渗透等美学要素，在游者的眼里呈现出别样的诗情和画意。园内之空间节奏，颇具韵律感，且趣味十足。园林中的人工景观与自然微丘、开阔水面和谐艺术地融为一体，高度体现了"虽由人作，宛自天开"的造园准则。园内塔影忽隐忽现，使园林平添无穷景色（图 2-35）。

立于塔影园，白塔及塔影尽收眼底。据关于人体工程学的研究，人双眼舒适视域为 124°，单眼舒适视域为 60°，因此 60°水平视觉是处理塔影园与白塔山关系的控制关键。为营造塔影园与白塔山之间的最佳关系，设计中以塔影园为角点，向白塔山东西两岸各放出两条射线，以60°为控制模数反复推敲，精准确定塔影园选址。

（3）南苑：山水续轴，景苑胜概

南苑位于悦容公园南部，东临容东片区，西至白塔村东侧规划主干道，南至荣乌高速绿廊，北临城市规划道路，东西宽度约 500 米，南北长约 1100 米，总面积约 61 公顷（图 2-36）。

①南苑设计理念及空间结构

南苑作为悦容公园的礼仪门户，承担着"以风景园林之美承接雄安中轴"的角色和传递中国园林礼乐之美的愿景。同时，南苑紧邻居住区以及包括市民中心在内的综合商业区，其城市属性强于中苑与北苑，是城市活力聚集区，又是连接两侧城市板块的重要公共绿地。

"景苑胜概"描绘的是面向未来的东方园林之境和百姓共享的城市风景共同构成的美好图

22. 出自宋代陈允平《青龙渡头》。

23. 李金宇：《论中国古典园林中的"塔影"》，《中国园林》，2010 年第 11 期。

图 2-36　南苑鸟瞰图

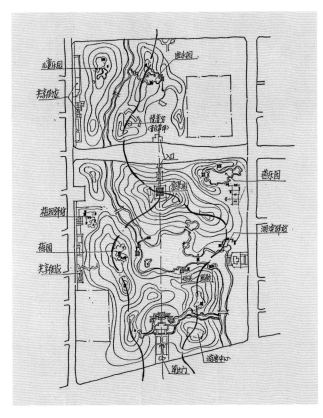

图 2-37　南苑构思草图

景。中国古典园林发展历程中，秦代出现了真正的皇家园林，谓之"苑"，表现为"宫"与"苑"的结合，也代表着皇家园林的庄严礼制与自然山水的自由灵动的融合。园林所承载的功能和内容开始逐渐丰富，并且出现了"苑中有苑"的园林格局，这种造园方法作为"园中园"的发展基础对后世构成了深远的影响，并作为一种城市规划与造园的理念开始普及。它不仅实现了园林风格和功能的精致化和多样化，也具有组织空间和布局的功能，使全园整体有机联系，融为一体。

悦容公园面向人民，拥抱精彩纷呈的日常生活，但在空间规划、造园方法以及园林风格等方面，传承了皇家园林的艺术精髓，并尝试在新时代的语境下重新演绎，形成了南苑礼乐相和、全民共享的"景苑胜概"，实现了礼序空间与多元丰富的园林空间相互融合的结构。

其结构表现为"一脉山水，两岸园林"，中部山水接续中轴，湖光山色承中轴之礼，百花齐放簇蓬瀛之境；两岸园林融入生活，赏景如见四时之画，栖居尽享诗意闲情（图 2-37，图 2-38）。

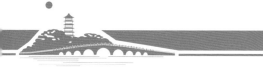

图 2-35 塔影园鸟瞰图

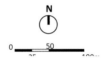

图 2-38 南苑平面图

②南苑风貌特色和重要节点

中轴承礼，多进空间序列呈景苑画卷

中轴以大开大合的写意山水园林营造三个层次的景观序列，形成"山石组景—礼仪广场—牌楼—悦容台—南湖一池三山—容景阁"这一共构张弛有度、韵律鲜明、虚实相生的风景轴线（图 2-39，图 2-40）。第一进空间，由入口的微缩山水盆景——山石松柏组合点景，形成苍劲大气的入口形象。纵深 70 米的礼仪轴在两侧百花洲广场的烘托下如展开双翼的凤凰，以最优美绚丽的姿态迎接八方来客，亦有广纳贤才的美好寓意。进入第二进空间，悦容台设计来自中国传统建筑形制——台，是南苑重要的礼宾观景核心和空间高潮，它三面环水，向南而立，其建筑形式灵动飘逸，有凤凰飞翔之神韵，突破了传统礼制建筑严肃刻板的形象，与两侧百花洲相映成趣。溪水自西向东，过悦容台流向百花洲（图 2-41）。"万柳堤边行处乐，百花洲上醉时吟"[24]，溪水两岸百花争艳，春色如许，沿花坡而上，牡丹台上百花之神正含苞待放。继而向北，越过绿丘草坪来到第三进空间，豁然开朗。南湖以"一池三山"这一经典园林格局为山水创作的核心，湖面平静开阔，轻点三岛，东西两侧分别以廊桥与亭桥连接岛屿与陆地，呈向心环抱之势，更突显了主体湖面，而其本身又成为四面可观之景点。为渲染以南湖为核心的仙境气氛（图 2-42），两侧不再过多布置园林建筑，而是以起伏微丘环抱，使视

---

24. 出自宋代戴复古《望江南》。

图 2-39 南苑鸟瞰图

图 2-40 风景轴鸟瞰图

图 2-41 百花洲效果图

图 2-42 南湖鸟瞰图

线聚焦于中心湖，收束于北向高点容景阁，共展山水园林画卷。

　　跨城市干道继续向北依次为悦音台和曲水园。该区域相对独立，借依丘傍水的自然环境，偏安一隅，或行歌踏月煮酒听枫，或曲水流觞以书会友，都别有一番乐趣。

"悦音韶华"悦音台

　　"彩凤肃来仪，玄鹤纷成列。去兹郑卫声，雅音方可悦。"[25] 中国古典园林与音乐的密切关系由来已久。早在商周时期的帝王苑囿中，为"钟鼓之乐"专门设置的场所和环境表现出音乐之神圣，亦可见当时的人们对音乐所寄托的美好愿望。此后以音乐演奏、歌舞表演，甚至是音乐教育为主题的园林日渐成熟，并从贵胄之家走向民间。家喻户晓的"梨园"，前身只是一个普通的果木园，在经济繁荣、文化鼎盛的唐代，从音乐表演场所转变为一个戏剧学院，直至今日，已成我国戏曲文化的代名词。

　　悦音台位于容景阁西北侧，是一处隐于自然之中的户外演绎场所。在空间关系上，悦音台隐于主脉，点于中轴，希望以和悦之音礼赞中轴。功能上将承担雄安音乐节等演出和大型活动的开展。由地形和植被分隔形成石剧场（内向型）与草坪剧场（外向型）两种不同特质的舞台空间。谓之"绿脉葱郁藏悦音，秀外慧中两面台"。

　　绿丘自北向南绵延，在此围合形成天然盆地空间。地形和葱郁树木形成的屏障，既有利于声音的传播也满足观演的视线要求，实现了小型音乐表演和集会演讲的功能需求。设计打破了传统剧场的规则布局，看台台阶被设计成自由的折线状，分组团隐于山石绿化中，进一步加强

---

25. 出自唐代李世民《帝京篇十首》。

了场地的景观性,形成四面可观的多维舞台。剧场以绿为底,以石为绘,宜于自然,舞台台基、看台台阶皆采用太行山石一气呵成,彰显场所朴拙的自然特质和地域特色。在音悦台东侧,逾一万平方米的开场草坪为音乐节等大型活动的开展提供了场地,与内向型表演空间形成功能互补(图 2-43)。

为了在满足演绎功能的基础上,尽可能营造纯粹自然的环境氛围,三处公共配套服务和后勤管理建筑均"藏"于微丘之中,分别满足演员和观众的需求。同时,演职人员与观众的游线形成两个独立体系,互不干扰,且每个看台组团之间通过纵横交织的台阶小径连通,形成灵活的流动线路,能够满足剧场人流集散需要。

两岸生活,多元复合的园林空间构建共享悦容

西岸:川花柳连城,自然童行踏雪寻梅;东岸莲池夏荷清馥,泛舟载霞燕乐同享。

南苑两翼结合公园边界共享街区,营造不同氛围和功能的系列园林空间。西翼布设儿童乐园和梅园,东翼设大师园——燕乐园和夕佳台,并以共享街区为过渡空间与城市板块衔接,激活公园边界,强化南苑与城市的多元功能联动和园林生活共享。

儿童乐园:"自然童行,淀边人家"

这是一处体现地域文化和故乡情结的亲自然园林。设计希望突破传统儿童乐园的设计手法,褪去鲜艳绚丽的色彩,放弃现代酷炫的游乐装置,进而引领孩子们回归自然的拙朴,寻觅故乡的童年,放飞心底最纯真的欢乐(图 2-44)。儿童乐园是悦容公园的有机组成部分,它以丰

图 2-43 悦音台效果图

中国传统文化中的游乐意象

传统游乐与自然环境息息相关

草　　田　　花　　溪　　山

自然童行

重塑自然与儿童的亲密联系，用传统的儿童记忆场景重拾欢乐。

图 2-44　儿童乐园设计理念

富的园林地貌作为各类儿童活动展开的载体，将游戏的乐趣与游园以及本土文化意境融合。设计充分挖掘白洋淀地区典型的自然风貌特征，以山、水、草、沙、芦等自然地貌作为基底，表达自然"童行"的设计理念，重塑淀边人家的游乐图景（图 2-45）。

儿童乐园位于南苑西北侧，南北西三侧接城市规划路。总体延续上位山水格局，北部起微丘向东南延伸，南部以开放草坪与街区共享，城市界面开合有致、多重渗透。儿童乐园坐落在背山面水的向阳地带，西侧筑微丘形成围合之势，阻隔城市喧嚣，东侧拥抱生态河漫滩，借景曲水园。场地充分考虑不同年龄段儿童的户外活动特征，形成踏山、淘沙、斗草、逐水、藏芦、攀柳六大主题活动，将儿童活动融入自然环境，并通过一系列曲径实现山上、山下各个游乐区串联，从而保证整个乐园的可达性。

山下核心区以生动的故事线串联起斗草、逐水、藏芦、攀柳等活动内容。淀边渔船二三，是儿童下淀捕鱼、扬帆起航的开始，渔船以雕塑的形式并结合游乐功能，为低龄儿童提供多人跷跷板、角色扮演等活动场地；渔船桅杆结合攀爬网延伸到微丘柳树林，主要为大龄儿童提供更加刺激的攀爬类活动，而攀爬网象征着渔网，是对白洋淀捕鱼文化的全新演绎。沿着溪水顺流而下，溪边点缀着鱼类雕塑，并设置芦苇迷宫，一个个小鱼篓藏在迷宫中，等待儿童发现探索。穿过芦苇迷宫到达淀边人家驿站，便可看到渔船隐约藏在芦苇中，那些童年的美好故事从未远去。

梅园

梅，对于中国人来说，是一种独特而美好的观赏植物，不论是疏影横斜、虬曲盘错的近赏之姿，还是香雪如海、千树如云的远观之色，抑或冰清玉洁、暗香盈袖的花色香气，都出现在经典的画面和诗句之中，镌刻在文人墨客的作品里。自古以来，赏梅需要在特定的园林环境中

图 2-45 儿童乐园鸟瞰图

进行，因此它具有由来已久的园林属性，与各类园林要素（山水、建筑、植物）等组合形成诗情画意的景致。

梅园位于悦容公园南苑西侧，与共享街区直接连通，以梅花观赏为主题（图 2-46）。总体空间由公共开敞逐渐转为内向型空间。梅花种植形式也由孤植、点植转化为片植种植，植物空间丰富，感官体验多样化。通过对古画中不同场景的梅花姿态、形式进行分析，并从南宋张镃的赏梅文化著作《梅品》中提取了若干赏梅意境以及与其搭配的园林要素——以石枰、林间、苍崖、明窗、松下、清溪形成赏梅六式（石林探梅、苍崖凌梅、盆景品梅、香雪连梅、南山揽梅、疏影映梅），并从梅之香、梅之形、梅之韵、梅之色、梅之林等不同角度表现梅花之美，加之与不同环境的融合，形成六种不同意境的赏梅空间。

石林探梅：由公园边界的共享街区进入梅园入口。运用含蓄点梅的手法，以梅为元素引导游人进入梅园，通过梅与石结合，形成一梅一石，一梅多石、多梅一石，多梅多石的石梅景观。营造松树下，石林旁，谈笑赏梅的景观场景。

苍崖凌梅："含情含态一枝枝，斜压渔家短短篱。"[26] 设计结合地形，在园路两旁形成夹道崖壁，在崖壁上方种植歪脖老梅、垂枝梅，形成梅在高崖出挑的景观特色，在通道型的有限空间中强调并展现梅的姿态。

盆景品梅："粉墙低，梅花照眼，依然旧风味。"[27] 表现梅花的个体美，将盆景梅与墙、漏窗相结合，特选树形优美的梅花盆景，形成精品盆景园。盆景梅的观赏与梅园驿站的古典园林结合，或孤芳自赏，或三五成群，与亭台楼阁等建筑小品相得益彰。或于驿站喝茶小憩，或

26. 出自唐代崔鲁《岸梅》。
27. 出自宋代周彦邦《花犯》。

图 2-46 梅园效果图

循着暗香踱步庭院中，梅影浮动在冰纹梅花铺就得江南园林花街上，怎不心旷神怡？

香雪连梅：在园路两旁结合地形片植梅林，营造游观梅之颜色的景点。不同品种的梅花搭配成林，以游路串联，形成如水彩画般变化的视觉效果，表达"路尽隐香处，翩然雪海间"[28] 的意境。

南山揽梅：上山入苑，漫山遍野的梅花错落有致，风过处花浪涌动，仿佛身临香国仙境。坐落于制高点的湖光山色楼，是赏梅、饮茶的雅集之所。凭栏四望，但见片片梅花如粉似霞，好一幅梅花胜景图！于半山坡处点缀一处梅花造型的五角亭，极目远眺，纯净素雅的梅花绵延至南湖西岸，可谓"遥看一片白，雪海波千顷"[29]。

疏影映梅：梅与水的配植是很美的景观，梅俯清流，或一涨清波映出梅影天光，十分美观。在水岸边种植梅花，形成梅花倒影，营造"疏影横斜水清浅，暗香浮动月黄昏"的景观意境。

夕佳台

夕佳台位于悦容公园东侧，紧邻雄安市民中心，是衔接城市与南苑的重要节点。沿街面呈现公共开放态势形成共享街区，人们可自由便捷地进入悦容公园。"风景日夕佳，与君赋新诗。"[30] 夕佳台面西，南湖水面平静开阔、园林层次丰富，是绝佳的观赏夕阳之处。"或泛轻舟画舸，习采菱之歌；或升飞桥阁道，奏春游之曲。"[31] 立于台上，近处赏鱼嬉戏莲叶间，中景可观曲桥轻卧莲池，远景可望容景阁与牡丹台、微丘树林共同勾勒出悦容天际线。夕阳西下，水波粼粼，不远处画舫中飘来一曲"春江花月夜"。不知不觉中，拉开了夜的序幕。

沿湖一侧的湖滨广场以宋式双层台为设计灵感，可容纳大量人群在此停留。上层台视野开阔，可供游人临水观景，饱赏湖光山色；下层台亲水怡人，是初夏黄昏时分最浪漫的散步空间，是暑假傍晚最惬意的亲子场所，是每天下班后放松夜跑的必经之处。

湖滨广场南侧步道根据不同时期的水位形成不同的淹没区，设计两级观景平台，营造不同时期的景观效果（图 2-47）。

图 2-47 湖滨广场鸟瞰图

---

28. 出自当代雪苓《香雪海》。
29. 出自当代雪苓《香雪海》。
30. 出自唐代王维《赠裴十迪》。
31. 出自唐代杜宝《大业杂记》。

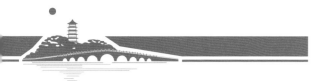

2.5

五介融城野

1. 公园拥抱城市，街区共享风景

悦容公园地处雄安启动区十字轴交汇处，是传统文化集萃高地，其边界空间作为公园和城市各种要素和事件的汇聚发生地，宏观上与城市系统共构，中微观通过路径、场所、设施与城市街区互融共享，其空间、风貌、设施等对城市环境的融合有重要促进作用。风景园林将从这里主动走出去，使悦容公园真正成为市民共享的绿色生态廊道。

响应上位城市规划理念的要求，雄安新区未来将打造覆盖出行比例 70% 以上，以高品质慢行系统、弹性公交系统、自动驾驶等为特色的，环境友好、按需服务的绿色智能交通系统。未来，慢行交通将成为新区主导出行方式，悦容公园与雄安城市的联系也将会更加紧密。其界面空间作为公园与城市耦合的载体、事件发生地，也将为公园使用者提供更多功能复合的城市公共空间。

因此，将公园开放给城市，着重设计公园的界面空间，不仅能充分提升公园这一生态与人文资源的内在价值，同时也尽可能地发挥城市绿色空间的公共职能。

（1）悦容公园的有界与无界

①传统的公园边界

传统的公园多设边界，以围墙、绿化等隔离措施为主，虽便于公园管理，但公园与城市、街区间联系较弱，公园绿地资源无法最大化利用。当"还绿于民"不再是一句口号，公园作为一种公共资源，其公共属性正在逐渐回归。公园的边界，也需要重新定义。

②悦容公园的共享界面空间

悦容公园的界面空间是公园从"苑"走向"景苑"的见证者。所谓"苑"，指传统经典园林，其边界多明确封闭、缺乏活力，领域感强，即"有界"；而"景苑"，集古今之大成——"景"指城市风景，"苑"是古典园林文化精粹。苑因景而"无界"，呈现一派开放、活力共享、生机蓬勃之态；景因苑而更显人文、崇礼、华彩纷呈。苑景互荣，景苑同构！

据《河北雄安新区容东片区控制性详细规划》，悦容公园作为启动区十字轴线的交汇处，东西向城市用地功能明确：南段东侧为实验社区、市民活动中心等功能组团；东侧中段为社区组团，北段为居住组团与生态段落；西侧为老城及建设者社区（图 2-48）。这也决定了悦容公园未来将是联动老城与容东新区的纽带，是城市活力的核心，同时还将是中国传统文化集萃展示、体验的制高点，兼具礼宾服务功能。因此，悦容公园的界面空间，作为将公园内部景观与周边城市及附近生活街区耦合的部分，被赋予了多重角色，其设计也要具有独创性。

故悦容公园的界面空间应当既"无界"又"有界"。"无界"，指边界是开放的、无围墙、多出入口、方便通达，城市与公园无缝融合，活力开放，融"景"于城；而"有界"，则是边界需要有园林的进入感与标识性，借鉴传统园林空间多重空间进入的层次感，呼应其礼宾服务属性，进而成"苑"。

从公园城市角度来讲，悦容公园界面空间作为城市现代文化与公园传统文化集萃的碰撞发生地，一要强调其在城市、公园之间的融合作用，二要能够突破边界感，使之成为一种独具个性与特点的共享空间载体，充分利用公园的绿地资源，增加城市魅力。

从共享街区角度来讲，悦容公园的界面空间是利用频率最高、活动最为集中的地带，它充分连接公园内部与城市街区，将尺度宜人、开放可达、亲切自然的人性化园林公共空间，作为展示多种风格与特性的舞台，并引导市民拥抱全新生活方式。

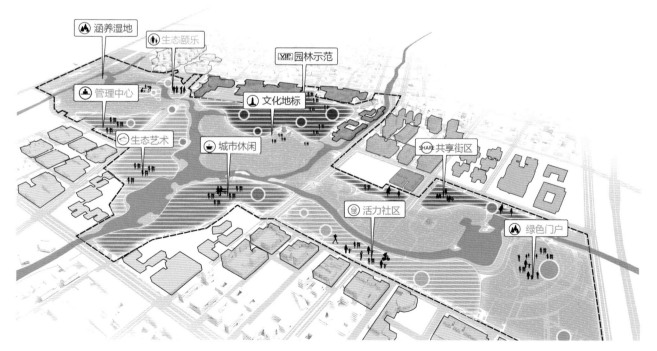

图 2-48　场地功能定位分析

(2) 悦容公园共享界面特征

①高交通可达性

空间可达性是空间活力的基本来源，悦容公园与城市慢行系统形成耦合网络化布局，便于使用者到达和穿行。此外，通过保证视线的通透可达，精心打造入口的标识，显著增强公园的吸引力，提高人流量。同时，悦容公园结合共享单车服务，整合城市公园的空间资源，使公园共享单车的停靠点成为城市活动发生地，为公园带来人流，提高活动发生机会，激发公共空间的更多活力。

②适度多样化的服务设施

使服务设施适度多样化，可显著提高基础设施的使用频率，满足多样化人群短暂休憩，避免资源的浪费。

悦容公园边界空间结合不同边界属性类型的差异化需求，合理配置服务设施种类，利用移动办公设备、动态检测等智能交互装置，在提高使用频率的同时，从质和量上精准满足多样化人群需求。

③空间弹性

悦容公园边界打造复合型共享空间，可有效提高空间兼容性；同时，提供留白空间，为未来公众参与、事件发生、共享生活场所提供可能。

(3) 悦容公园 "3+5+X" 的共享界面模式

回应雄安120米街区尺度并对街区行人行为模式研究分析，悦容公园规划形成了"3+5+X"的共享界面模式，即3米设施带，主要含雨水花园、行道树、自行车停靠系统、智能照明系统等公共设施；5米为供行人使用的慢行道，提供快速通过及慢行功能；X为公园红线退界X米，打造连续变化的共享园林空间。"3+5"强调共性，回应公园城市思想和雄安新区规划理念对悦容公园边界安全高效、活力共享、绿色生态、智慧科技的要求，"X"强调个性，回应悦容公园5种不同的边缘特征。"3+5+X"的共享界面模式，横向多点渗入公园，连接公园慢行系统，实现5分钟步行可达，将慢行系统、公共服务设施、园林艺术展示空间融合于公园街区中，实现园林的日常化和生活化。

① "3+5+X" 的共享界面构成体系

共享慢行系统

悦容公园慢行系统连接了城市、街区与公园内部，提供互通有无的复合慢行体验。

公园共享街区设计有5米慢行步道和部分段可观赏风景的散步道，供市民多种选择；重点入口与城市服务设施紧密对接；组织公交等候、共享单车停靠，并与街区花园相结合，形成自然中的枢纽空间。

共享公共服务设施体系

公共服务设施是提供市民服务的工具，设施共享能最大程度提高休闲出行的便利性，满足多样出行需求。

结合公园环境和资源，分析周边城市地块属性，探索建立慢行、公交、经营设施相结合的驿站系统，提升慢行活动体验。设计休闲驿站、艺术展示、微型零售等街道功能，让公园真正成为人们城市生活的重要组成部分。

共享"户外客厅"

街区就是"户外客厅"，行人在其中通行，也在这片舒适宜人的小空间内互动交往。在其中，人们得以感受人文关怀的温暖，并享受与大自然亲近的快乐。

悦容公园界面设计中的户外客厅体系，通过林下街区和视线通透的街区界面，使公园成为街道的风景，实现环境与功能的开放和共享；充分考虑不同人群的使用要求，设置全年龄友好的功能空间及人性化、高品质的城市家具，为街道休闲提供支持。

共享城市生态绿地

城市生态绿地是城市韧性、可持续性的重要保证，对维持城市生态平衡、完善城市生态格局举足轻重。

悦容公园边界将公园的生态效益延伸到城市绿地空间，通过整合海绵设施以滞纳雨洪，改善城市的生态环境，维持城市生态平衡。此外，悦容边界空间通过实现百分之百街区林荫化，并合理配置街道绿地空间植被，给市民提供了良好的交流场所，构建了生态环境复合的边界空间。

共享文化橱窗

雄安优良的文化传统可以塑造优雅的城市环境。悦容公园边界空间充分顺承传统文化之精华，浓缩提炼的中国园林文化精粹点状植入共享边界空间，结合公园内部景观融入不同的风格特点，形成序列，作为对外展示悦容公园的文化橱窗。

2. 五类共享界面共构悦容

设计考虑周边用地性质，结合园内差异化服务功能，从合理配置公共资源、景苑共荣角度出发，将公园与城市衔接界面划分为五大类：活力界面、风景界面、生态界面、园林界面及礼仪界面（图 2-49）。五大界面共构悦容界面空间。

（1）活力界面
①界面属性

依据南苑"园林续轴，景苑胜概"的园林定位，并结合周边用地属性，于南苑西侧界面规划设计活力界面，长约 1.8 千米。

悦容活力界面赋予公园多元复合的城市公共空间职能，激活城市边界，联动公园及周边街区，构建以绿色共享空间为核心、人性化服务设施为载体的城市活力带，实现活力共享。

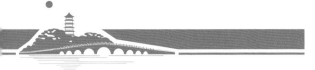

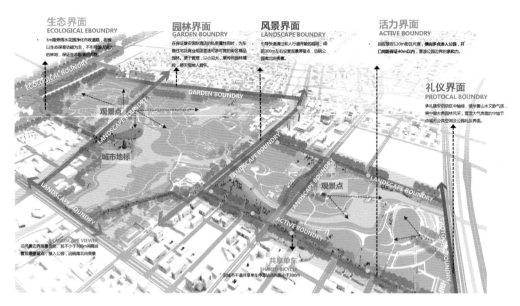

图 2-49　五种界面划分

②设计手法

公园活力界面规划了两级节点。为回应西侧商务用地 120 米的街区尺度，公园界面首先设计一级节点，强调入口设计；进而结合"密路网"设计理念，同时研究行人行为模式，设计二级节点，强调短暂停留。

一级节点（100~120 米）设有两个，即梅园和儿童乐园入口空间，规模约 400~600 平方米，尺度较大，主要承担对外人流疏散、街区对景、主题展示等功能，打造层次感强的入口园林化标识空间，呈插件式贯穿公园边界。

其中，梅园入口空间位于南苑西侧，西邻容城生活组团，设计旨在打造"梅园大观"的同时，为市民提供园林化的综合性活力入口空间。

节点设计将梅园与共享界面一体化打造，由西向东总体包含共享街区、梅园驿站、梅园大观三个层层递进的空间层次。第一层，共享街区向西连接城市，向东进入梅园驿站，用林下空间结合水景的方式，实现城市向公园过渡，提供集散、休憩、展示功能，并打造标志性园林化入口空间。第二层，梅园驿站作为城市兼公园内部的慢行服务驿站，结合南侧树阵空间及东侧内部矩形庭院，打造集梅盆景展览、科普教育、餐饮、咨询、共享单车租赁、公园管理等多种功能复合的梅盆景园，提供入口共享空间多样化复合功能。第三层，由入口过渡到梅园大观，渐变为内向型传统园林空间，再现形意相生的古典园林风范，完成界面空间到公园内部的过渡。

二级节点（60~80 米）设有六个，主要为小型停留休憩空间，充分考虑行人行为模式，规模约 100~150 平方米，尺度较小，布置灵活。灵活组织林荫、休闲座椅等元素，多个节点共同形成连续的、具有亲和力的街边休憩空间（图 2-50）。

（2）风景界面

①界面属性

考虑周边用地属性及公园景观与城市街区风景视廊关系，于南苑东侧、中苑西侧、北苑东西两侧、S333 省道、E3 路以及 E4 分幅路分别规划设计风景界面，长约 6.16 千米。

此界面旨在丰富"城中有园、园中有城"的城绿共融体系，并结合园林造景手法，将公园自然风景与城市人文气象通过一方边界和谐共构，实现公园风景与城市街景的互为因借、无界融合，打造开合有致的风景界面。

图 2-50　活力界面及其概念分析

②设计手法

注重开合有度，使郁闭的公园边界林带与通透的风景视廊形成对比与互补关系。郁闭林带设计主要采用微地形结合植被的形式构成内向型风景空间；通透风景视廊则满足城市借景园内的需求。风景廊道从以下两个层面打造。

城市级风景视廊

设计于容景阁、白塔、归真亭等制高点处打造三处城市级风景视廊，实现公园与城市街区对话，满足借景需求，提升公园标识性。

比如中苑白塔，位于启动区东西、南北向风景视廊交汇处，未来将成为悦容公园乃至雄安新区的地标。依据礼仪轴天际轮廓线分析，设计白塔标高 81.72 米（包括塔体高度和地形），结合芦原义信"十分之一理论"及容城组团街区建筑高度分析可得，可在东西向生态绿地及南北向规划路侧打开不小于 750 米的通透视廊，以打造城市级风景视廊。

公园级风景视廊

结合公园内部景观空间，每间隔 300 米设计贯通内外的风景视廊，人站在公园边界上便可感知欣赏。重要湖区等风景资源优美的地方设置开敞的观赏点，比如夕佳台。

此外，规划将 E4 路分幅，路中设分幅景观绿带，附加其风景属性，连通南北风景体系，使北侧以悦音台为主景而南侧以容景阁为主景的风景空间，在视觉上互通有无，浑然天成（图 2-51）。

（3）生态界面

①界面属性

依据北苑"林泉得趣，自然朴风"的园林定位，并结合周边用地属性，于北苑东西两侧规划设计生态界面，长约 1.6 千米。

此界面在增加城市绿量、提供生态价值的同时，与城市其他绿地共同构建完善的城市绿色基础设施，共同实现健康的城市生态环境（图2-52）。

②设计手法

连续性：设计 1400 米连续性的绿色公园边界和生态保育空间，减少公园出入口及停留点的设置，保护边界绿地斑块的完整。

绿量：设置双排行道树，公园界面设计0.5~1.0 米高、非进入式的半开敞的生态林带，最大程度增加城市绿量。

生态功能：研究城市临近公园的街谷形态及风向光照，利用植物生态群落，创造自然元素主导的绿色空间，实现公园与街区的生态共享。

海绵设施：结合街道 3 米设施带，设计雨水花园，丰富完善街道雨洪设施，并保证设施具有一定观赏性。

图 2-51 风景界面及其概念分析

（4）园林界面

①界面属性

依据中苑"大地诗画，园林集萃"的园林定位，并结合周边用地属性，于中苑东侧规划设计园林界面，长约 1.8 千米。

一方面，此界面设计需保证雄安国际酒店的私密属性；另一方面，还需为东侧住宅及商

图 2-52 生态界面及其概念分析

图 2-53 园林界面

业组团营造可游、可赏的街区精品园林，既要便于管理，又要以小见大，以展现传统园林精粹，移天缩地入君怀。

②设计手法

保障共享属性，打造精品共享园林。利用古典园林景观元素，设计系列园林节点。结合特色游步道，贯通南北向点状园林游憩空间，形成精品园林带，打造若干可游、可赏的精品主题景观。

保障雄安国际酒店私密性，8 米精品园林空间及国际酒店之间以园墙隔离，局部设计花窗作为装点（图 2-53）。

（5）礼仪界面

①界面属性

依据南苑"园林续轴，景苑胜概"园林定位，结合荣乌高速南北两侧园林承接关系，于南苑南侧规划设计礼仪界面，长约 600 米。

此界面承礼雄安启动区中轴线，定位为礼仪界面，连接高速路北侧的礼仪轴线园林空间与南侧中华园林荟萃的悦容公园，传承华夏山水文脉气质，展现中国古典园林风采，营造大气典雅的中轴节点城市公共空间及公园礼仪界面。

②设计手法

纵向上结合公园南侧主入口空间，通过打造轴线塑造仪式感，并将南侧山形水脉、容景阁纳入考量，推敲合适的比例尺度，共同打造并强化轴线，展现中华礼仪风范。

横向上对南侧界面整体林缘线、景观前后层次、文化小品等元素统一考虑，形成整体大格局对称、理微略有变化且节奏感强的景观立面形象，突出其大气绵延、绿意展开之势。

主入口以嵌入式格局承托山水轴，引导性与公共服务属性并重。此外，两翼的百花广场，也是预留的集散空间，整体可起到城市事件发生地的作用（图 2-54）。

图 2-54　礼仪界面及其概念分析

2.6
七美塑兹园

1. 画之美

　　"产生园林的先导是绘画。"[32] 中国传统绘画和中国园林是我国传统艺术的精华，这两门姊妹艺术，自生成初期，便互相浸润、相辅相成。文人情趣的"诗情画意"不仅是中国山水画追求的最高境界，也是山水园林向往的精气真髓。明代造园家计成在《园冶》中多次提及"入画"一词，如"桃李成蹊，楼台入画""顿开尘外想，拟入画中行"等。清代文人沈复在《浮生六记·闲情记趣》也说："小景可以入画，大景可以入神。""以画入园，因画成景"成为造园的传统和重要的审美原则，浸润着造园家的艺术旨趣。

　　悦容公园风景的构建对立意构思、置陈布势、主次虚实、取舍因借等方面颇为注重，撷取中国画的美学观和艺术技巧，表达悦容如画的情思。画家的文房四宝被幻化为造园家的木石水土——以白墙为纸、门窗为画，掇山理水、植草栽木，完成从二维平面到三维空间的精妙转化，展现如画之美。

　　悦容公园设计遵循"以画入园"原则，呈九处佳景，体现"以园入画"，绘一卷悦容。

（1）悦容一卷

　　"大都山水之法，盖以大观小，如人观假山耳。"[33] 中国传统绘画作为平面的艺术，按类似观察盆景的方法构思排布物象，用全景式构图的长卷，在咫尺画幅间层层推进延绵，绘出胸中万千山水。

　　造园如作画，既要关注每一个场景和片段的塑造，又需以"胸中丘壑"的全景式视野把握空间的整体性。中国园林强调"如在画中游"，其本质与中国绘画的"游观画法"一致，两者都充分体现出对空间动态体验的关注，通过塑造变化丰富又连续流畅的空间或画面，体验有限园林空间的无限审美意蕴。

　　"悦容长卷"构思立意之初，创作效法中国画的长卷形式，用"以大观小"的全景式构图方式，多景组画，以一幅长卷完整收录悦容九景。九景中最为精彩的片段被"剪裁"——运思、排列、组合、把握，进而合一长卷。细观长卷局部时，又可单独欣赏到九幅画面。通过笔墨追

32. 彭一刚：《中国古典园林分析》第一版，中国建筑工业出版社，1986。
33. 出自宋代沈括《梦溪笔谈》。

求并表现悦容公园的自然美，再加以联想和创作，园内营造出一派游人得以身心畅游的舒适氛围，这亦表达出独属雄安的园林审美观。

悦容公园长卷传承山水画构图布景由大至小的原则，协调大势与小势之间的关系构成。先整体铺陈山水，以公园三苑自北向南的造园顺序，将画面自左向右徐徐展开——北苑以自然野趣的秋景为表达主题，将芦苇湿地景色作为长卷之始，以自然清新、空旷缥缈的意境开启长卷；利用前景河岸植物巧妙串联南山菊圃，回望归真台；移步至中苑园林艺术馆，湖面如镜使画面豁然开朗，以大勾云法勾染层云随风流动，衔接白塔山迎旭台一景；再以山脚的柳岸登山道作前景，过渡至画心"塔影鹤栖"，尽显平远之景；湖水衔接南苑，荷叶衔桥，一派夏日风光，桥上小岛恰好作为画面连接南湖三岛其一，以留白之法将南苑冬日美景尽收眼底；再以画面底部皴擦山石为前景，推移至一处梅林，仰借悦容阁，成为"云阁香雪"一景；仙云缭绕，视角转而升高，巧有凤凰驾云而来，南苑礼仪轴线尽在眼前，至此悦容长卷绘制完成。

画卷对自然景物有意取舍，突出各园各景的精彩独到，而非冗长满铺，并寓情于景，与公园场景相融，力求形式简约而感情纯粹。九景之间，注重画面连续感，以云、水、堤、岛、树等物象衔接，随画面展开，目光缓缓移动，景色绵延不绝。多处留白仿佛扩大了公园面积，又使画面景色空灵而不拥塞，凸显其有容乃大的浩渺，气韵生动，起承转合，态势有力。一卷之中，平远、高远、深远、阔远并俱，四时寒暑、朝暮阴晴，观之不尽。表达方式以古绘今，勾线形式效仿国画运笔的气韵顿挫，深入描绘各景局部而放松配景，展现纯粹、悠远、精致之美。悦容长卷在雄安大地上缓缓展开，再现天地之道（图 2-55）。

（2）如画九景

悦容公园师法以景点组成系列景名的文化传统，自北、中、南三苑分别选取山水风貌各异、亭台楼阁俱佳、四时之季鲜明、阴晴雨雪隽永的九处景点，凝练成为悦容九景：芦淀秋晚、菊隐归真、悦容有源、东台迎旭、塔影鹤栖、莲池夕佳、蓬岛瀛洲、云阁香雪、凤台春舞（表 2-1）。

表 2-1 悦容九景长卷观赏要素分析

景点	所在区域	视点	视阈	建筑	季节	时段	气象	动植物
芦淀秋晚	北苑	芦苇栈道	芦荡烟波	栖芦桥	秋	昼	小雨	芦、鹭
菊隐归真	北苑	菊圃松间	松菊台	归真台	秋	夜	薄雾	菊、松、鹿
悦容有源	中苑	湖心远望	湖中仙岛	园林艺术馆	春	夜	—	燕
东台迎旭	中苑	白塔山间	东台朝阳	迎旭台	秋	朝	朝阳	枫
塔影鹤栖	中苑	塔影园畔	平湖塔影	白塔	春	昼	晴岚	鹤
莲池夕佳	南苑	滨水广场	莲池亭桥	采香桥	夏	昏	—	莲、柳
蓬岛瀛洲	南苑	高阁之上	南湖三岛	悦容阁、潭影桥	冬	昼	小雪	—
云阁香雪	南苑	水边梅园	梅间一阁	悦容阁	冬	昼	微雪	梅、鹊
凤台春舞	南苑	仙云之上	雀台百花	牌楼、悦容台	春	昼	晴岚	凤

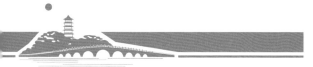

图 2-55 悦容长卷

图 2-56　南宋夏圭《钱塘秋潮》

　　"芦淀秋晚"一景描绘了北苑东北部芦洲飘摇、苇叶飒飒的秋色爽朗之景。董迪所著画论《广川画跋·论山水画》中写道画水应"使夫萦纡回直，随流荡漾，自然长文细络，有序不乱，此真水也"。画面构图师法南宋画家夏圭《钱塘秋潮》的经典三段式构图（图 2-56），最下为芦，中为水，上为山，景点设计通过滩、岛、洲、渚等不同形态的水中陆地营造层次丰富、虚实相生的"真水"意境。"秋画征鸿群鹭"[34]，画面前景将两只白鹭停于深芦之处，为原本寂寥的深秋之景增添了生命力，饶有趣味（图 2-57）。

图 2-57　芦淀秋晚图

34. 出自宋代韩拙《山水纯全集》。

图 2-58 菊隐归真图

图 2-59 悦容有源图

　　"菊隐归真"一景以松林间、菊丛中远眺归真台为画面内容，旨在表现北苑初秋时节的自然朴野风光。郭熙在《林泉高致》中对于松的搭配构图曾写道："松有双松、三松、五松、六松。怪木、古木、老木、垂岸怪木、垂崖古木。"画中以三松高低、聚散组合，气势雄强，盘旋而上至归真台，形成前后错落的画面中心。"大松大石必画于大岸大波之上，不可作于浅滩平渚之边。"画面下部对菊花的描绘遵循《林泉高致》中的大石范式，以两块大石对角布置，石之后数丛菊概括山坡漫山菊花。远山以拙朴单线勾勒，画面更显立体而幽深（图 2-58）。

　　"山以亭榭为眉目，得亭榭而明快。"[35] 此句旨在说明建筑在山水画中的点睛之用。"悦容有源"一景，取"平远"构图，于园林艺术馆及其所在之仙岛取景致精华，自右上角而入，隐隐半边，意味深长。天空及湖面大面积留白，只点一轮明月与丝丝淡云相伴，仲夏月夜时艺术馆立于水际，尽显娴静含蓄。远处隐约可见远山白塔，突出营造"远"和"淡"的时空意趣（图 2-59）。

---

35. 引自宋代郭熙《林泉高致》。

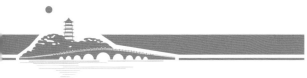

图 2-60 东台迎旭图

图 2-61 塔影鹤栖图

"东台迎旭"一景绘制白塔山东麓一隅，以宋代马远《雕台望云图》（图 2-60）的"边角"山水为构图创作源泉，将迎旭台这一建筑作为画面主体，大胆取舍剪裁，描绘宋式建筑之精美局部。李成《山水诀》中"石多层若横竖皴涩不分则板"一句意指堆石应有层次美。迎旭台下的堆石刻画用笔有力，以纵向肌理拟太行山浑厚质感。山间点枫树数丛，秋色朱红；画面上部大量留白为底，初升旭日晕染出灿烂朝霞之色，与枫林相映成趣。

"塔影鹤栖"描绘全园核心景点——白塔。园林之水以广阔为美，正如宋人韩拙所著《山水纯全集》中所写的"况水为山之血脉，故画水者，宜天高水阔为佳也"。塔影鹤栖选塔影园为观景视点，正欲完整展现白塔山及湖中塔影，以水之"虚"衬映山之"实"。画面顶部一仙鹤振翅而来，萦回于白塔，俯瞰湖面，似在追逐水中塔影；底部一鹤立于柳岸春色间引颈长唳，遥相呼应，描绘出悦容公园一处仙境般的景点（图 2-61）。

图 2-62　莲池夕佳图

图 2-63　蓬岛瀛洲图

山水画中，自古有"桥即可自成景"的构思立意传统。立于悦容公园南苑观湖台上，即可饱览"莲池夕佳"一景。画面近处描绘莲叶满池，笔墨拙朴，意在表达"莲叶何田田"的清新可人之貌；中景着重刻画采荷桥轻卧池上的优美形态；突出表达盛夏嘉木繁荫使人心神舒畅的意境（图 2-62）。

《林泉高致》对画面主从描述提到："山水先理会大山，名为主峰。主峰已定，方作以次，近者、远者、小者、大者，以其一境主之于此，故曰主峰，如君臣上下也。""蓬岛瀛洲"一景选取描摹冬日时节南苑山水核心——湖中三座"仙山"。构图遵循三角形的稳定结构，近景细绘悦容阁屋顶之美，并辅以花木，形成留天不留地的构图，冬日白雪落于三岛和屋顶之上，画面更显概括凝练，气氛空阔幽静（图 2-63）。

图 2-64 云阁香雪图

图 2-65 凤台春舞图

立足于梅园湖边，举头仰望，即可看到"云阁香雪"一景。韩拙《山水纯全集》中记载："城者，雉堞相映，楼屋相望，须当映带于山崦林木之间，不可一一出露，恐类于图经。"其意为画中楼屋应隐于山林，以遮挡为美。图中以数林梅花为前景，悦容阁半遮半掩，藏于梅间，又有喜鹊立于梅头，尽显冬春之交繁花遮挡之美（图2-64）。

李成《画山水诀》中写道："稠叠而不崩塞，实里求虚；简淡而恐成孤，虚中求实。""凤台春舞"一景将视线无尽拉高，以求将南苑礼仪轴核心囊括其中。画幅以大勾云法将烟霞穿插包围于景色，画中坊、桥、池、台等景物忽露忽藏，虚实比例有致，令人浮想联翩，给人以"意贵乎远，境贵乎深"[36]的意境。画面构图师法"留天不留地法"，上留天，南湖、远山、白塔融为远景；悦容台立于画面正中，植物环抱，引两桥至画面下部，两翼溪涧流淌，与云雾交缠连贯至画面底部，描绘公园入口牌楼，其余配景均省略在画面之外，构图均衡而蓬勃灵动。画面左上的凤凰驾云飞来，突破了画面时空，使园林有"顿开尘外想，拟入画中行"[37]的景象，为悦容长卷注入传奇色彩和神仙意趣（图2-65）。

---

36. 出自宋代郭熙《林泉高致》。
37. 出自明代计成《园冶》。

2. 乐之美

乐者，天地之和也，中华"礼乐文化"之"乐"是天地自然和谐的代表，人与自然和谐的代表。当代语境对"乐"的诠释即和谐社会、美好生活。公园抑或是园林，皆是人们对美好生活向往的产物。而雄安新区规划和建设的重要意义之一即在于满足人民群众对美好生活的向往。悦容公园将现代人对美好生活的"乐心"融入公园规划设计的目标，以期使人民尽享健康生活之乐、便捷出行之乐、游赏休闲之乐。

（1）健康生活之乐

雄安新区规划提出打造健康未来之城的目标及关于健康理念的认识，其一即健康城市的发展目标应从"以治病为中心"向"以人民健康为中心"转变。为此，悦容公园匠心营造可供人们进行充足体能活动的场所。全园打造连续无障碍的 6000 米慢跑道、5000 米滨水漫步道等康体慢行系统。康体慢行系统东西两翼向城市延伸，融入城市健康网络。

①慢跑道

悦容公园打造 6000 米无障碍慢跑环线贯穿三苑（图 2-66）。慢跑道宽 2.5 米，结合沿线植物特色，形成 8 个主题段落。其中，桃源栖境段，穿梭于桃花林，中无杂树，芳草鲜美，落英缤纷；松林湿地段，于松林间穿行，于湿地畔奔跑，松涛声、流水声交响协奏；枫丹霞壁段，一侧秋林映塔，霜叶红满天，一侧视野开阔，如烟云舒卷；柳浪闻莺环，环洲烟柳、碧湖塔影，恰似置身江南；海棠春晓段，奔跑于大草坪上，空间开敞，心旷神怡；樱花浪漫段，慢跑在樱花林中，感受樱花的绚烂多姿；杏林芳华段，途经水岸、山谷，沾衣欲湿杏花雨，吹面不寒杨柳风；夏荫活力段，穿越夕佳台、共享街区，充分感受艺术与活力（图 2-67）。

结合慢跑道线路规划，全园共布置驿站 9 处，满足健康网络的服务需求，结合九园文化特色，实现公共服务优质均等。

②滨水漫步道

悦容公园内水系丰饶，一条生态河南北向贯穿全园，核心区中苑双湖合璧、鹤鹿同春，滨水岸线自然景观丰富，为滨水漫步提供了优越的条件。全园打造 5000 米滨水漫步道，构建双线三环特色滨水漫步体系，增强水域空间的开放性、文化性、亲水性等（图 2-68）。

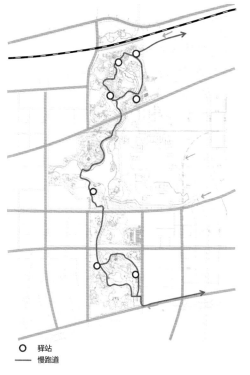

○ 驿站
—— 慢跑道

图 2-66　悦容公园慢跑道平面图

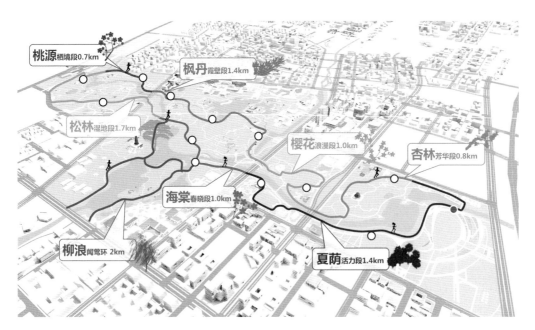

图 2-67　悦容公园慢跑道主题段落平面图

　　北苑生态休闲漫步环全长约 1600 米，环线两岸绿荫如盖，云松劲翠，蒹葭苍苍，绿化覆盖率达 90% 以上。游人漫步其中，可感受负氧离子带来的轻松与欢愉，体感舒适。

　　中苑园林艺术漫步环全长约 2000 米，环绕鹤湖一周。环线上，清风拂柳，白水映桃，游人可品大地诗画，赏园林集萃，体验"人在画中游"的唯美意境。

　　南苑水岸活力漫步环全长约 2000 米，串联着聚集人气的数个休闲场所——漫步夕佳台上，只见熙熙攘攘，人们或散步或赏景；儿童活动场上孩童们玩笑嬉戏，意趣盎然；悦音台边，人们行歌踏月，煮酒听枫。

（2）便捷出行之乐

　　根据雄安新区管理委员会印发《关于推进交通工作的指导意见》，雄安新区将打造占新区出行比例 50% 以上的慢行交通系统，慢行交通将成为新区未来主导出行方式。悦容公园是雄安新区绿地系统的重要组成部分，也是雄安新区慢行系统的重要组成段落。本着高效共享的原则，公园界面空间开放通达，使城市与公园无缝融合，全园设置了 5000 米自行车道，贯通公园南北，对接城市自行车道；打通 9 条东西向廊道加强容城与容东片区之间的关联，创造东西向 6~15 分钟通过公园通勤的条件；建立多出入口体系，高度缝合公园与城市，精准连通公园两侧的容城与容东新城，让公园真正成为人们城市生活的重要组成部分。

①自行车道

　　为满足"通勤＋休闲"复合需求，悦容公园规划 5000 米自行车道，南北无障碍贯通公园，对接城市自行车道系统，并成为该系统的组成段落（图 2-69）。公园内自行车道宽度顺应城

市自行车道总体规划要求，一级自行车道宽度控制为 6 米，二级自行车道宽度控制为 4.5 米。自行车道与城市道路交叉点全部下穿，打造路权独立、与机动车道无干扰的自行车道体系，形成既是休闲骑行的绿色通道，又可作为上班通勤的绿色通道。园内自行车道坡度控制在 2.5% 以内，路面选用透水沥青，该种材料可保证自行车道具有足够的抓地力，且全程无拼缝，休闲骑行舒适度高，能满足雄安新区定期举行一定规模自行车赛事的要求。

②九廊 + 多出入口体系

悦容公园作为容城与容东新城间的带状绿地，承担着织补东、西两片城区之间慢行网络的职责，公园规划建设东西向 9 条步行廊道，增强公园的可穿越性，对接窄路密网的城市道路交通格局，助力雄安新区 15 分钟生活圈规划理念的落地，使公园更为开放，与城市的拥抱度更高（图 2-70）。

悦容公园建立多出入口体系，增强公园的可进入性。于南中北三苑分别设置 1~2 个一级出入口，每隔 80~120 米设一个二级出入口，每隔 40~60 米设一个三级出入口。出入口选址考虑对接城市道路至公园边界道路形成的丁字路口，方便街区内的人群快速便捷地进入公园。

③停车系统

未来雄安新区绿色交通出行比将达 90%，面对未来以公交、非机动车和步行为主体的交通新模式，悦容公园采用非机动车优先的停车模式。

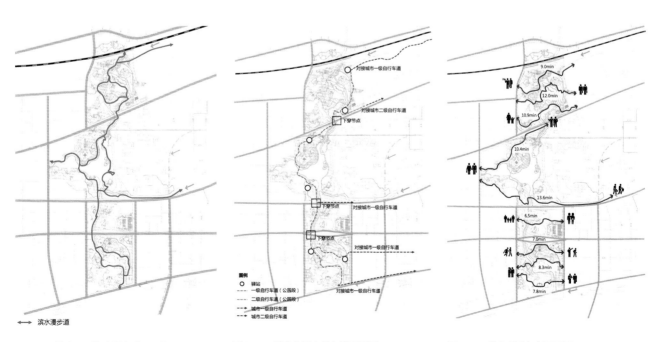

图 2-68　悦容公园滨水漫步道平面图　　　图 2-69　悦容公园自行车道平面图　　　图 2-70　悦容公园九廊平面图

公园内非机动车停车位包含普通非机动车位及共享单车停车位，满足不同绿色出行方式的停车需求。园内非机动车位总量多，采取分散布局、东西为主、南北为辅模式。非机动车位零距离分布于公园各个出入口，方便游客进入公园或穿越公园。同时结合主要人流来向分析，出入口多布置于东西两侧，并根据实际需求进行详细的车位数分配。此外结合公园主要出入口及园内自行车道系统上的驿站，布置共享单车停车位。

公园内充分利用地下空间建设机动车停车库，采取大集中、小分散，地下为主、地面为辅的机动车停车模式。大面积集中停车场地布局于南苑的游客服务中心、中苑的白塔、北苑的松风园三处地下空间，地面零星散布少量停车位，主要考虑大巴车、弱势群体关怀及应急需求。公园内机动车位数量在满足规范对于公园的停车数量要求外，尚有余量补充应对城市停车需求。

（3）游赏休闲之乐

城市公园体系是城市休闲生活的重要载体，是人们利用闲暇时间放松身心、追求多样化游憩体验的重要场地。悦容公园为满足游客游赏休闲之乐，特强调服务人群全龄化、休闲活动多样化、配套设施人性化、服务保障完善化。

①服务人群全龄化

老少咸宜的园林环境，以人为本，尺度宜人，开放可达，亲切自然的人性化园林公共空间生动诠释了融洽与和谐，诠释了一个以园林为载体的现代桃源范本。

颐神乐心

悦容公园为全龄服务型公园，比如北苑的森林颐养区以"披林撷秀，颐神乐心"为主题，从老年人的生理和心理需求出发，创造适合老年人可憩、可游、可社交的户外休闲空间。森林颐养区内针对老年人关于"憩"不喜孤独而喜三五成群的偏好，在坐凳布置时强调内凹型空间，为老年人提供一种心理上的领域感，同时也有利于满足他们的交往需求。针对老年人"游"的需求，设置全长150米，适合老年人步行距离的环形步行道。步道表面材质均选择防滑、无反光路面，坡度控制在5%以下。针对老年人的"社交"需要，设置泉音亭、五峰馆等，为老人们谈心、聊天、下棋等活动提供场所。

自然童行

南苑的儿童活动场以"自然童行，淀边人家"为主题，设计充分考虑不同年龄段儿童对户外活动空间不同的游玩需求，并结合场地自然地貌特征，形成踏山、淘沙、逐水、藏芦、攀柳等主题活动，实现分区全龄化。淘沙区和逐水区主要为3~6岁低幼龄儿童提供适度的体能训练、角色扮演等活动内容，激发儿童的好奇心和视觉感官体验。踏山区和攀柳区以悬索吊桥、滑梯和攀爬网为主要活动形式，主要为6~12岁大龄儿童和成年人提供攀爬、探索、亲子互动等多种游戏内容。为了完善儿童乐园配套服务体系，结合场地使用需求设置了两个服务建筑，分别是位于水溪边林荫下的蘑菇屋和淀边人家驿站，主要提供洗手更衣、卫生间、小卖部、休憩等配套服务。

园林雅集

除了老人与孩童，悦容公园内也少不了一起茶话闲雅的茶友、一起听南曲北调的戏友、一起参加森林音乐会的歌友、一起品谈园林的业内朋友。公园内设置多组游憩设施——在菊圃里可赏金蕊流霞，品幽远茶香；在燕乐园里，一起感受"园林中的戏曲"与"戏曲中的园林"；在森林音乐厅，同享音乐的魅力；在白塔下的塔影园里可放眼窗外，欣赏那幅塔湖相映湖画卷，伴着一缕缕氤氲的茶香，品谈中国园林的精妙所在。

②休闲活动多样化

公园内结合景点，打造三条主题游线，分别为九园特色精品游线、样板典范参观游线和居民休闲游线。

九园特色精品游线

游线串联了松风园、环翠园、桃花园、白塔园、拾溪园、芳林园、清音园、曲水园、燕乐园九个由大师匠心而作的精品园林，汇集了新时代中国园林造园理法之精粹，称得上是一部实景化的园林教科书（图 2-71）。

样板示范参观游线

游线串联了关于生态湿地、园林艺术、共享街区等多个样板典范，比如北苑的生态湿地将《诗经》的文化内涵、幽雅的自然景观、切实的生态功能相结合，打造具有文化内涵的湿地公园；中苑园林集萃，结合中苑山水地貌，将中国园林艺术表达得淋漓尽致，打造出中国

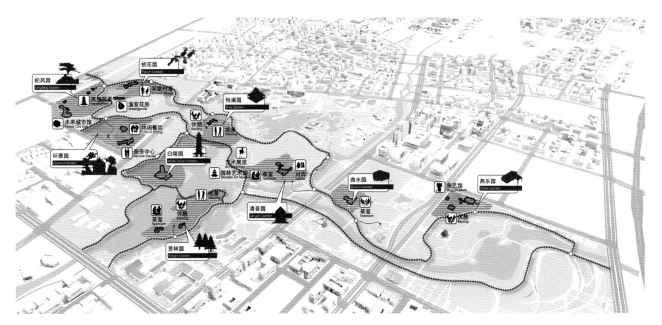

图 2-71　悦容公园九园特色精品游线

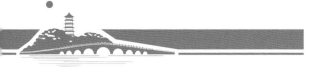

园林艺术的典范；南苑的共享街区以园林"有界亦无界"的思想，通过 3+5+X 的模式将公园充分开放给城市。南、中、北三苑形成示范，启动雄安（图 2-72）。

居民休闲游线

游线以自行车道、慢跑道、滨水漫步道串联全园六块活动草坪、六个休闲广场，以及湿地游乐区、南山菊圃、森林颐养区、白塔、园林博物馆、悦音台、儿童乐园、梅园、夕佳台等多休闲游憩场所，提供丰富多彩的游乐活动（图 2-73）。

③配套设施人性化

全园无障碍

雄安新区召开的无障碍战略规划座谈会上指出，未来的雄安新区将建设无障碍共享之城，从宏观、中观、微观的层面系统规划建设无障碍体系，在公共环境、公共设施、公共交通、公共服务、公共管理、公共运行上实现包容融合、共享可达，推动雄安新区无障碍环境可持续发展。

悦容公园有责任和义务运用先进的思想来建设无障碍系统，这不仅是为参与社会生活的残障人士、老年人提供基本条件，也是为儿童、伤病者、行动不便者及健康状态下的其他成年人提供便利和福利。悦容公园全园考虑无障碍设计，涉及信息亭、出入口、坡道、坐凳、绿化、厕位、指示牌和饮水器 8 个领域。

第三卫生间的设置

雄安新区于 2019 年召开厕所革命及生态处理博览会，大会指出公厕不仅是生活的基本配置，也是社会文明的象征与标志。悦容全园以 250 米的服务半径布置公厕。为充分考虑老年人

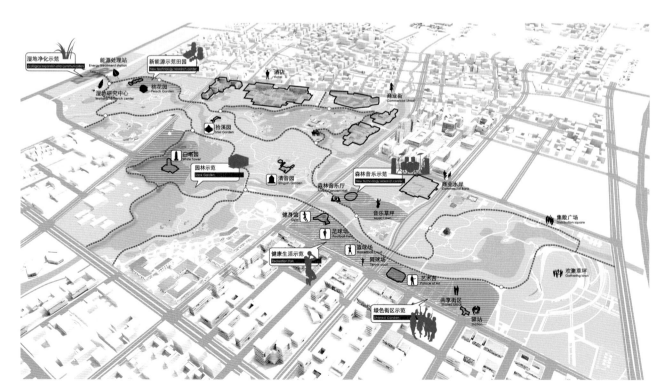

图 2-72　悦容公园样板典范参观游线

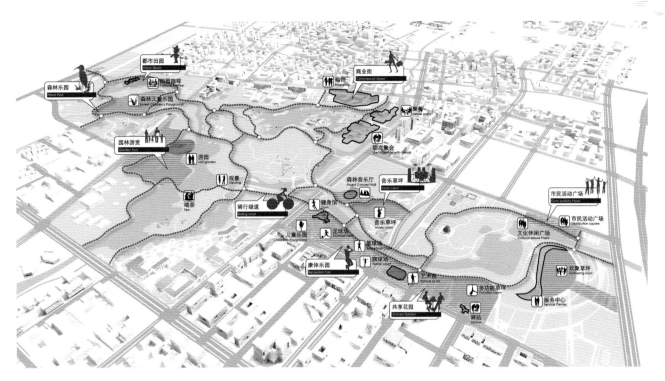

图 2-73 悦容公园居民休闲游线

及儿童的生理状况，于森林颐养区及儿童活动场专门设计了第三卫生间，即家庭卫生间，以满足老年人及孩童的特殊需求，体现公园的人文关怀。

人性化的座椅设计

座椅是公园最为基本的配套设施，悦容公园的座椅设计充分考虑游人使用需求，凳面多选用较为温和的木饰面，结合座椅与周边环境的关系，专门设计了单面座椅、双面座椅、靠背座椅三套体系。

针对老人与孩童的生理特点，对森林颐乐区及儿童活动区的座椅进行了针对性设计。儿童活动区的座椅设计造型活泼，座椅布置与围合方式考虑亲子之间的照顾与互动，围合成各种群聚空间。森林颐乐区内将老年人体力下降纳入考虑，座椅密度较公园其他区域更密，座椅的靠背及坐垫的弧度与倾斜角度设计更多考虑老年人对舒适性的不同要求，整体弧度流畅温和。

公园内部座椅与智慧系统相结合，自身携带的太阳能光伏板及蓄电池保证了座椅自身用电需求，同时实现 USB 充电、无线充电、蓝牙音箱功能。

④服务保障完善化

完善的后勤服务系统是公园游乐的重要保障，悦容公园内设一处服务中心、一处管理中心，并规划设置后勤服务通道。根据相关规范规划设计公园消防和应急疏散系统。

管理与服务系统

悦容公园内的管理与服务设施为游客提供必要的系统服务。管理中心承担员工餐厅、指挥中心、办公区等功能。服务中心内含问询处、租赁处、失物招领处、寄存处、母婴中心、走失儿童中心、医疗急救点、ATM 机、团队接待中心、普通游客餐厅、管理办公等功能。

园内为方便各种后勤服务车辆如绿化施工用车、检修用车等驶入公园，规划设置后勤服务通道。悦容公园被东西向城市道路及铁路自然分为四个片区，后勤通道的规划遵循分区独立、自成系统的原则。通道串接游憩设施、服务设施及管理设施，宽度大于 4 米，尽量避开人流主要游览线路，每个片区保证 2~3 个出入口，后勤通道出入口尽量避开公园主入口（图 2-74）。

消防和应急疏散系统

为满足应急和消防要求，悦容公园规划设置消防通道。消防通道的规划遵循三区独立、自成系统的原则，每个片区保证 2~3 个出入口。消防通道连接园内所有建筑物、构筑物，通道宽度不小于 4 米。同时，悦容公园可作为容纳 10 万人的中心避难场所（100 天）或容纳 89 万人的临时避难场所（24 小时内），园内有效避难场地约有 45 公顷，各项应急设施配置齐全（图 2-75）。

3. 诗之美

诗，最早出现在《尚书·尧典》中的"诗言志"的记载，《说文解字》解释为"心志"。诗的本义是指根据心中所思而表达出来的语言，后延伸至比喻美好或能引发人强烈共鸣的事物等。从《诗经》开始，诗词的创作和发展就延绵不断，诗文化作为中国文化的精粹之一，以其重神轻形的审美特质和富有诗性的艺术表现，影响着包括园林在内的其他艺术形式，渗透于人们的生活，成为一种若即若离却不曾断绝的情感线索和美学核心。清代钱泳的《履园丛话》曾写道："造园如作诗文。"园林又被称作凝固的诗，可见两者之间的互通关系。二者均需巧思佳构，更重要的是它们都以意境为首要，追求人见诸外物、有感于心之时，审美意趣突破时空的有限进入意境的无限。

悦容公园以中国古典诗词中的经典意境为创作灵感来源，通过诗意空间的营造进一步探索符合中国传统审美标准和未来生活需求的诗境之美。诗意空间的营造主要从以下两个方面具体展开。

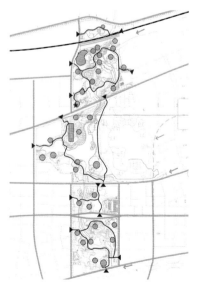

图 2-74 悦容公园后勤服务通道平面图

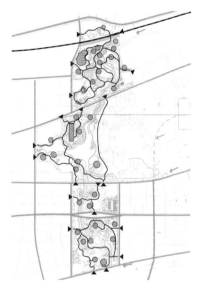

图 2-75 悦容公园消防通道平面图

（1）以诗构园，意境重塑

陈从周曾说："造园一名构园，重在构字，其中含意至深。"而中国经典诗词历来是构园立意的源泉和基础，其中存在着大量以自然景物、田园山居生活或者传统活动事件为主要关照对象的诗词描写及所表现的"天人合一""隐逸尚朴"等诗学精神，为悦容公园中园林营造"诗境空间"提供了方向和线索。

以北苑南山菊圃为例，延续北苑整体"隐"于山水、"去饰取朴"的审美特点，文化立意选取了陶渊明《饮酒（其五）》中的"采菊东篱下，悠然见南山"意象。诗词以质朴的语言描写出陶渊明归隐田园采菊赏景的生活情趣（图 2-76）。苏轼说："渊明意不在诗，诗以寄其意耳……适举首而见之，故悠然忘情，趣闲而累远。""悠然"一词道出在采菊之际偶见南山薄暮之景的意境，由此园林将"菊圃""南山"作为园林创作主体，因采菊而见南山，境与意会，情与景融，便神游物外。设计以植物造景为主，通过营造松下点菊、幽径寻菊、登台赏菊、入院采菊，蓦然转而望南山的空间序列，意境层层递进，营造出恬淡自然、悠然忘情的隐逸诗境。

又如南苑之百花洲，以多首诗词作为园林立意和造景的线索，形成组景式立意方法（图 2-77）。选取《古今贤文》中的"一枝独秀不是春，百花齐放春满园"为总体园林立意，以花台、花溪、花谷、花林等不同形式形成百花齐放、景苑春晓的园林印象；在花溪边的造景立意上选取宋代戴复古《望江南》中"万柳堤边行处乐，百花洲上醉时吟"为意象，沿溪水两岸种植柳树和其他不同花期开放的花木，营造江南春色的诗意画面；跨溪而上最终行至牡丹台，达到唐代白居易《牡丹》一诗中"绝代只西子，众芳惟牡丹"的意境，形成序列的高潮和诗境的升华。

（2）文心题园，百景众创

《毛诗序》云："在心为志，发言为诗，情动于中而形于言。"题咏在园林空间造景中起到提纲挈领的重要作用，是园林之"眼"，同时也是文人在园林空间中表达形而上精神世界的的必要方法。通过题咏诗文、题名题额、楹联题对等形式形成园林主题的凝练和造园思想的外化，从而达到山水有思、花木有情的诗意境界。

图 2-76　元佚名《陶渊明归去来辞图卷》（局部）资料来源：辽宁省博物馆馆藏

图 2-77　明孙克弘《百花图卷》资料来源：故宫博物院馆藏

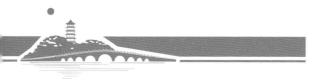

　　悦容十八景之题名主要通过对古典诗词歌赋的汲取传承和对园林空间本身特色的提升凝练而来（表 2-2，图 2-78，图 2-79）。其中有十四景名称出自诗词典故，如"芦淀秋晚"，正是取自《诗经·秦风·蒹葭》中"蒹葭苍苍，白露为霜"之意境，通过营造凹凸有致的岸线形成变化丰富的水陆交界带，以植物造景为主，沿岸种植芦苇、荻等植物，形成以朴野自然的秋景为主题的意境空间特色。其余四景名称则是根据景点本身意境特色凝练而来，如"幽谷环翠"。此景通过模山范水于太行山峡谷，形成有若自然的现代山居意象，体现典型的地方文化脉络。

　　悦容公园的规划设计在营造并题名"悦容十八景"的基础上，创新性地发起了"百景众创"的题咏活动，邀请国内文学界和园林学界的多位学术泰斗对公园内园林建筑、二级景点、匾额楹联进行题咏，形成百家齐唱、众创众智的园林创作新方式，目前正在积极筹备中，我们期待未来能在悦容公园看到百花争放的点睛之笔。

　　陈从周先生曾说："诗文兴情以造园"，园林以有限的时空含藏无尽的诗意。悦容公园秉持诗性思维的价值，从以诗构园和文心题园两个方面造景面、营诗境而抒文心，激发人们对于现代诗意生活的追求。

表 2-2　悦容十八景之意境及出处

序号	景点名	立意	出处
1	松间六事	松间六事，风雅守真	与"松"相关的中国山水画；《道德经》第二十八章
2	桃花源记	桃源渔隐，阡陌人家	东晋陶渊明《桃花源记》
3	幽谷环翠	芳华翠盖，太行幽谷	未山先麓深幽静，移天缩地在君怀
4	拾溪雅集	翠溪枕水，园林雅集	兰亭雅集、西园雅集、玉山雅集等雅集文化和隐逸文化
5	白塔鸦鸣	容城怀古，白塔重塑	容城古八景之一，清光绪二十二年《容城县志》研究
6	山水清音	山水涟音，院落清韵	清乾隆五十三年题"山水清音"；魏晋左思《招隐二首》
7	风月无边	芳林有界，风月无边	衔山抱水营芳林，风景从来画意深
8	曲水若书	九曲萦回，水院清心	东晋王羲之《兰亭集序》
9	燕乐共享	鸟语花香，同乐共享	颐和园画风室对联"花香鸟语无边乐，水色山光取次拈"
10	芦淀秋晚	"蒹葭苍苍，白露为霜"	《诗经·秦风·蒹葭》
11	菊隐归真	"采菊东篱下，悠然见南山"	东晋陶渊明《饮酒（其五）》
12	东台迎旭	"迎旭凌绝嶝，映泫归澥浦"	南北朝谢灵运《登石室饭僧诗》
13	塔影栖鹤	"凿池成塔影，结屋依山河"	明文肇祉《塔影园次皇甫循韵》
14	悦容有源	山水有思，悦容有源	唐张祜《题杭州孤山寺》
15	莲池夕佳	"山气日夕佳，飞鸟相与还"	东晋陶渊明《饮酒（其五）》
16	云阁香雪	"路尽隐香处，翩然雪海间"	当代雪苓《香雪海》
17	蓬岛瀛洲	"仿佛玉壶天地，隐见瀛洲风月"	宋曾觌《水调歌头·溪山多胜事》
18	凤台舞春	"雨霁虹桥晚，花落凤台春"	唐上官仪《安德山池宴集》

图 2-78　悦容九景立意图

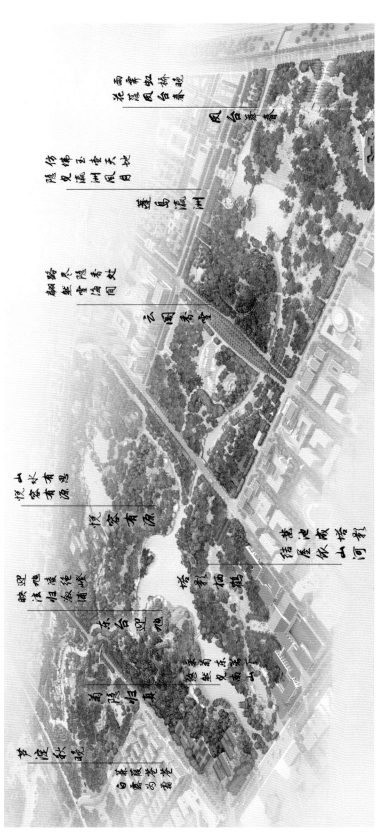

花径春深
和风叠
凤台虹桥谈

凤台探春

伤心佛
隐处五重
瀛洲风天
间月地

蓬岛瀛洲

峰路尽
鉴雪隐
堂陶香
间处

云闺香雪

山水南思
悦容南源

悦容南源

映晚
溪地归
浅浚绝
浦峻

东台迎晚

菊陽归
身

菱池藏
屋依山
河乳

乳福燕

隐鉴
堂复南山

草淀秋谈

白露蒹葭
苍苍

图 2-79 悦容十八景之意境示意图

4. 礼之美

中华自古尚礼，自周公旦制礼作乐，中国遂以礼仪之邦的形象展示着中华文明独特的精神气质与文化魅力，屹立于东方。

"礼"是中华文化的标志，"礼"体现中国传统文化的核心价值。在古代中国依据"礼"的原则建立了家庭到宗族再到国家，融入中华文明的每一个缩影——大到国家典制，小到生活之中的服饰、建筑等，无不贯穿着尚礼精神。

（1）悦容礼序之美

《礼记·乐记》言："礼者，天地之序也。和，故百物皆化；序，故群物皆别。乐由天作，礼以地制。"悦容公园传承中华礼制的精神，用中国园林的方式"礼赞"雄安中轴线。在这条雄伟壮阔的轴线北延伸段上，用"景苑"这一极具时代内涵的中国园林的方式延续中轴，讲述中国园林礼宾之美、中华轴线礼序之美、中国园林建筑礼制之美。

（2）中国园林礼宾之美

①南北双"苑"，悦容礼宾

悦容公园以园承礼，提出"方城居中，南北双苑"城市中轴之景观构架。双景苑的提出对于更好地把握悦容公园定位至关重要。南北各一苑，中轴位中间，中轴之南是具有深厚文化底蕴的大溆古淀，景苑朴野、壮阔，具有浓郁的华北淀泊风光。与之相对的是悦容公园，位于中轴之北，是具有中国古典园林集萃特色的自然公园，典雅、灵动，自然之韵随风舞动。

南北双景苑似是中国古诗词之中的对偶诗句——悦容居城，古淀在野。一动一静，一虚一实，相互映衬着中国园林之美。两者在风貌上有区分，亦在功能上各有侧重。悦容景苑之美在于注重承礼，强调礼宾，承担中轴之上具有国际化礼宾功能的园林会客厅，既满足人民美好生活的园林游憩需求，又能成为当代文人雅集、创作、文化活动的理想之所。

②城园合一——园林礼宾的会客厅

悦容公园描绘的是将园林与生活高度融合的现代生活图景，打造园林式的会客厅，在强化园林自身的服务与礼宾功能之外，更强调中国韵味的园林礼宾方式与环境。悦容公园创新使用景苑范式统筹城市与公园本身的关系，实现大景苑的礼宾模式。

开放边界，园林统筹：中国传统的城与园、宅与园的典型模式即"宫苑合一，宅园合一"，此种复合结构体现了儒家传统礼乐思想的互补精神。"城、宫、宅"即是"礼"，"园"即是"乐"。悦容公园借鉴这种复合结构的互动体系，即功能空间与游园空间之间的相对关系。以大景苑的园林式统筹规划插建地块与园林的关系（插入公园的功能板块以及建筑风貌与高度建议与要求），形成了园林与城市的高度融合。比如雄安国际酒店与悦容公园的互动即为一大特色。城

市级的礼宾空间置于大的园林体系之中，必然成为悦容公园园林环境中重要的组成部分。通过用地与建筑划大为小、体量相宜的指标设定，在规划层面进行控制。酒店园林营造借势悦容公园园林山水，使酒店点缀在公园之中，借景园林，共享盛景，形成雄安国际酒店的园林式礼宾特色。

③多进景苑——园林礼宾的空间序列

悦容公园创新地传承了中国古典园林中院落递进的礼制思想，运用于公园的总体规划，规划南中北三进苑，形成层层递进式的景苑段落，由强调中正对称均衡，有仪式感的轴线礼序逐步过渡到疏朗朴野的自然空间（图 2-80）。在东西向从共享街区通过中式园林小空间逐步过渡到中部核心开阔有致的大园林。通过层次分明的多进空间，营造独具特色的园林礼序。

中国传统园林之礼序蕴含古典文化之脉络，在当代社会背景下，如何研究与借鉴中国传统园林之礼，也是悦容公园所承载的核心内涵之一。

在全园精彩纷呈的园林集萃之中以色彩分级、式样多元来表达礼之差异；以"虽由人作，宛自天开"来表达礼之和谐；以诗情画意、情景交融来表现礼之意境。

④悦容雅集——园林礼宾的文化盛事

中国文人素有雅集传统，历经千年，经久不衰。园林作为雅集的理想载体孕育了传颂千古的西园雅集、玉山雅集（图 2-81）。

图 2-80　多进景苑

图 2-81　宋刘松年《西园雅集图》资料来源：台北故宫博物院院馆藏

园林雅集作为悦容公园园林礼宾活动的重要特色，也是悦容公园园林之礼的重要表现。悦容公园以五大文化广场、多级园林体系提供雅集之场所，以文会友，弘扬中国传统文化，助力新区文化盛事，必将成为雄安新区文化传播交流的标志性场所。

（3）中华轴线礼序之美

"序"是礼的核心。悦容公园中轴礼序的表达在于对中轴空间序列、园林建筑形制以及和谐平等精神的阐释，以传承古典园林设计思想与手法，实现"礼有制而意无界，法有度而园无边"的园林境界追求。

悦容公园内遵循传统礼序，形成中国园林续中轴的控制序列，实现以中国园林之脉延续城市文明之轴的宏大愿景；轴线韵律有机延续在自然园林之中，并最终收束于自然山水。

①中轴布局之序

悦容公园中塔、阁、楼、台等园林重点建筑在园林选址方面重视风水形式概念的远与近、整体与局部的关系，建构基于园林环境的整体观法。所谓形，适宜近观，尺度较小，易于观看局部的细节特征。所谓势，适宜远观，尺度较大，观察大的脉络与走势，感知空间的轮廓。

设计根据《皇家园林园中园理法研究》中的建筑空间视觉场理论（1200 米为人的视线最远观测距离，超过此距离，景物将越来越模糊）得出悦容中轴的空间节奏要求：一，中轴线韵律将延续 800~1200 米的距离作为一级点位控制节奏；二，公园内部将遵循"千尺为势，百尺为行"[38] 传统园林空间控制尺度的原则，将千尺作为二级园林建筑控制点位。

悦容轴线设牌楼—悦容台—容景阁—白塔—归真台五个核心古典园林建筑为控制点，自南向北组成序列，园林建筑与中轴山水脉络互相交融，形成礼制与自然合一的复合轴线（图 2-82）。

悦容中轴天际线的视觉美及感染力取决于观看的条件，包括观看点、视距、观看的角度、视高及观赏路线等。因此，对天际线的控制可以帮助确定中轴的山水尺度和建筑物的体量与位置。

牌楼—悦容台段约 100 米，可以比较有把握地确认出一个物体的结构和它的形象，使轴线南端的礼序秩序得到统一和强化。轴线南端以此作为最大分隔尺度，有利于组织游人进行传统礼序活动，感受秩序性园林景观。

图 2-82 悦容公园轴线控制点图

---

38. 出自东晋郭璞《葬经》，其中千尺为 250~350 米，百尺为 25~35 米。

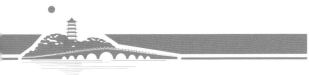

　　悦容台—容景阁段约 420 米，当视距为 250~500 米时可以看清物体的轮廓（图 2-83）。其中湖体南岸望向主峰的垂直视角接近 1∶12，保证了山体体量的适中性，水平视角约为 45°，符合最佳观赏视距；山脚望向山顶容景阁的垂直视角接近 1∶3.7，符合最佳观赏视角。

　　容景阁—白塔段约 1130 米，当视距超过 1200 米，就难以分辨景物细节，对物体仅保留一定的轮廓线，保证了悦容轴线中部在宏观层面上既保持空间的开阔，但又在目力所及范围内强化了序列的延续性。

　　白塔高度结合容城组团规划，基于"十分之一理论"、周围建筑高度分析及礼仪轴天际轮廓线分析，应低于中华文明馆高度。文化地标高度（塔＋地形）的控制符合"七九之数"。

　　白塔—归真台段约 750 米，在 500~1 000 米的距离之内，根据光照、色彩、运动、背景等因素，从归真台可以看见和分辨出白塔和山丘的轮廓，保证了视轴的连续，登台望塔，蕴含"归真"之意。

　　悦容中轴向北延续，融入蜿蜒水系、绿色森林，同远处太行山、拒马河等山水背景相衔接，收束轴线。

　　悦容中轴自南向北构建于延绵起伏的微丘之上，塑造了优美的风景天际线，以期实现"北承山水，南续文明"、以自然园林之脉延续城市文明之轴的愿景，将礼制文化融入生态文明。

②主从分明的园林建筑组群

　　悦容公园基于礼制思想，以中轴为基础按秩序布局主体建筑，南中北三苑以台、塔、阁三个核心建筑作为组织空间的核心，择中而布，坐北朝南，传承尚中之本源。次要的园林建筑环绕两侧，或相互之间以连廊相连，或辅以庭院穿插组合，呈现主次有序、对比均衡的节奏与韵律。这一思想也含蓄地表现在园林建筑的布局上，园林建筑主要有亭、廊、楼、阁、殿、舫、榭、厅、斋、馆、轩十一种类型，不同类型建筑通过体量大小、建筑样式的差异来表现园林建筑的主次关系，营造和谐有序地悦容园林建筑序列。

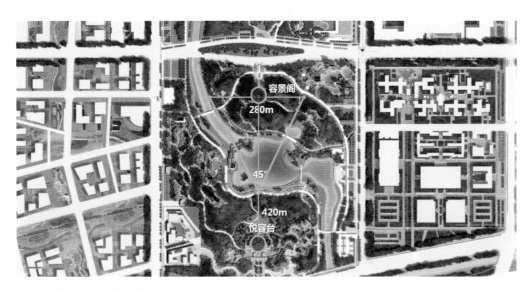

图 2-83　悦容公园南苑控制点图

（4）中国园林建筑礼制之美

宋代在结束近百年的五代十国战乱之后建立，因此礼制成为教化四方、强化君权神授观念的重要国策，这一理念也对建筑的规制及营造有着相应要求及制约。宋代是中国封建王朝自秦统一之后，经过一千多年发展，在人文、科学、艺术等方面趋于成熟的一个朝代，从哲学思想、科学技术、文化艺术各方面趋于完善并逐渐呈体系化、规范化发展。而宋式建筑正在此环境条件下应运而生，结合当时工艺技术、材料制作的客观条件，遵循礼法，受儒家文化、玄学术数、文化艺术等影响，开创了中国建筑史上制式建筑的先例，以此为范本，后代明清基本按此法式为基础，进行发展延续。同时，宋式建筑在营造中充分运用礼制，但却是通过不同的形式表现，灵活不拘泥。处处体现遵循礼仪的规范，面对不同阶层、不同对象，其表现形式也各不相同。其中：

国之礼——皇家建筑，宗教建筑；

城之礼——各城府的标志建筑，体现地方特色；

人之礼——人们居住交往的场所；

自然之礼——山林之间人与自然接触之所。

在此思想引导影响下，结合当时生产力的进步，宋式建筑有了革命性的变化。

宋式建筑主要特点有四：一是对建筑的尺度比例有了一定规范性要求；二是规准化建筑节点，追求细腻柔美的建筑风格；三是注重建筑群与个体建筑的多样化，追求建筑形态组合的变化；四是礼制对建筑的约束与影响比汉唐时期有了一定程度的放松，建筑形态相应地更为活泼自由。

①城之礼——天有时，地有气，材有美，工有巧

中国地大物博，各个城市也各有特色，建筑是城市风土人情的真实写照，反映当地的社会经济、文化发展水平等。古代城市依照不同的规制与礼制受到一定的约束，然而在古城中某些建筑如塔、阁等，却展现出规则灵活的一面。这些古建筑成为古城的名片。

悦容公园作为雄安的核心绿地，其中的白塔、悦容阁、悦容台等标志性建筑正是依此准则而设计营造。

白塔

白塔位于容东公园之核心中区，为整个公园的核心灵魂之所在，七层八角楼阁式，依借山势，更显挺拔恢弘。登高远眺，可尽收美景。

新白塔依据收录于《容城县志》的《白塔鸦鸣》（江天宿著），以宋辽时期古塔的特点为蓝本，在尺度与比例受控于新区总体规划的前提下，遵循古制而建（图 2-84—图 2-86）。

白塔景区在总体布局上，由塔、塔台、塔院、广场及甬道构成。牌楼在塔的北侧，依次递进展开，依据山势，拾级而上，层层推进，形成一条对称工整的礼轴，东、西、南侧与山融为一体。塔台呈四方形，与塔共同构成四面八方之势。塔高 63 米，暗含七九之数。

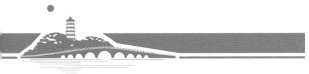

图 2-84 白塔鸟瞰效果图

　　塔虽源于佛教，但自东汉传入中国以来，经千年演化，逐步脱离了宗教的束缚，与中华传统文化结合形成中国古建筑极具特色、极富传奇的建筑形式。宋代的人文艺术思想日渐成熟，这些思想融入塔的规制之中，使其形制丰富多姿。登塔远望、瞭敌观火的需要，使塔逐渐与中国的楼阁相结合，形成楼阁式塔。儒家思想中"学而仕则优"的理念造就了文峰塔的出现。而源自玄学，对一方水土风调雨顺、黎民百姓安康富足的祈愿又促成了风水塔的诞生。

　　由此，塔成为中华大地上每个拥有悠久历史的古城中独特而优美的一道风景。也因有塔的存在，无数诗词歌赋，无数神话传说，应运而生。一座塔的历史是一个古城文化的浓缩，反映出对应古城的风土特征。

　　塔是城市的地标象征。塔作为一个古城的地标，也是当地社会意识形态的体现，因此在营造及选址上有着相当严苛的要求及规制。

　　塔的选址一般要求必须为山清水秀，富有仙灵之气，不染世俗凡尘的圣洁之地，一方面企盼能借此达到天人相通的目的，祈求上苍垂怜芸芸众生，佑护一方水土；另一方面也是出于仰天能摘星揽月、俯视可尽收美景的需要。因此塔的选址往往借山之势，临高凭远，并且重视与周边环境的自然和谐，追求融入与共生，打造清幽素雅的氛围，掩映于绿水青山之间。

　　塔体在营造上要求极具匠心，规制及形态也有着严苛的要求，不似于楼阁飞扬飘逸，不同于殿庭的肃穆庄严，需要挺拔方正的巍峨之态、逐级收分的升腾之势，突出飞升入仙之感。

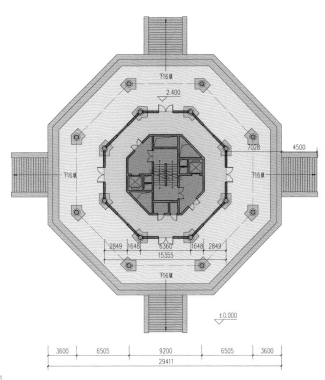

图 2-85　白塔平面图

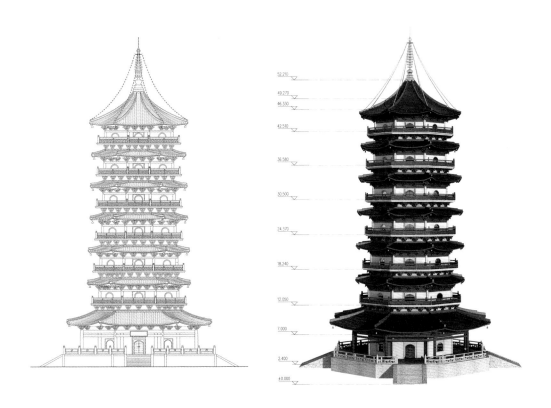

图 2-86　白塔立面图

宋式塔是佛教塔与中国古代仙台宫阙结合的产物，古人常筑高台宫阙以迎接仙客的驾临。因此，层层收分的飞檐及平座直到尖顶的塔刹直刺云霄，在建筑形态上构成上向飞升之势，寓意则包含着琼楼玉宇迎接仙人下凡之意，不再拘泥于单纯佛教意义上浮屠的意义，更是一种渴望寻求脱凡入仙，与天地对话的愿望。虽然在规制及形态上大多选用四面八方的形式，但在细部处理上却处处体现了当地的风土人情，选用当地最有特色的材料与当地喜好的色彩组合，展现当地精湛的技艺。塔基座常以须弥座为制，细腻的线条，灵动的浮雕，富有地域特色的内容题材，沉稳厚重却不失精美绝伦。宽大敞亮的副阶，上做雕梁画栋，配以精工细作的柱础、券门、上部层层收进的飞檐平台玉砌雕栏，处处体现营造中的匠心。在内部装饰上也常以雕刻、壁画等形式，描绘历史典故、神话传说、吉祥图腾，抒发人们对神灵仙佛的膜拜，祈求上苍的庇佑。塔刹运用象征日月的宝珠、圆满通达的法轮等符号，外部常以金箔饰面，金碧辉煌，直入云霄。宋代楼阁式塔的营造是中国古代神权思想、人文理念、宗教意识的客观展现，也是集绘画、雕塑、建筑艺术之大成的产物，反映了当地经济、文化、科学技术的发展水平，往往成为该城的地标性象征。随着时代的变迁，塔不再单纯地体现宗教意义，而是更多表现出一个城市千百年的文化传承。经典名塔有如苏州的虎丘塔、西安的大雁塔、杭州的雷峰塔、开封的铁塔等。

容景阁

容景阁位于南区山峦之巅，高 23 米，为悦容公园中核心控制性建筑之一，位于整个南区核心景观区，与北处白塔遥遥相应，是整个公园天际轮廓线的重要组成，也是南区园林构图中远景的重点，与周边的建筑、景点形成"看与被看"关系的核心，并以此为中心展开。

楼阁历来为园林名胜之中的重器，可观可游，是文人雅士必游必颂之处，也是展现一个城市文化底蕴的所在——黄鹤楼、滕王阁、岳阳楼，莫不如此，在园林布局中也是整个景区的核心视点。建筑形态丰富多彩，与山川河流相映成辉，结合地形地貌特点，或纤巧精致，或巍峨挺拔，充分展现了中国古代建筑技术与艺术的完美结合。在设计及营造中也需要匠心独运精心打造，充分体现礼之美、艺之美、术之美。容景阁在平面布局时，充分考虑每个细节，其上部共计两层，沿用周礼之制，平面布局呈米字形，四面各出抱厦及四角（图 2-87）。其间暗含四序（春夏秋冬）八节（立春、春分、立夏、夏至、立秋、秋分、立冬、冬至），底层外廊共计二十八柱，合二十八宿。内设五室（金木水火土），以为五行，顶为攒尖四阿顶。内上为圆形藻井（象天），地面上方形面心石（法地），以此为制，表达人与天地间沟通的理念，追求万物和谐共荣调和之意。

在立面处理上，结合北方古建特有的大气稳重及细部精致华美的风格，参考河北地区正定隆兴寺等富有地域特色的宋辽建筑特点（图 2-88）。底部以精美稳重的须弥座平台为基座，一层做副阶抱厦，上部挑平座，勾栏斗栱，层层叠叠不厌其精。上层重檐四抱厦加四阿攒尖顶，运用视觉透视原理，加强其向上飞腾的动感。下部端庄稳重，上部轻盈灵动，纳四方之气运，揽日月之精华，充分展现宋辽建筑庄重与精巧完美结合的特点，同时礼制与建筑美学的有机互融，也表达人们寻求天人合一的理想，以求与天地沟通，保一方土地风调雨顺，成国泰民安之愿（图 2-89，图 2-90）。

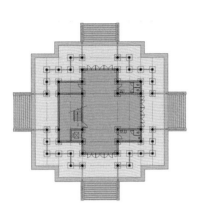

图 2-87 容景阁平面图

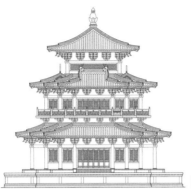

图 2-88 容景阁立面图

图 2-89 容景阁效果图 1

图 2-90 容景阁效果图 2

悦容台

该组建筑位于悦容公园南端，与池、牌楼于一条中轴线上布置，广场、桥、镜池、牌坊依照礼序逐次递进，运用开阔的广场、笔直的通道、整齐的树阵，产生空间的收放对比，强烈的仪式感烘托出悦容台大气恢宏的气势，作为整个悦容公园南部门户，通过这种鲜明的建筑与景观彼此映衬的序列组合，凸显入口区域大开大合的气度，遵循古代周礼之制，彰显怀抱天下、广纳四方英才的气势（图 2-91—图 2-93）。

作为该区域核心建筑的悦容台，在平面布局方面，依照《周髀算经》之制，呈五凤迎晖之势，正中为五间重檐歇山侧配歇山耳房，前做悬山抱夏，讲求中国传统文化堂正大气、对仗工整的特质，两侧各设重檐方亭，通过曲廊连接，廊与中心建筑连接处，向上爬升，呈飞廊之态，正间建筑稳如磐石，两翼轻巧灵动，前方置一镜面水池，一静一动，动静之间更凸显其振翅欲飞之势。平面构成也遵循礼制，双翼展开，如展翅的凤凰，暗合周礼"有凤来仪"之意。前方的广场平坦开阔，整洁有序，更加渲染烘托这一氛围。整个布置呈负阴抱阳，纳风聚气的格局，体现宋辽建筑追求严整礼序却不失灵动活泼的特点，以建筑特有的形体语言无声地展现礼仪天下的胸怀。

②人之礼——以文常会友，唯德自成邻

宋辽时期，人们沿袭魏晋之风，寄情于自然山水之间，并且不满足顺应自然，开始改造自然、营造自然、叠山理水，上至皇权，下至士族无不热衷于打造自己心中的桃源胜境。中国古建筑中的一颗瑰宝——园林建筑在此条件下应运而生。

园林建筑种类繁多，形态各异，脱胎于制式的殿庭宫阙，取材于民间的厅堂馆楼，与自然的青山绿水融合，在符合当时营造技术的基础上，摆脱传统建筑的规制束缚，注重结合地形地貌特点，着意体现园林的构图及意境，由此成为中国传统园林中重要的组成元素。

而古制礼学进一步得到发展和延续，整个社会崇文之风大盛，以文会友，仿照昔日竹林七贤，兰亭集会，徜徉山林之间。抒意胸怀成为一种时尚，园林成为文人雅士云集之所，人与人之礼在此得以进一步展现。

水榭、厅堂、轩、斋、舫

悦容公园作为一个大型中国传统式园林，亭台榭舫的布局营造建筑风格无疑是其中最具代表性的语言。宋式建筑的形态大气，结构精巧的特色，无疑为该园林增色不少。

此类建筑体型略大，具备一定的功能作用，可游可居。其结合宋代民居建筑特点，顺应山水自然地形，力求融入山水之间，颇具特色，是构建宋式园林的重要元素，是人们寄情山水，避隐于自然的居所，在诗词古画中常常可见。

建筑形态脱胎于民居殿宇，更追求与自然沟通，摒除了高墙大院的幽深，以竹篱土垣相围，舍弃了门当户对的森严，以高低错落相依。更多采用四面敞窗，临水贴崖，以嶙峋山石为邻，与遒劲古木为伴。看落日朝晖，听流水虫鸣，品茶酽花语，此类建筑体现出另一种礼之美——人与人交往之礼——人们在一种自然的环境中，摆脱束缚，回归本性，营造一种彼此心灵交流的境界。

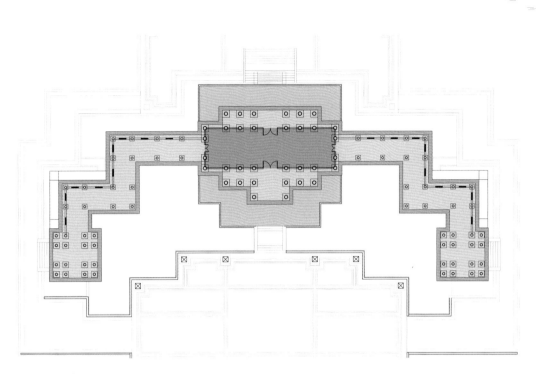

图 2-91 悦容台平面图

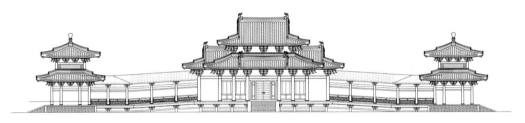

图 2-92 悦容台立面图

图 2-93 悦容台效果图

建筑屋顶选用歇山、悬山、硬山，不拘于形式，不受制于定法，顺势而为，灵活组合，形态各异。依水筑榭，浮波设舫，临山建轩斋，坦地立厅堂（图2-94，图2-95）。建筑以人为本，更多地从满足人的功能需要出发，大小高低随心而为，讲求舒适度和与自然的融合度。聚三五好友，烹茶煮酒，吟几曲清音，曼舞轻歌。

建筑本体同时摒弃了繁缛浮华的装饰，工艺制作上简洁而不失精致，崇尚朴实素雅、不惹俗尘的美，以体现文人高洁淡泊的志向和风雅宁静的境界。

③自然之礼——人法地，地法天，天法道，道法自然

人与自然的和谐共生，是中华文明文化传承中一个重要的核心思想，也是中国造园理论体系的中心思想。人们对自然的崇敬之心在园林的营造之中处处可见。顺其势，拟其形，悟其意，尤其体现在园林建筑的布局营造中——在不破坏自然草木山石的前提下，无痕地融入其间，只有如此才能真正与自然零距离接触，以自然之礼为本心，去营造各种空间景致。无为无痕，达到"虽由人作，宛自天开"的境界。

亭

亭作为园林中最为活泼的元素，小巧精致，尺度宜人，或掩于深林之间，或浮于绿波之上，或跨于清溪之畔。或圆或方，形态各异。在宋代广为流行，也是在诗词歌赋中可常见其身影，有李清照"常记溪亭日暮，沉醉不知归路"，也有欧阳修"游人不管春将老，来往亭前踏落花"。

亭与一些制式建筑相较，更富生活气息，是宋代自然之礼的体现。亭虽小，却是人与自然高度融合的体现，能够与各种场、景各种地貌和谐共生——在林间，在池边，在路旁，虽是小巧精致，却往往成为景致中点睛的那一笔（图2-96—图2-99）。正如《送别》中那句"长亭外，古道边，芳草碧连天"，亭也满载了许多人的心境与期盼。每个亭或许都有许多的故事，山间的亭，有把酒言欢的快乐，也有曲终人散的落寞；路畔的亭有十里相送的惆怅，也有游子返乡的喜悦。

廊

廊是建筑之间的连接，是空间层次的分割，蜿蜒转折，高低错落，虚虚实实，若隐若现，忽明忽暗，是中式园林建筑的重要组成部分，如同草书中的筋。廊，虽构造简单，形态单一，但却也是园林建筑的变数，一方面使建筑立体的构成以及园林空间的划分产生无穷的变化，另一方面也能引导游人多视角、全方位地体验园林步移景异的妙趣。廊是体现的是人顺应自然的特征，不强求改造。山高我攀之，山险我附之，水缓我临之，水急我避之。廊，展现礼中变之美，在顺应中变化，在变化中寻求美（图2-100）。

5.生之美

中国的哲学是生命的哲学。"生生之谓易"，这是《周易·系辞》中的核心理念之一。"生生"也者，乃生命繁衍，生生不息之谓也。所谓生之美，即生命之美，生命为一切之根本。悦容公园设计的出发点即构建和完善复合型生态系统，具体从生态格局、生境营造、健康生活三个层面依次展开。

图 2-94 斋

图 2-95 榭

图 2-96　流觞亭立面图

图 2-97　梅花亭立面图

图 2-98　重檐下八上圆亭立面图

图 2-99　重檐歇山亭立面图

图 2-100　湖光山色楼立面图

（1）弹性生长的生态格局

以城市森林生态系统为基质，重构并完善"林、田、湖、河、草"的复合生态系统，全园打造 139 公顷林带，10 公顷草地，1 公顷田园，41 公顷水体，形成"一带、三核、多节点"的弹性生态格局（图 2-101）。其中"一带"指南北贯通的河流廊带，它不仅能够连接斑块，促进场地内部物质和能量的流动；同时由于北方雨旱两季水位高差较大，形成了弹性变化的蓝绿生命空间，为不同生态位的动物提供栖息环境。"三核"是指一个中心核，即中心湖区作为生态核心区；两个副核，位于南北两苑，带动场地内的能量流动。"多节点"主要是分布在全园各处的主要功能节点，发挥主要生态功能。

构建弹性生长的生态格局，其本质是为了形成循环高效的生态系统服务功能，规划主要通过优化河流廊道体系、完善海绵设施布局进行完善和提升。

①优化河流廊道体系

优化河流廊道体系，一方面是通过河流廊网串联公园内部的其他独立斑块，提高生态连接度；另一方面是依托主河道两岸水陆交接地带构建河流消落带。悦容公园所在的雄安新区，属暖温带季风型大陆性气候，年平均降雨量 551.5 毫米，6 月至 9 月占 80%。由于水位的季

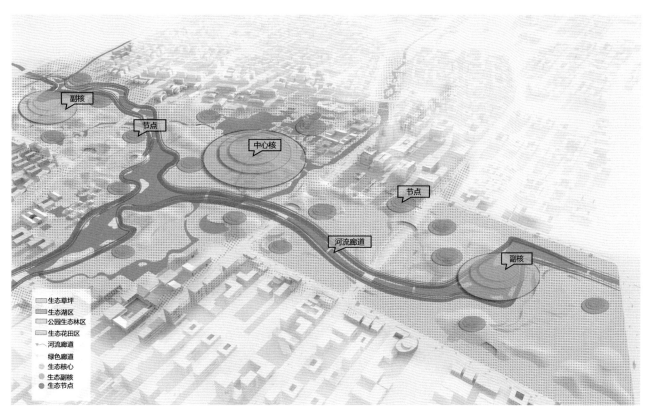

图 2-101　生态格局分析图

节性涨落较大，河流沿岸最高水位线和最低水位线之间，周期性地被淹没和干旱，从而会面临生态系统不稳定、生态多样性遭到破坏等问题。因此在总体规划中，全园规划了南北长达5000米的河流消落带，总面积约为12公顷，这片区域的标高范围大致在7.5~9米，具有水域和陆地双重属性，是陆地生态系统和水生态系统的过渡地带，同样也是弹性变化的蓝绿生命空间。

河流消落带的具体营造设计主要是从四个方面进行考虑：其一，河道形态模拟曲折的自然式河道，形成水口湿地、河湾、滩涂、河道等不同形态，通过对河岸、洲岛以及河底地形的进一步塑造，从而丰富了河流的生态本底和空间性质，为更多生境的产生创造了环境基础和条件；其二，处理河道底泥，包括松土、场地平整、底质消毒剂等的施用，使底泥系统具备吸附、供应养分，抑制病菌生长等作用，为底栖生物创造良好的生存条件；其三，景观驳岸形式主要采用草坡入水、驳岸置石，模拟自然河流的岸线和风貌，消落带的宽度范围在9~75米，留出足够的水陆交接带，形成水陆生态系统动态平衡，例如在北苑湿地区域，通过在水底建堤框定消落带植物群落带的生长范围，既保证了30米宽主河道的通畅，也能够确保消落带植物风貌具有一定规模（图2-102—图2-105）；其四，消落带植物群落的选择，主要根据水位变化分为三个区域，常年水域区主要选择沉水植物、浮叶植物为主的水生植物；对于水位在6.5~9米（常水位为7.5米）之间变化的季节性水域主要选择较耐水湿的乔木、低草湿生植物和高草湿生植物，如绦柳、馒头柳、芦苇、鸢尾、蓼子草等；而对于水位在7.5~9米之间的季节性湿地主要选择可耐受一定水淹的湿生植物，如国槐、木槿、马蔺。通过自然式河道岸线及驳岸的打造和因地制宜的植物群落选择，保证了主河道在极限水位下同样能够维持生物多样性和生态安全，呈现出动态、变化、不断生长的生态河道景观。

②**完善海绵设施布局**

完善公园的海绵设施布局，通过全径流控制、弹性调蓄、源头净化等灰绿结合措施，进一步强化公园以"滞、蓄、净、用"为主，"渗、排"为辅的海绵功能，联动街区，有效地收集、调蓄雨水，净化水系，从而达到一年径流总量控制率达到85%，年SS[39]去除率达到70%。

图2-102 水生植物系统分布分图

---

39. 指水质中的悬浮物，水样通过孔径为0.45μm的滤膜，截留在滤膜上并于103℃～105℃烘干至恒重的固体物质。生态海绵城市建设技术。

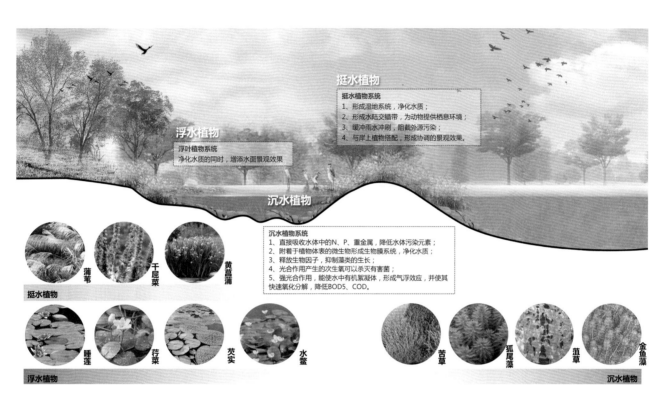

图 2-103 河道植物系统构建

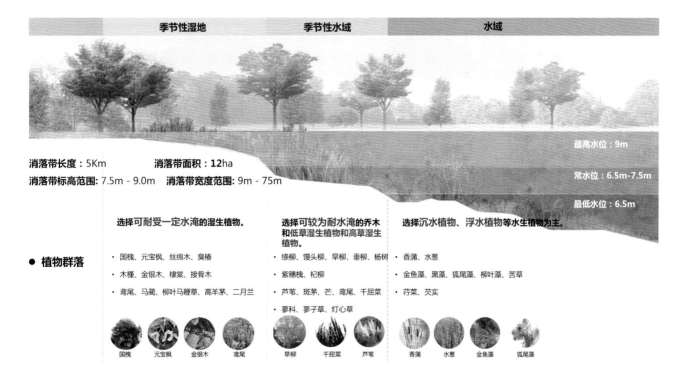

图 2-104 消落带植物群落分析图

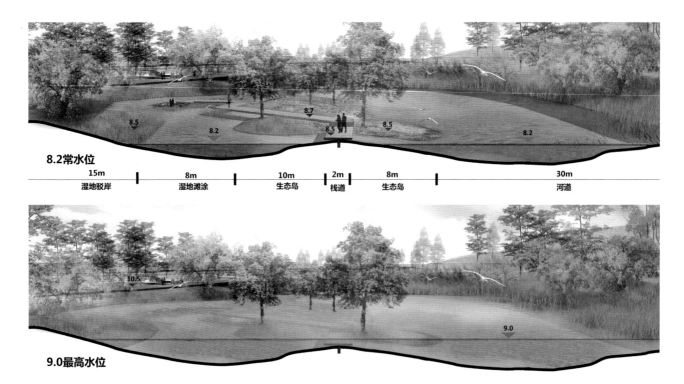

图 2-105 弹性变化的消落带水位分析图

公园内布置有雨水处理型湿地、污水处理型湿地、海绵停车场、绿色屋顶花园、雨水花园、生态草沟以及透水铺装等海绵设施，结合河漫滩体系及低水位湖，总调蓄量可达 67 万平方米。当面临大概率小降雨情况时，全园的海绵功能主要以雨水滞留、生态涵养为主，通过分散布置的 LID[40] 设施管理径流，对雨水使用的规划理念作出创新；当面临小概率大降雨情况时，全园的海绵功能主要通过主河道以排水防涝为主，从而强化悦容公园的弹性适应能力和自我调节功能，对包括公园本身及其周边街区水安全提升、水环境改善等方面发挥重要作用。

（2）丰富多样的生境营造

规划基于生境营造理论方法研究，在遵循自然规律的前提下，运用群落生态学中生境与植物群落的相互关系，依托林、田、水、草生态系统，将公园规划布局与生态栖息地营造相结合，构建密林、疏林、农田、河流、湖泊、滩涂、湿地、草地八类生境（图 2-106），形成以鱼类、游禽类、涉禽类、鸣禽类，两栖类、啮齿类、昆虫类为主要目标物种的典型生境模式，并逐渐形成动物栖息地的重点保护区和缓冲区，为物种提供适宜的生长演替空间。多样的生境营造包括多种类、多尺度以及多种群落组合在不同规模、不同场域发挥效用，从而提升全园的生物多样性和生态稳定性。

40.Low Impact Development，即低影响开发模式。

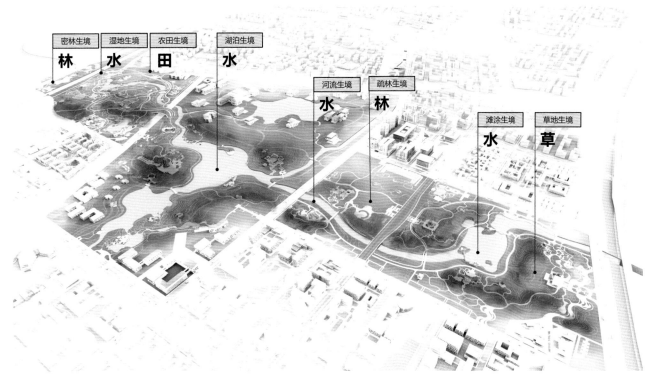

图 2-106 生境规划分析图

①生境营造主要类型

密林生境主要位于北苑北部生态海绵林地及西侧丘陵地带，以森林生态系统为主导，保证乔木覆盖率大于 70%，通过复层种植手法形成丰富的植物群落，营造不同郁闭度的林地空间，人为扰动因素较小；疏林生境位于密林生境外围及南苑北部，模仿自然森林边缘地带的植物群落，乔木覆盖率介于 30%~70%，以营造半开敞的植物空间。两种生境主要通过引入食源、蜜源树种，为昆虫类、鸣禽类、啮齿类提供充足的食物来源，同时营造适宜的栖息、活动场所。

农田生境主要分布在北苑东部，以现状农田为基础，以多种经济作物建立植物群落，为鸟类、昆虫等动物营造可食、可居、与人类和谐共处的栖息场所。

沿主河道自北向南打造湿地、河流、湖泊及滩涂生境，北苑湿地区通过设置大小不一的湿地岛屿，以点植乔木搭配挺水植物形成近水植物群落，为鱼类、游禽类、涉禽类、鸣禽类动物提供了无人干扰的栖息空间；河流、湖泊区域在开阔水面设湖心岛，水体中设置一定区域的浮叶植物群落，为两栖类、鱼类营造适宜的繁衍空间；滩涂生境主要是在水陆交界带以卵石草坡搭配挺水植物打造动态变化的近水生境，实现动物生存空间的交替。

　　草地生境主要位于南苑南部、北苑南部，风貌模拟冀北草原景观，引入多种野生花卉，营造物种丰富的野花草地群落，通过草地分区产生丰富的边界，为昆虫及鸟类提供隐蔽的空间和食物来源。

　　不同生境动植物耦合关系可见图 2-107。

　　②鸟类栖息地生境营造

　　《园冶》中"洗山色之不去，送鹤声之自来"说明中国古典园林对生态和谐的关注，也说明园林中的动物亦是园林景观的重要组成部分。以鸟类栖息地生境的营建为例，北苑在总体规划中主打生态自然的总体风貌，人为扰动因素较小，同时在生境规划中设置密林生境、湿地生境、河流生境、农田生境等多种生境，是营造鸟类栖息地的重点区域。

　　项目根据北京林业大学董丽教授团队对鸟类栖息地营造的研究成果，在营建鸟类栖息地时，通过营造不同的植物生境来吸引不同的鸟类集团，主要营造了以鸟类为目标物种的密林生境及近水水体生境。

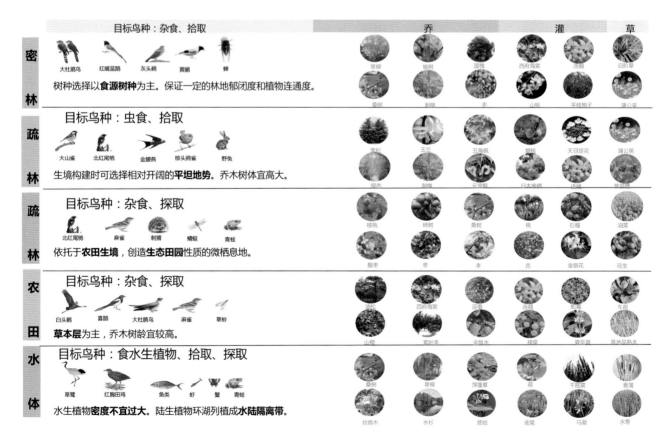

图 2-107　主要生境营造及动植物耦合分析图

密林生境主要针对的目标鸟类集团是"虫食—探取"鸟类集团，在植物生境中对蝶形花科植物较为偏爱，因此针对此鸟类集团的栖息地植物群落结构以刺槐、国槐为主要优势树种，搭配其他阔叶食源乔木，构成植物群落水平结构。此外，该鸟类集团全部属于中小型鸟类，常出现在灌草丛中。因此在北部密林生境区域主要选择了以刺槐、国槐、白蜡 + 龙爪槐、山桃、山杏 + 多花胡枝子、紫穗槐、紫藤 + 狗尾草、早开堇菜、狼尾草为主的植物群落。

北苑的大面积近水及水体生境也是鸟类栖息地的主要区域，通常水体生境的目标鸟类集团包括"拾取—草本"鸟类集团、"水生生物—飞取"鸟类集团、"水生生物—乔木"鸟类集团三类。以"拾取—草本"鸟类集团为例，集团中水鸟所占的比重较大，黑水鸡、小䴙䴘等游禽对植物生境的利用仅限于草本层，而白鹭、苍鹭、池鹭等涉禽则可能选择湿地附近的高大乔木进行筑巢繁殖等行为，褐柳莺与白鹡鸰则对繁密的灌木层植物最为偏好。因此植物群落配置上形成以绦柳或旱柳为主要乔木优势种，与毛白杨、白皮松等乔木搭配，构成植物群落的上层结构，该鸟类集团多选择滨水生境，因此选择株高较高的草本植物，给涉禽提供落脚点，给游禽提供遮蔽空间。

（3）绿色健康的园居生活

悦容公园规划设计践行以人为本的思想，根植我国传统养生文化与生存智慧，围绕园林景观与人类身心健康的关系进行研究，通过对健康风景的营建达到园林环境的"外适"，通过对绿色康养园居生活的积极引导调节达到人的"内和"，聚焦养生（生理）、怡情（心理）、近人（社会）三个健康层面，营造对市民公共健康产生积极影响作用的绿色开放空间和园居环境。

①五感养生

中国传统的健康思想来自"天人合一""美意延年""顺应四时"等朴素主义自然观。[41]中国传统保持生理健康的重要方式——养生之道，运用于总体规划层面，则体现在公园水旱双龙、山环水绕的山水格局，其以阴阳调和之势，营造出自然同和、朴野、幽静的养生之境；运用于在园林景观营造方面，则强调对人的五感的调节和互动，使人身心舒畅，气血调和，达到养生功效。此外，植物品种亦多选择具有改善空气功能、对人类身体或能起到保健及理疗作用的植物。例如北苑的森林颐养区域，根据老年人的身心特点，通过感官疗养法、运动疗养法、负氧离子疗法三大疗法与园林营造相结合，形成对人的身体系统产生实质性调理作用的康养景观体系。

---

41. 张学玲、李雪飞：《中国古典园林中的健康思想研究——以清代皇家园林为例》，《中国园林》，2019 年第 35 卷，第 6 期：28-33。

②诗境怡情

古人云"水木自亲"，即在山溪流淌、草木茂盛之处自然会让人感到放松和身心清净。因此，园居环境可"怡情"，即指通过营造静谧而美的园林山水场景，使人获得感官上的享受及心灵的疗愈。悦容公园规划设计注重园林微环境的营造，挖掘不同的水景特色及植物景观特色对人的视觉、听觉、嗅觉所能产生的不同心理影响，以期营造能使心灵无限自由又有所皈依的境界。例如以五峰馆为主体的园林庭院，以诗情画意的园林布局和富有积极长寿寓意的五峰置石，对人产生积极的心理暗示，起到怡情疗愈的功效。

③和谐互动

社会健康是指个体与他和外界的社会关系的健康状态，反映个人适应外界的能力。[42]公园规划通过设计多元开放空间形成对市民开放的园林交往场所，同时营造适合于儿童与老人特殊人群的公共活动空间，如打造康体广场、五峰乐寿等节点作为园林交往空间，促进人与人之间在互动景观空间中产生自然交流，从而达到"以近人"的健康人际状态。

生之美，是具有和谐自然风貌、动态平衡的生态环境之美，也是多物种、多群落之间的共生统一之美，更是人与自然多样和谐相处之美。以"近自然"为目标，通过模拟塑造自然微丘、漫滩、河湖底地形，营造复杂多样的生态空间，保护和恢复河流的自然生境，营造近自然的森林、田园、湖塘、溪流等，从而恢复近自然生物链，模拟自然演替过程，恢复并形成可持续的自然生态系统及持久且高效的生态服务功能。

6. 时之美

园林是有生命的艺术，会随时间的变化展现出多种多样的美。明代文震亨在《长物志》中提出了"取其四时不断，皆入图画"园林景观的设计理念。

园林在拥有三维空间的多样性的同时，时间作为第四维度使其具有移步换景和四时更替的多变性。园林的时间美也是园林营造的一个重要因素，是设计师在空间配置的前提下，在规划设计阶段考虑到园林景观随时间的变化而不断变化，营造因不同时间、不同景观而产生的不同园林意境之美。悦容公园设计从三个角度出发，运用时间之美造景。

（1）春华秋实，随物候，四季之美

"太古以草木纪岁。"[43]悦容公园设计以四季为时间线索串联植物景观，但又不是简单划分季节性观赏区域，而是因时就势，将多种季相景观合理嵌入场地环境中。按照中国传统的植物季相节序，将每个季节细化为"孟、仲、季"三个赏景阶段。一年四季十二个月随着孟、仲、季而轮回，每个阶段都设计相应的植物观赏群落和主要观赏种类（图 2-108，表 2-3）。

42. 马明、蔡镇钰：《健康视角下城市绿色开放空间研究——健康效用及设计应对》，《中国园林》，2016 年第 32 卷，第 11 期：66-70。

43. 出自清代汪承需《画万年花甲》。

图 2-108 四季之美布局图

正月又称孟春、始春、元月。在南苑梅园以孤梅、丛梅、片梅、梅谷、梅溪、梅坡等丰富的种植手法营造等不同的赏梅体验，形成凌寒独放、香雪报春的文化景观意境。二月又称仲春、杏月、花月。在南苑容景阁山麓处片植杏花林，借助满山松林苍翠，形成花开拥翠、杏花烂漫的景观效果。三月又称季春、阳春、暮春。在北苑桃花园以桃花、桑竹为主要植物，芳草鲜美、落英缤纷的桃林与对岸隐约可见成片的田园桑竹呼应，形成"有良田美池桑竹之属"[44] 的画意景观。

四月又称孟夏、梅月、余月。在南苑百花漫洲利用山形台地，打造牡丹花坡及精品牡丹花台，烘托主体建筑庄重之感。五月又称仲夏、天中、榴月。在南苑儿童乐园种植观花、观果石榴品种，在绿槐烟柳掩映之下，打造榴花似火的仲夏景象。六月又称季夏、荷月、荔月。在南苑亭桥边、船舫下栽植荷花，季夏时节荷花盛开，体现莲池清馥、夏荷蝉鸣的园林意境之美。

七月又称孟秋、兰月、首秋。在南苑玉兰竞秀景点周边，林下植以各种玉簪，在炎炎夏日营造雪魄冰姿的清凉感。八月又称仲秋、桂月、南宫。在南苑寻香探梅院内，盆植桂花，在北方地区营造出木樨竞放，芳润金秋的江南韵味。九月又称季秋、菊月、暮商。在北苑南山东麓菊圃及松间小径，种植各色菊花，营造访菊问道的意境。

44. 出自晋代陶渊明《桃花源记》。

十月又称孟冬、良月、子春。在北苑生态湿地水岸片植芦荻，白茫茫的芦荻摇曳生姿，模拟"蒹葭苍苍，白露为霜"的自然朦胧之美。十一月又称仲冬、冬月、葭月。在南苑主入口列植挺拔的银杏强化轴线，两侧以苍翠松林烘托，以悦容秋意体现中轴之礼赞。十二月又称季冬、腊月、涂月。在南苑梅园的廊边路旁种植蜡梅，结合苍松掩映，形成轻黄缀雪、纤英暗香的景观意境。

（2）晨昏雨雪，借天象，四时之美

"卧石听涛满杉松色，开门看雨一片蕉声。"[45] 植物元素与园林其他要素和自然气候因子的综合造景是"因借"的一个重要组成部分，是园林的变化性和稳定性在时间媒介上的和谐统一。因此，在园林景象的观赏序列中，融汇了景象与时态的表现，诸如晨昏、雨雪、晴晦等变化，同样也是基于时间范畴的自然景象。悦容公园种植设计充分利用地形骨架、空间方位与晨昏雨雪的关系，营造"四时之景不同，而赏心乐事者亦与之无穷"的景观意境（图 2-109）。

首先，借四时。悦容公园设计在分析整体景观节点和局部地形环境的基础上，有效利用了清晨朝阳和傍晚夕阳对色彩环境的影响，设置了高台迎旭、枫岭霞飞等呼应晨昏的植物景观。尤其是在中苑部分，清晨旭日东升，在白塔园东侧的半山庭院种植二乔玉兰、西府海棠、绛桃等红色观花植物，与火红的朝霞交相辉映，形成生机勃勃的环境氛围。傍晚夕阳西下，在主湖

图 2-109　四时之美效果图

---

45. 出自耦园城曲草堂楹联。

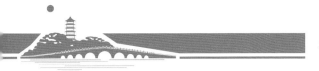
面东侧坡地上，片植白蜡、黄栌等秋色叶植物，每逢秋季傍晚，晚霞洒在满山红叶之上，倒映湖面之中，水天一色，形成枫岭霞飞的特色景象。

其次，借天象。悦容公园设计充分利用雄安地区风雨晴雪的气候特点，设计了竹林听雨、踏雪寻梅等植物景观来表现气候变换时园林的另一种美，增添园林的诗意与情趣。在雨季，南苑曲水园中，凭竹当窗，借听潇湘夜雨，感受四时之雨的意趣和诗境；在雪天，在南苑梅园中，寒梅傲雪，亭亭玉立，以一抹余红换来春满天地的无限风采（表2-4）。

（3）岁月流转，引哲思，时光感悟之美

"合一岁所开之花，可作天工一部全稿。"[46] 作为一种十分独特的时空艺术，园林的形象随时间不断连续变化，年复一年，随着园林植物的成长、衰老、更迭，整个园林的面貌也在逐渐产生变化。

人们在游赏的同时也经常会将自己的生活体悟与园林的景象变化结合起来，将观感拓展至精神情感层面。这种感悟主要体现在两个方面的对比：其一是"荣枯显晦，成败利钝"[47]，由植物在四季更迭中产生的盛放与凋谢、茂盛与稀疏、春华与秋实等不同景象带来不同感受的对比；其二是"不可竭而可竭，可竭而终不可竟竭者也"[48]，由植物生存选择中通过惜力、蓄力而延续的漫长生命的恒久之美和不惜其力而爆发出的生命瞬间的耀目之美，形成的关于时间的对比。

悦容公园设计中也将这种对比性感悟与植物配置和景点提名、楹联、匾额等精神文化元素联系起来，形成游人与自然、时间与文化对话的时光隐喻之美。

表2-4 四时天象植物群落种植设计

时间、天象	空间方位	主题植物	主要群落
晨	朝东高岗	红色系春花植物	上层：二乔玉兰、柿树、元宝枫 中层：西府海棠、绛桃、杏、黄栌 下层：紫叶小檗、玉簪、麦冬
昏	西向山坡	红、黄色系秋色叶植物	上层：五角枫、白蜡、油松、茶条槭 中层：黄栌、花石榴、绛桃 下层：铺地柏、委陵菜
雨	静谧庭院	竹	上层：早园竹、元宝枫 中层：造型油松、日本红枫、早樱 下层：麦冬、玉簪
雪	庭院、山坡	梅	上层：油松、五角枫 中层：丰后、淡丰后、美人梅、桂花 下层：铺地柏、麦冬

---

46. 出自清代李渔《闲情偶寄》。
47. 出自清代李渔《闲情偶寄》。
48. 出自清代李渔《闲情偶寄》。

①同一空间，不同时间的差异感受

在悦容公园北苑中心区域的松下访菊景点，同时兼顾了春、秋、冬三季对比之美。春季樱花、丁香之繁花似锦，秋季菊花、黄栌之色彩缤纷，与冬季油松之苍翠欲滴形成了生机勃勃与沉稳内敛的观感对比。

②同一时间，不同植物的差异感受

在中苑玉兰竞秀景点，每逢初春，高大的玉兰千花万蕊、缀满枝头，满树银花的磅礴气势使人震撼。玉兰后的油松以其葱郁衬托着满树的晶莹皎洁，这种千年不衰的苍翠以其不流于时俗，不为环境而变的顽强品格，展示着坚贞不屈、万古常青之美。耀目之美和恒久之美形成了时间美的一种对比。

7. 术之美

（1）承古

①法——源之法，变之法

古代生产力较为落后，常在国泰民安时兴修土木，故也可见营建是一件极为神圣庄重之事。

宋代推出了中国建筑史上的里程碑，《营造法式》详细而科学地对建筑的营造制定了相应的标准及制作工艺工法，大到建筑形体的高低宽窄，小至门窗户牖的尺寸毫厘都一一详加定制，充分展现古人将建筑艺术与结构力学完美结合的技艺。从中国大地上留下一座座传承千年的建筑瑰宝已可见端倪——建筑外观的尺度比例，内部精巧合理的构架，无一不印证《营造法式》的科学性和艺术性。

悦容公园中的古建筑正是依照《营造法式》的基本法则进行设计，结合不同建筑的制式、规格和不同的功能需求，并加以论证、推演（图 2-110）。在此基础上，源自法式，寻求变化，运用现代科学理论，考虑建筑美学艺术，对传统建筑采用组合、变形、穿插咬合等手法，源于法，变于法，结合不同的环境营造出形态各异的建筑形式，构成丰富多彩的园林空间。

②数——遵之数，礼之数

数是中国古代建筑营造中不可或缺的考虑因素。古人对数的尊崇与寓意是无可比拟的，其中包含着对自然理解与诠释的哲理，如"一生二，二生三，三生万物"[49]，亦如"太极两仪三才四象五行六合七星八卦九曜"等。在古建筑的营造中也处处体现对数的要求及遵循，恪守着数的运用法则。"等材"是模数的运用，也是《营造法式》的一大特点，直至今天，亦影响着现代建筑科技。模数规范了所有构件相互间的比例关系，使构件之间的连接科学可靠，大大提高精准度，同时也更加便于施工。

---

49. 出自老子《道德经》。

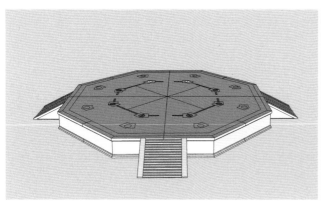

（a）立基

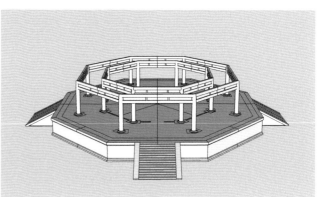

（b）竖屋

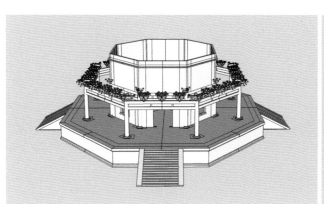

（c）排拱

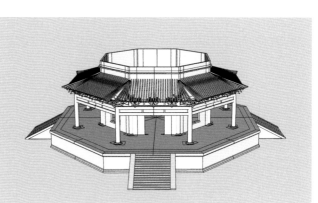

（d）布椽

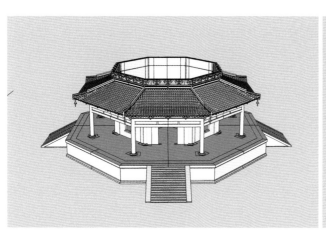

（e）铺瓦

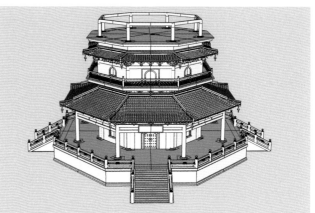

（f）筑楼

(g) 封顶

(h) 立刹

（i）成塔

图 2-110 成塔过程演示

悦容公园的营造，尤其在建筑的设计中，也无疑充分考虑"数"之法则，合理运用模数，结合不同建筑的等级、制式，运用不同的等材，使建筑各构件比例和谐统一，以保证建筑外观艺术效果，从而充分展现中国古代工匠的智慧，并完美展现技术与美的统一（图 2-111）。

此外，阴阳数的运用、吉数的变化等更全面地展示了中国古代建筑的礼学内涵以及人们对数的理解，与中华文化息息相关。

③艺——形之艺，神之艺

建筑的形态及构造是建筑的骨架血肉，而其中包含艺术信息无疑就是灵魂。高尚的人，内在是高尚的灵魂，建筑亦如是。建筑的艺术内涵也是决定一个建筑能否流芳百世的因素之一。从建筑内部装饰（图 2-112—图 2-114）——精美绝伦的石雕、砖雕、木雕，金碧辉煌的彩绘、壁画，到建筑屋面上庄严肃穆的鸱尾、仙人座兽等，都是建筑的艺，是艺之形；而悬于梁柱之间的匾额、楹联，其上的诗词歌赋、书法绘画内容及题材则为艺之神，滕王阁有《滕王阁序》名扬天下，黄鹤楼因李白而传唱千古，这就是艺之神的魅力。

悦容公园建筑中的艺不仅仅考虑其形，更注重的是艺之神。艺之神是充分考虑当地风土人情、周边环境后所展现的意境，也是建筑本体所展现的意韵。通过书法绘画、诗词歌赋等各种艺术形式，向建筑内注入文化内涵，这其中亦包含深刻哲理，而非单纯的堆砌，故而是一种优雅的内敛的艺术，如水墨写意，需得人细细品味。含蓄而简洁的境界，观其形而悟其神，以此为宗旨，贯穿于整个建筑设计理念。

④工——精之工，巧之工

中国古建筑的建造工艺工法，尤其在榫卯结构方面，集结了古人千年智慧，更是充满了妙不可言的神秘魅力。

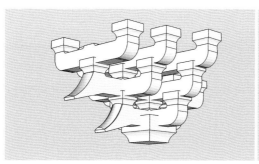
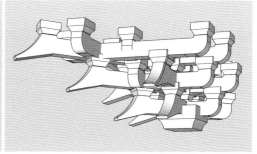

图 2-111　和谐之数

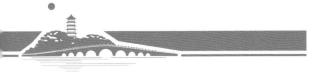

图 2-112　勾栏

图 2-113　石灯笼和石基座

图 2-114　缠枝牡丹和缠枝莲花

每座古建筑巧夺天工的技艺、精湛无比的做工都是古人匠心的体现。通常，古建筑的营造可分为石作、大木、小木、油漆、瓦作五大部分，细分另有砖细、五金、雕塑等工艺，可综合展现社会技术发展水平。

细节决定成败，从柱梁枋桁到斗拱翘角，每一处的线条曲直，尺寸毫厘之间，无不经过深思熟虑，每一点的严丝密缝、棱角分明，无不经过精雕细琢。

悦容公园的建筑在布局、形态、艺术内涵等方面全面考虑。其制造工艺、工法也是不可忽略的重要环节，专门聘请了专业传统匠人精心打造，传承古人的经验——做工要精，构思应巧。通过传承与发扬古代营造技术，使园内建筑成为传世之作，同时借此契机，通过落地的实践加深对中国古建筑营建技艺的理解（图 2-115）。

⑤材——古之材，新之材

材料是建筑构成的基本元素，中国古建筑对材料的选取也有着严苛的要求与准则。以石为基，以木为骨，以瓦为顶，以漆为皮，古人在当时的生产条件及环境因素制约下，充分发挥材料的特性，构建出一个个恢宏的工程。现代社会，倡导可持续发展模式，崇尚人与自然和谐共存的理念，故而在材料的运用上，我们必须引入环保、科学、绿色的使用理念，在保持传统建筑特色与韵味的同时，合理地运用现代技术与现代材料学，使之在中国传统文化领域得以展现与发挥。

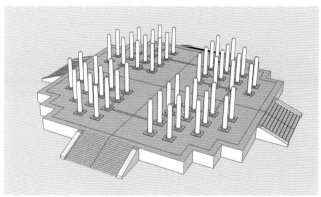

(a) 立基

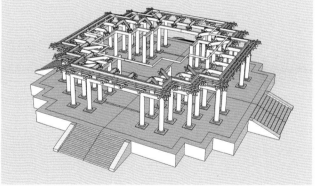

(b) 竖屋

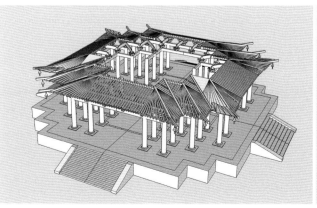

(c) 铺椽

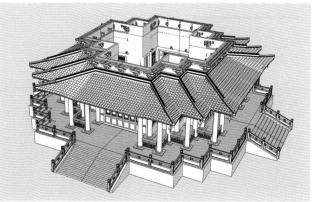

(d) 平座

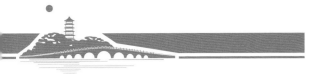
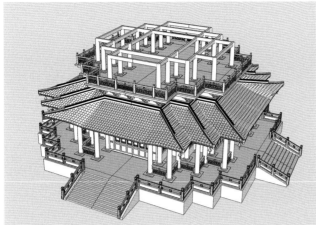

（e）起楼

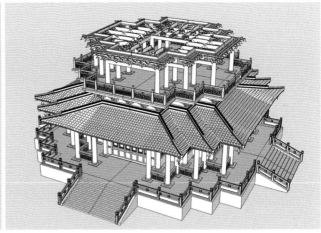

（f）排拱

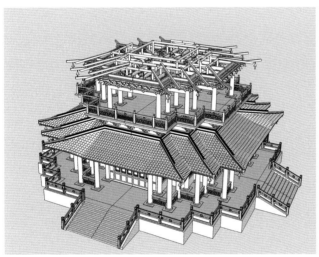

（g）角梁

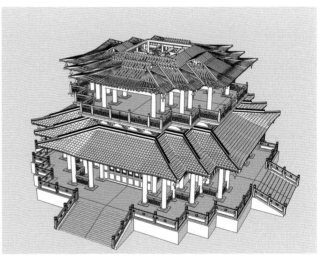

（h）铺椽

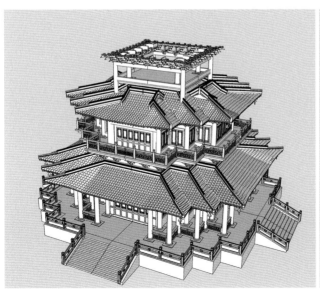

（i）立顶

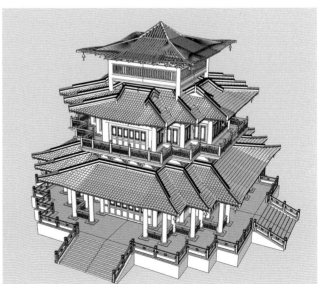

（j）封顶

（k）容景阁总体

图 2-115　容景阁建造过程演示

　　钢筋混凝土结构体系在结构安全性、耐火等级方面有着绝对的优势，其成熟的结构理论体系可适用于各种复杂结构，因此在高层建筑、大跨度桥梁中可以与木结构、砖石结构相整合，取长补短。在悦容公园中塔、阁、车行桥中，灵活使用这一结构，使园内建筑既不失传统建筑之美，又大大提高了安全可靠性、耐久性，同时还节约了大量的木材、石材等资源（图 2-116）。

　　金属结构及外装体系在耐火性、耐候性、耐久性、耐腐蚀性方面有着特有的优势，现代金属加工技术的成熟，使之可以加工成各种复杂的构件（图 2-117），大到斗栱梁柱，小到门窗勾栏。线条曲直有度，棱角分明，外做氟碳化可以在恶劣环境中耐久数十年不变，不必如木构一般饱受鸟虫侵扰。金属阻燃的特性进一步消除了防火的隐患，其自重轻、强度高，也使建筑形态的设计有了更大的自由度。工厂的定制批量化生产使成本和工期得到有效控制，节约了大量木材资源，运用到屋面不仅可减轻自重，更可减少黏土的用量，实现了可持续发展的目标。

　　在打造悦容公园的时刻，古之材与新之材的合理运用是传承与创新的完美结合。

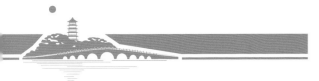

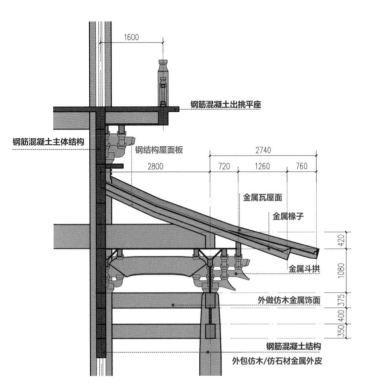

图 2-116 结构体系与屋面体系

(a) 铜制筒瓦

(b) 金属斗栱

图 2-117 金属构件

（2）现代服务建筑体系

悦容公园不仅是中华园林集萃，也是雄安新区生态画卷的核心组成部分。悦容公园设计不仅要延续"中国园林基因"，弘扬中华优秀传统文化，也要包容创新，面向未来。优化传统技术，实现生态思想，最大限度地节约资源。

①现代构造：现代夯土，钢木结构

中国早期的建筑以夯土为主要承重结构，辅以木结构框架做补强。在当时的技术条件下，遵循的是就地取材，适应性强，施工便捷的原则。

而在现代技术条件下，通过对传统元素的理解，"取其形，延其意，传其神"，运用现代手法，融合传统建筑特色，使建筑形象可传达文化意境，亦使建筑功能符合现代需求。在北苑及曲水园配套建筑中，运用了现代夯土技术及钢木结构形式。

现代夯土

传统夯土建筑是一种绿色建筑，具有低碳、环保、材料易得和自然简单的优点。然而，由于传统夯土房屋在防水、抗震和强度方面存在天然缺陷，这种建筑形式逐渐被抛弃和遗忘。而

现代夯土能够保留传统夯土的材料优点，并改善或消除其不利的材料特性。我们将其运用于北苑配套建筑，体现北苑整体自然朴野的文化意境（图 2-118）。

钢木结构

五行中"木"代表生命，中国古人偏爱木头——木头造的房子，木头造的家具。传统木结构的房屋给人以自然亲近之感。我们在曲水园茶室及驿站中运用现代钢木结构——以钢结构体系替代木梁柱等受力节点，同时简化传统木结构。这种混合结构比传统木结构更加坚固耐用，既具有时代特征又不失亲和气质，建筑空间更符合现代审美并具备实用功能（图 2-119）。

②在地性设计：地域特色，再生材料

设计中的"在地"概念，放在中国传统文化语境里来解释即中国人天人合一、因势造物、自然天成思想的延续与传承。其强调的是建筑物本身与所处地区在文化、风土等地域特性的协

图 2-118 北苑配套建筑透视图

图 2-119 北苑环翠驿透视图

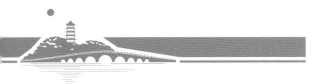

调关系。雄安新区北依太行山脉，地处林淀环绕的华北水乡，悦容公园在自然朴野的北苑以及以白洋淀自然风貌特征为主题的儿童乐园区域的配套建筑都考虑了与地域风格相呼应。北苑公厕以太行民居为原型展开设计，儿童乐园配套建筑则以"淀边人家"为设计主题。建筑材质均采用既反映地方特色又具有园林特质的材料，如屋面采用石瓦、木瓦、芦苇草屋面，

图 2-120 建筑肌理示意

围护结构采用夯土墙、竹篱笆、木材、芦苇编织等。木材、碎石，秸秆、芦苇，这些产自本地的生物质材料，从材料的全生命周期来评价，可被称为再生绿色建材，运用这些材质，建筑质感既符合区域景点的文化定位，又环保节材，同时还建立了场地风景与建筑的融合关系（图 2-120）。

③覆土建筑

覆土建筑在中国具有悠久的历史，我们的祖先以穴居和巢居为主要居住方式，古代覆土建筑反映了人们顺应自然并利用自然的理念。相比普通的地上建筑，现代覆土建筑具有四大优点：绿色节能、节约用地、保护环境和维护成本低，符合现代绿色建筑标准。

南苑游客中心位于容东生态绿地南苑，紧靠南入口广场，东北面向牡丹台，向北可远眺容景阁，建筑面积 5000 平方米。与周边传统建筑相比，现代建筑功能需求使其建筑体量容易影响整体场地的空间格局，因此设计以融入风景为主要构思理念，以覆土为设计手法，消隐建筑体量（图 2-121）。

图 2-121 南苑游客中心鸟瞰图

筑景相融——覆土建筑的地景化处理

设计以自然的弧线构图融入场地，分解建筑体量，形成中部为形象空间、两翼功能空间呈局部对称的格局。抬高两侧地形，消隐建筑形体，让周边的自然环境成为空间主角，打造空间与视觉的连续感与纯净性，体现其"风景中的建筑"主题（图 2-122）。

在入口形象空间的设计上，采用了中轴对称的传统形式。同时呼应南苑的文化定位，建筑遵循传统礼制，以三进空间序列提升游客中心建筑作为迎宾功能的仪式感（图 2-123）。

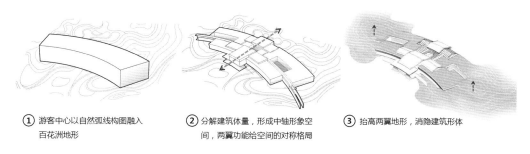

① 游客中心以自然弧线构图融入 百花洲地形

② 分解建筑体量，形成中轴形象空 间，两翼功能给空间的对称格局

③ 抬高两翼地形，消隐建筑形体

图 2-122　南苑游客中心构思分析 1

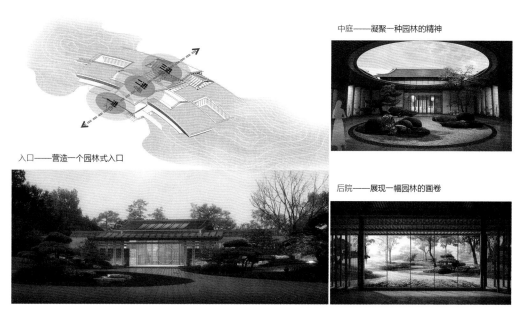

图 2-123　南苑游客中心构思分析 2

节能减排——覆土建筑的生态化设计

覆土建筑大部分空间位于地下，屋顶覆盖土壤，建筑整体比较封闭，为了减少通风及采光方面的能耗，游客中心在设计时利用气候、地形、建筑形式等一切设计手段强化自然通风和采光效果，同时优化覆土种植表层，采用轻质种植系统减轻屋面荷载（图 2-124）。

自然采光：游客中心南北向设计节能玻璃幕墙，增加自然采光的同时，增强外围护结构的保温隔热性能；中部及东部设计中庭，将自然光导向室内；北部入口两侧设计景墙，形成环形采光带。

风压及热压通风：南游客中心面向西南，迎向主导风向，增加进风处风压，强化自然通风效果。同时设计采光中庭，利用热压通风原理组织室内通风，中庭四周设计中轴 360° 旋转门，可完全敞开并引导气流。

轻量化种植屋面：覆土屋面轻量化设计有利于优化建筑整体结构，经过多重方案的对比，最终采用以陶粒作为基层，上部覆土，并在部分地形较高位置以聚苯泡沫替换覆土塑造地形起伏，尽可能减轻自身重量。其中覆土部分采用田园土与改良轻质种植土按 6 ：4 混合（改良轻质种植土配比为腐叶土：蛭石：沙土 =7 ：2 ：1）。屋顶恒荷载控制在每平方米 10 千牛，相对传统种植屋面，荷载降低约 15%。

（3）水系统

根据《河北雄安新区规划纲要》"坚持新区防洪设施建设与生态环境保护、城市建设相结合，顺应自然，实现人水和谐共处"的有关内容，贯彻近期远期结合、分步实施的方针，合理化设计公园内部水系。

水系规划内容包括结合防洪排涝要求，保证公园水系供排水、排涝安全；充分利用周边各类水资源条件，考虑近、远期要求合理设计河道补水体系，实施水质、水位自动化在线监测技术，实现水资源的优化配置，高效节水、循环流动；在公园水系净化环节充分应用先进的生态处理技术和水质保障措施，构建稳定的水环境系统及健康的水生态体系。

其目标为构建安全无虞、生态修复、弹性适应、城淀共融的海绵生态系统，让蓝绿空间激活城市，为雄安新区发展提供良好的生态基底。

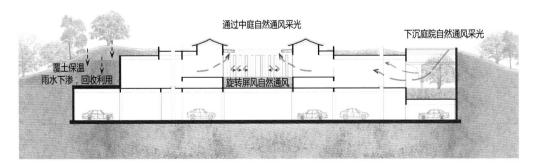

图 2-124 南苑游客中心绿色设计

①水系规划

水体总体布局

按照雄安地区水系规划，水体北高南低，由北往南自然流动，按河湖结合方式规划水系——河道按生态河来布置，湖按园林湖来打造（图 2-125）。

水体：主要为南北向布置，公园内水系均宽 30~200 米，平均水深 2.5 米，总体蓄水 75.7 万立方米。东侧悦容湖南北向 400 米左右，东西向 280 米左右，平均水深为 2.5 米，蓄水 21 万立方米。整体水系在保证正常水位的情况下，总库容 96.7 万立方米（图 2-126）。

弹性调控的水安全管理措施（排涝系统）

通过"变化的河"和"恒定的湖"两大原则，在不同季节确保实施可靠的水安全管理措施，同时呈现不同的景观效果。

通过确闸站和泵站合理的调度，确保满足河道排涝标准（图 2-127）。具体为 30 年一遇 24 小时暴雨时河道水位不超过限定值，确保地块不受涝。整个水系调蓄容量：142.6 万立方米。

水资源匮乏地区的水资源保障系统

雄安多旱少雨且季节分配不均，降雨量少且年分布不均匀，年均降雨量约 550 毫米，主要集中在 6 月到 9 月。且地下水位较低，地下水超采，水位持续降低。故需构建一个安全的水源补水保障体系。

水源条件和现状分析：近期的补水水源为南拒马河和公园内雨水，远期的是南拒马河，公园内雨水及市政再生水利用。南拒马河水环境功能区划为 III 类。

根据上位规划，公园进水水质为地表水湖库 IV 类标准，并保证来水水质经过公园内部水系净化后出水水质达到地表水湖库 III 类水质标准，并进一步提高水体透明度。

补水水源的选择和利用：根据《河北雄安新区规划纲要》"合理利用上游水、当地水、再生水，完善新区供水网络，强化水源互联互通，形成多源互补的新区供水格局"的有关内容，合理化设计公园内部水系补水。

利用水系水位差作为调蓄空间，在允许的最高水位下，尽量多把水存起来，达到减少补水量，且充分用于公园内非传统水用水部分。

年均用水量：本公园绿化浇灌用水量：约 25.3 万立方米。道路和广场冲洗水量：约 3.3 万立方米。水系渗透和蒸发水量：约 52.2 万立方米。

年均补水量：上游补水约 47.0 万立方米。雨水补水约 35.2 万立方米。

城市再生水补水：冬季有 5000~10000 立方米 / 日，夏季有 10 000 立方米 / 日补充悦容公园水系以及容城老城。[50]

---

50. 本小节相关数据引自中国电建集团华东勘测设计研究院有限公司（后文简称华勘院）水系专项部分。

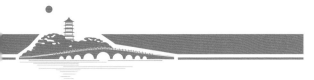

图 2-125 水体总体规划布局图

图 2-127 河道闸站、泵站及溢流堰分布图
资料来源: 同华勘院协作绘制

主河道常水位：7.5m

图 2-126 河道水位对照图

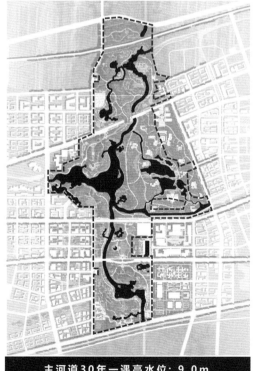

主河道30年一遇高水位：9.0m

②水系净化特点

水循环系统

整体水系规划结合实际地形，为实现公园内给水、排水及景观需求，也为实现水系循环流动，公园内设置有 13 座活水泵站，并设有 2 个溢流堰，使公园内水系整体形成 8.2 米、7.5 米两个水级（图 2-128）。

由此保持水活性，让整个水系动起来，在流动过程中，充分发挥水生态系统的净化功能，防止公园内水体因缺乏流动性而导致园内水质变差情况的出现。水循环系统在增加了景观效果的前提下，又促进了水生态的平衡。

水生态

水系建立平衡的自然生态系统，以生物、物理技术作为综合手段，通过生态方式将公园内水系构建成具有长久生态效益且生物与环境相互平衡、稳定、统一的水环境系统。生物与水环境之间相互影响、相互制约，并处于相对稳定的动态平衡，使水生态回归自然。

主要措施是通过水生植物、微生物和水生动物之间的生态关系来达到水体自净，并以人工管理为辅，两条途径相辅相成。根据水质监控情况，合理管理水系循环系统，促进水系自净能力，确保生态系统的完整性和可持续性。

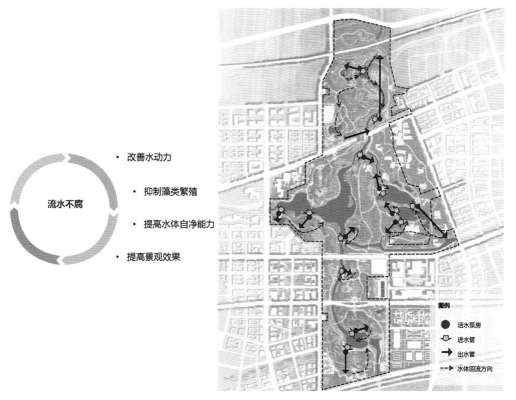

流水不腐

· 改善水动力

· 抑制藻类繁殖

· 提高水体自净能力

· 提高景观效果

图例
● 活水泵房
⇗ 进水管
➜ 出水管
⇢ 水体回流方向

图 2-128 河道循环整体布置图（同华勘院协作绘制）

③海绵系统

设计原则

采用多级海绵的设计理念，通过源头控制、中途削减措施以及集中性雨水花园处理等组合的"倍增效应"，对公园内水质进行系统控制（表 2-5，图 2-129）。

特色海绵措施介绍

园林水景与水系循环结合：充分发挥景观水系内水生态净化的能力。下雨时，截留雨水，净化处理后再补入大水系内。平时，通过水景循环水泵，与整个水系形成内循环，提升水体自净能力，构建健康的水生态体系。

海绵设施与园林景观结合：充分发挥公园绿地的滞留、净化、下渗作用，并利用其径流系数较小的特点，采用自然排放为主的排水措施。同时在确保排水通畅的情况下，采用植草沟来收集雨水，在排入水系前，设置雨水花园，确保流入水系内的雨水经过多级净化。沿水系边，通过约 5 千米河漫滩，进一步改善水质（图 2-130）。

所有雨水调蓄至水系内，既可作为水体补水水源，又可服务于人水互动、公园灌溉、城市街区等（图 2-131）。

表 2-5　海绵城市控制指标一览表

类型	序号	指标	数值
目标要求	1	年径流总量控制率 (%)	>85%
	2	设计降雨量（毫米）	31.2
实际设计值	3	实际年径流总量控制率 (%)	>95%
	4	实际设计降雨量（毫米）	171.49
	5	实际年径流污染去除率 (%)	82%

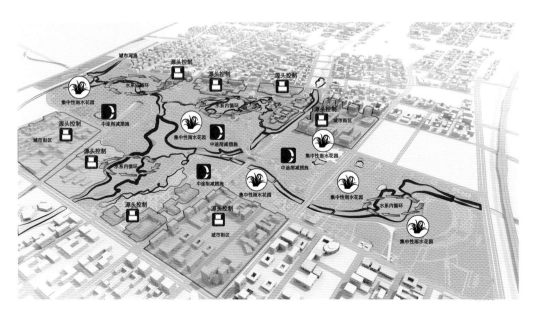

图 2-129　多级组合海绵技术示意图

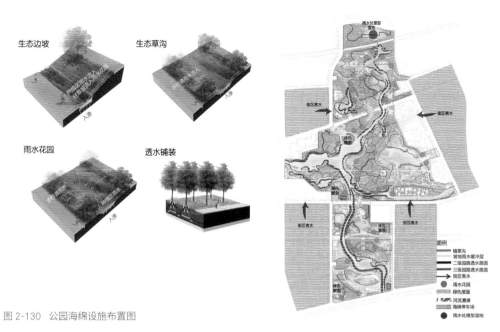

图 2-130 公园海绵设施布置图

图 2-131 公园雨水回用示意图

④ FBR 生物床系统内应用[51]

结合水系结构优化后的水动力模型模拟结果，在水动力仍欠佳处的水塘布设固定生物循环床系统（FBR 生物床系统，图 2-132）。水流流入生物床净化区，削减控制藻类后，通过循环泵及管道系统流回水体，并不断循环，以此控制藻类暴发，使局部水系循环并提升水质。北二区目前结合水下地形塑造情况及水动力模拟结果，在东北角设置 239 平方米 FBR 生物床系统，对东北角处水体进行藻类控制，控制北二区水体整体透明度达到 1 米以上。

固定生物循环床系统技术特点有五方面，一是可通过微生物载体降解各种污染物；二是可利用生物膜的后生动物控制游离藻；三是可采用活水循环系统让水体重现生机；四是不占用土地也不缩小原有水面；五是管理方便，运行费用低。

51. 引用华勘院研究成果。

图 2-132 FBR 生物床技术示意图

⑤高效节水

悦容公园内的最高日用水量为 400 立方米，均有市政压力直供，双路环状供水，保证水源可靠。城市再生水系统，部分补入公园内水系。公园建筑内部，全部安装节水器具，所有出水水量均满足节水标准的要求。园内非传统用水，主要用于绿化浇灌，其中道路和广场的冲洗等年用水量约为 28.6 万立方米。非传统用水均不采用市政自来水和地下水，而是通过自行设置加压泵房，采用调蓄、储存在公园水系内的水。

（4）数字化公园管理系统

根据《河北雄安新区规划纲要》"同步规划建设数字城市，筑牢绿色智慧城市基础"的要求，悦容公园将依托 5G、互联网、物联网、大数据、云计算、AI 人工智能、网络安全等信息技术，建成与雄安新区数字城市共生的数字化公园。遵循"打破信息孤岛，实现信息共享"的原则，悦容公园的数字管理平台将所有运行的数据信息上传至雄安数据中心，进而由数据中心提供给所需的城市部门，数据中心也会提供公园气象、交通等所需数据，从而减少智慧设施的重复投资建设，实现各部门信息的共联共享。

①公园的数字化框架

公园的数字化框架为：一个悦容芯、三个数据岛、多个智慧环、N 个运用场景（图 2-133）。

悦容芯

公园将在南苑建设公园的调度中心——悦容芯，内设公园智慧管理平台，承载公园管理、安防视频监控、突发事件应急联动指挥、数据存储中心（公园核准的部分数据）、公园数字化的展示等多方面管控功能。

数据岛

公园北苑、中苑、南苑分别设置小型分控中心——数据岛，收集清理计算数据信息，按就近原则快速做出相应的处理并上传数据至悦容芯。

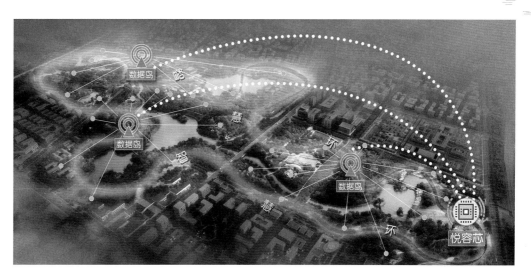

图 2-133 数字化框架

智慧环

光缆、5G、WIFI 以及物联网系统形成了公园数据传输的智慧环。

②公园的数字化系统

公园数字化系统分为七大板块：智慧管理、智慧安防、智慧交通、智慧能源、智慧生态、智慧绿化和智慧共享（图 2-134）。

图 2-134 公园的数字化系统

智慧管理

以悦容公园 GIS+BIM 模型为基础，形成一张地图、多个界面的智慧控制平台，平台实时动态化管理人员，实时更新上传资产台账，实时监管设备设施状态，实时监测生态环境，形成公园全过程管理数据模型，实现公园管理的可视化、精细化、智能化，提升公园各部门协同管理的效能（图 2-135）。

图 2-135　公园数字化管理平台

智慧安防

通过视频监测、人脸识别、人流监测、轨迹追踪、火灾监测、紧急求助等技术手段，快速响应并处理突发事件，并对突发事件跟踪分析，根据数据信息调整预警机制，减少突发事件的产生，减轻突发事件的危害，提升公园的安全保障。

智慧交通

公共交通体系：在公园主干道运行的公共 BUS 系统，由城市交通统一管理，公园将与城市交通共享车辆运行实时数据，而市民则可以在公园 App、公众号以及城市交通系统内统一检索，以合理安排出行。

车辆管理体系：车辆进入公园停车场，管理系统通过车牌识别来记录出入停车场的车辆，有效控制车辆与人员的出入，实现对场内车辆的安全管理。市民在任何位置都可以通过公园 App、公众号反向寻找自己的车辆。

智慧能源

智慧能源与物联网等技术结合，是符合高效、绿色、互动的能源体系，采用数字管理平台收集、净化、蓄能、热平衡、智慧管控等技术手段，对公园内自来水、污水、雨水、太阳能、电能、地热资源进行综合管理，以实现高效、节能、清洁的目的。

公园内 2 个建筑充分运用地热资源，采用地源热泵为建筑供暖。公园内驿站采用光伏屋顶，就近小路设置光伏路面，通过能源管理平台演示光能与电能的转换，既运用了清洁能源又起到了较好的科普宣传作用。公园内健身步道的庭院灯、垃圾箱选用了相应的光伏产品（图 2-136）。

智慧生态

通过对水环境的监测、土壤的监测、气象的监测、虫灾害的监测、动植物种类的观测、微生物的检测，收集生态相关的数据，建立生态公园的数据模型，并对其进行合理化、生态化的干预，以促进悦容公园尽早构建适合自我生长的平衡生态系统。通过收集生态公园自我成长的数据，完善悦容公园的生态档案。生态公园的数据能帮助管理方直观了解悦容公园生态系统，提升公园管理的精细化，提高了公园管理效能（图 2-137）。生态公园的数据也能帮助悦容公园的建造者和设计者校核生态公园的设计并优化今后的生态设计。

图 2-136　智慧能源

图 2-137　智慧生态

智慧绿化

实时更新绿化台账并上传数据中心，根据土壤监测、视频监测等设施提供的数据，结合气候和周边环境的情况进行AI计算、科学分析，实现植物的智能喷灌，给予植物水分及养分的补充，大大提升了植物的生长环境并有效节约了水资源。

智慧共享

公园内实现 5G 全覆盖，为万物智联创造了良好的条件。公园内设置了游客中心、无人售货机、信息亭、健康小屋、智慧公厕、智能广播、智慧灯杆、无人驾驶等共享设施，所有游客均可通过 App、公众号导览位置或预约服务，也可通过手机扫描就近二维码和建筑，获得详细景点介绍或者功能简介，给游客带来便利的服务。公园与周边社区通过数字平台实现共联共享，社区在公园共享设施内开展线下、线上阅读书会、健康知识分享会、演唱会、科普宣贯等活动，丰富社区的精神文化生活。

园内健身跑道的数字化导览可以提供查询健身步道的线路、长度、饮水机、休息站等数据信息，运动者也可以通过 App 查询相关数据信息，制定适合自己的健身线路，同时 App 可以连接运动者的智能手环，提供线路、速度、心跳、消耗能量的综合数据，形成运动健康档案（图2-138）。

压力喷雾、趣味灯光、户外充电、香味泡泡、智能垃圾箱、"小树渴了"等互动装置为公园的游玩增添了趣味性，互动装置的开放时间可在 App 查询预约，形成良好的组织管理（图2-139）。同时公园运用了 AR/VR 技术，让市民能更直观地了解公园实时信息。

(5) 夜景照明系统

悦容公园夜景照明设计以"一河流光映三苑风华，九园光景呈山水神韵"为主题，通过灯光科技的技术手法和丰富的艺术表现形式来表达中国山水园林的美学意境。将人、自然与建筑三位一体有机融合，突出景观廊道区域生态性、城市功能复合共存的活力特征，为未来城市营造一片有机的、艺术的、景苑光影与诗意共融的园林夜景。

①设计原则

灯光设计遵循绿色生态、艺术美学、适度相宜、智慧调控的原则。

绿色生态

保护生态环境，提高照明质量，抑制光污染，节约能源，建立"可持续发展"的绿色夜景照明体系，构筑人与自然的和谐统一，在夜间重塑和再现中国山水园林的精髓意境。

艺术美学

以技术手法营造品质环境，用艺术光影塑造山水空间，使灯光与自然多维度相融，勾勒出静谧的水墨光影。结合城市空间的应用需求和局部景观空间的内在意境，通过智慧调控，整体营造城市绿轴景观生态绿廊的灯光意境——光绘山水，雅致生活。

图 2-138　健身步道

图 2-139　共享设施

适度相宜

适度照明一直是我们追求的原则，作为城市空间的重要生态景观廊道，需要有节制的用光、合理的明暗节奏、严控空间的亮度比，使光与环境相融，形成宁静和谐的写意山水空间，同时适度的照明也是对生态公园的保护（图 2-140）。

智慧调控

通过数字平台综合管控夜景照明，主要分为时间控制、照度控制、色温控制、节日动态场景控制，实现多维度、多场景的灯光模式。智慧平台实时监测能耗、光污染、设备故障，通过平台及时发现问题、处理问题，实现智慧化的管理。

②设计定位

打造中国古典园林的光影典范，借鉴公园人文山水之意境，遵循明暗有序、亮度适宜、虚实交叠、动静交互等原则来营造照明系统，形成光与水墨山水和谐交融，光与城市空间的协调统一。

图 2-140 亮度适宜设计示意

与山水相融

依托自然山水之格局，通过虚实有度、疏密有致的光色渲染，光影倒映水中，光随波舞动。

与建筑相融

中国古典园林是建筑与环境和谐统一。建筑灯光与环境灯光也应相互融合、相得益彰。通过光的明暗对比和光影层次的渲染，使光弥漫在建筑与景观之间，效果自然而意境深远。

与环境相融

精致的园林夜景需要精致的灯具，以呈现与环境和谐的效果。隐藏灯具，以光呈现，精工细作，方见胜景。

与诗意相融

山、水、塔、桥、长堤、古建，一幅自然山水之画卷。灯光需要对各个景观元素进行恰当表现，华灯初上，塔影荡漾，长堤流光……诗意的水墨光影画卷慢慢展开。

③设计思路

悦容公园夜景照明设计一方面从全局的角度，根据景观脉络来设计灯光体系，以光布景，连接三苑，二者相辅相成。另一方面从不同的局部空间主题及特征来考虑，利用灯光的表现来营造不同的夜景氛围。在光的具体表现上，遵循自然的山水肌理，追求光影的诗意表达，通过对景观空间的理解诠释，营造山水园林的悠远意境——远山主峰光芒照，近景山峦光脉连，水影层林光景现，诗意三苑光弥漫，呈现出宁静、温婉、写意的光影空间。

照度分布

从南苑、中苑到北苑以递减的方式来表达从城市共享空间的活力氛围到自然静谧氛围的过渡。南苑的照度设计注重城市共享空间的需求，满足人们活动的需要。中苑突出以白塔为核心的景观视觉，使之成为公园最明亮的景观视点。北苑以功能照明为主，营造自然宁静的氛围。

明暗层次

根据景观的层次关系来设置光的分布，注重轴线灯光的表达及景观元素的主次之分。突出表现重要的景观节点灯光，营造视觉上的亮点，同时注重明暗关系的韵律感与协调性，以表达不同层次空间的景观意境。

光色渲染

整体上以 2500~4000K 色温为主，以淡雅的色调来表达自然雅致的氛围，针对不同的景观元素采用不同的色温，如亭台楼阁类的建筑基本上采用 2500~3000K 色温表现建筑质朴的气质；植物照明则采用中性光 3000~4000K 色温，还原绿植的自然面貌；局部水系采用 3000~4000K 色温，变化表现水的灵动性。

动静氛围

夜景氛围为两种形式。一种是静态的氛围，通过静态的灯光表现自然山水的意境。另一种是动态的氛围，基于公园与城市共融的特性，局部空间增加动态灯光，利用光的动态效果来营造氛围空间，如利用投影的形式表现山泉、树林光影婆娑的动态效果，在层林崖壁上以投影诗词古画来增添文化氛围，在室外剧场周围以色温变化的形式来渲染活力空间等。

④分区设计

南苑：活力共享，光之序列

首先，灯光应遵循南苑的中轴之序礼，从入口的景石、牌坊、廊亭、容景阁，通过层层递进的灯光秩序，来表现景观轴线上的山水园林之意境。轴线尽头，容景阁光影呈现轴线序曲的高潮。其次，基于南苑与周围城市空间的共享关系，光的设计应与周边城市空间相融合，为市民创造一个活力共享的夜景空间。从滨水广场到活力草坪，小桥流水、亭台楼阁尽收眼底。夜幕降临，流光溢彩，为这个城市的夜晚开启序章（图2-141）。

图 2-141 光之序列

中苑：东方园林，光之画卷

中苑的景观定位为"大地诗画，园林集萃"，旨在打造东方的世界园林客厅、国际化的文化交往礼宾空间。

以白塔为核心的三大景观圈层形成群园入胜的自然景观，白塔、楼阁、长堤、小桥、湖水，一幅自然山水之画卷。以光为笔，以色为墨，绘诗意山水。为打造中国园林的典范，灯光应从明暗、空间、层次等方面来营造东方园林的深远意境。

白塔为楼阁式仿砖石结构塔，庄重而不失秀丽。作为公园的核心景观，其灯光应重点表现，使之成为公园的视线核心。白塔层次丰富，结构优美，塔刹、腰檐、斗栱、券门、梁枋、勾栏，每个结构在灯光表现上都遵循建筑的层次关系。同时考虑到灯具的安装对于结构的影响，尽可能实现见"光不见灯"的效果。光色选择上采用经典的黄光和白光相结合的形式，通过明暗相间、虚实交叠的手法来表现白塔的光影效果。同时在白塔周边层林中设置雾森效果，使白塔矗立在云雾缭绕之中，通过灯光的渲染，营造云雾之上白塔圣境的景象。

  塔影园、迎旭台、夕佳台分布在白塔周边，隐于层林之上，根据各自的特征，给予适当的灯光表现，灯光从层林中露出，与白塔遥相呼应。群园以桥相连，桥形各异，光的表达注重其在景观空间中的联系作用，从而形成灯光的纽带。另外在驳岸灯光的表现上，结合周边环境，综合考虑景观空间各项元素的倒影关系，所以在光的明暗、色彩及空间效果的设计上，注重考虑光影在整个画卷中的变化，使之更加和谐而富有意境。

  白塔璀璨，倒映水中，堤岸流光，随波荡漾，一幅充满诗意的光之山水画卷（图 2-142）。

北苑：自然朴风，光之静谧

  北苑景观定位为"林泉得趣，自然朴风"，旨在打造迈向自然的森林田园水乡、未来版的中国式桃花源。灯光设计以功能性照明为主，可根据生态环境的需求实时调整照度和色温，并禁止外溢光，以减少对动植物的影响，保护生态环境，还城市一片黑暗和宁静。局部区域采用生态照明的设计手法，营造氛围。漫步栈道，雾森蔼蔼，水流潺潺，周围的灯光如月光般洒下，引导游人前行，远处的层林中萤火纷飞，一派自然惬意（2-143）。

图 2-142 光之画卷

图 2-143 光之静谧

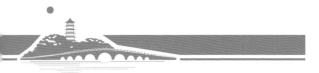

2.7

九师汇众智

1. 亘古通今，风雅九园

（1）复合化的空间与功能是九园生成的客观因素

悦容公园规模约 230 公顷，南北长约 3.2 千米，东西长 600 ～ 1700 米。城市有两条主干道和一条次级道路东西向穿过公园，公园按穿行道路分为南北方向三大段落。根据公园的规模、城市分区带来公园空间段落划分，人口多样化功能需要等客观要求，使公园形成大景苑、中分区、微景园的园林空间结构。

（2）园林集萃，北雄南秀的室外园林大课堂是九园生成的核心动因

悦容公园设计借鉴了山水风景园林中的景观布置原则，参照规模宏大、气势磅礴的山水风景园林，以园中园作为园林空间组织的重要手法，将全园划分为若干个景区和景点，形成大园套小园的格局。同时以园林集萃写意的方式，致敬经典，传承艺术，构成景点或园中园，使得南北造园风格相互影响和渗透，融百家之长，集南北造园意趣，汇经典造园理法之大成，艺术化地再现精湛的园林艺术。以此推进中国经典园林文化艺术的传播，共同讲授栩栩如生、形象生动的中国园林室外大讲堂。

（3）园中园造园理法的运用

园中园的造园手法广泛地运用于大型山水园林中，是一套成熟的大型园林造园理法（图 2-144）。园中园的布局手法运用到悦容公园，有效地处理了整体与局部、宏观与微观、整体

图 2-144　大型园林图卷：唐，佚名《宫苑图卷》
资料来源：故宫博物院馆藏

性与丰富性的关系；若干园中园形成自身有特色的主题园林，有机地组合并布局，落实园林的多样化功能，使全园整体而丰富；在人性尺度的园林设计层面，园中园相对独立，使得大型园林化整为零，在功能、空间及园林景观等方面有自身特性，从园林主题、园林意境、园林功能方面多角度丰富公园宏观结构和主题。

九园是悦容公园的园中园，分布于三苑，构成三苑九园多景点的园林格局，共同形成一幅画卷。利用微丘水系梳理串联全园，连通九园，形成一个规模适宜且由众多园中园组成的有机整体。其边界设置灵活，或开或合，聚散随形，融于山水地貌、芳木花草之中。九园相互关联，均依托微丘水系主脉而落位：北三园随山就势，依托地形围合点缀成景，呈现聚合相依之势；中四园围湖而聚，白塔为核，形成向心聚合之势；南二园开放界面内微丘水系之畔，呈现景城融合之势。

（4）相地合宜，构园得体的布局原则

九园之布局方位选择，以"兴造"的园林故事为线索，以"相地"的山水地貌为基础，遵循统一中求变化及对比协调的思路，形成公园之宏大与九园之精巧、大空间的欢聚与九园的静怡两两对照，创造出闹中取静的园林环境。造园之初的"相地"，贵在"相地合宜，构园得体"，注重造园意境与地貌的契合，注重体量和布局适宜，避免园林布局大而空，过度彰显而孤立。根据地貌关系，得景随形，或傍山林（松风园、环翠园、白塔园、芳林园、清音园），欲通河沼（拾溪园、芳林园、桃花园、曲水园），探奇近郭（芳林园、燕乐园、曲水园），选胜村落（桃花园）（图 2-145）。

（5）无界与有界的空间设计手法

悦容公园的总体规划划定了九园的研究范围和设计范围，旨在引导九园形成融于地貌的无界园林环境与相对独立完整的有界盛景的关系。悦容公园公共部分的微丘水系和森林草坡相对于九园为"无界"的"空""白"，追求气韵连贯的包容性，其地形水系、道路系统、植物组团因为其整体性、统一性特征，联结包容了节点之园。九园着力于"有界"，即公园有聚焦的画面、具备气韵的场所和内聚而静悟的空间。九园聚焦于有界之小，以人性尺度的园林环境，模范山水，写意诗画，重塑咫尺环境而达大观之境。以悦容之无界包容九园之有界，九园设计运用了借景、看与被看、主与从、藏与露等方式，突破园林的边界，融于公园中，达到了公园局部与全局的统一（图 2-146，表 2-6）。

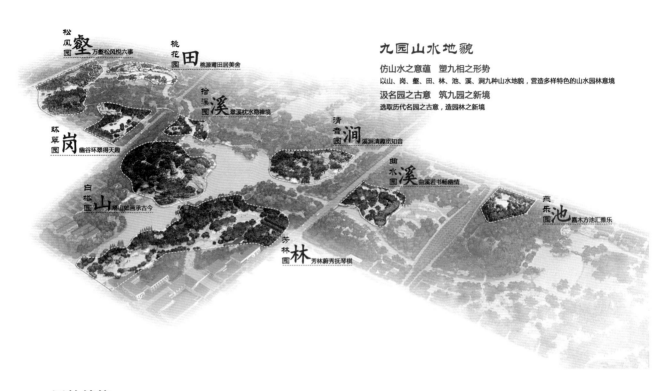

松风园 墅 万壑松风悦六事
桃花园 田 桃源莆田居美舍
拾溪园 溪 翠溪枕水隐禅境
环翠园 岗 幽谷环翠得天趣
清音园 涧 溪涧清趣觅知音
白塔园 山 塔山如画承古今
曲水园 溪 曲溪若书畅幽情
燕乐园 池 嘉木方池汇雅乐
芳林园 林 芳林蔚秀抚琴棋

九园山水地貌

仿山水之意蕴 塑九相之形势

以山、岗、墅、田、林、池、溪、洞九种山水地貌，营造多样特色的山水园林意境

汲名园之古意 筑九园之新境

选取历代名园之古意，造园林之新境

园林结构
LANDSCAPE STRUCTURE

九园——园冶九境

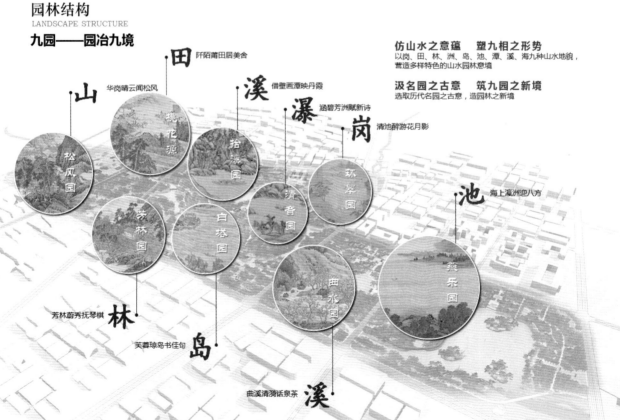

山 华岗晴云闻松风
田 阡陌莆田居美舍
溪 借壁画潭映丹霞
瀑 涵碧芳洲赋新诗
岗 清池醉游花月影
池 海上瀛洲迎八方

松风园
桃花源
拾溪园
环翠园
清音园
芳林园
白塔园
曲水园
燕乐园

芳林蔚秀抚琴棋 林
芙蓉琼岛书佳句 岛
曲溪清漪话泉茶 溪

仿山水之意蕴 塑九相之形势
以岗、田、林、洲、岛、池、潭、溪、海九种山水地貌，营造多样特色的山水园林意境

汲名园之古意 筑九园之新境
选取历代名园之古意，造园林之新境

图 2-145 九园地貌总览图

图 2-146　融入中苑的白塔园、芳林园、拾溪园、清音园

表 2-6　九园概况

九 园	松风园	环翠园	桃花园	白塔园	芳林园	拾溪园	清音园	曲水园	燕乐园
	北三园			中四园				南二园	
园林规模（公顷）	7.8	7.0	5.4	7.3	8.2	3.3	4.2	24	2.1
园林主题	松间六事	幽谷环翠	桃花源记	白塔鸦鸣	风雅芳林	山水禅隐	山水清音	曲水流觞	同乐共享
园林地貌	傍山林	傍山林 / 通河沼	傍山林 / 通河沼	傍山林	傍山林 / 通河沼	通河沼	傍山林 / 通河沼	通河沼 / 近城郭	近城郭 / 傍山林

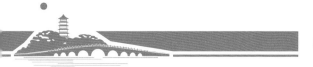
（6）园林故事之九园

一幅《悦容春晓图》，九个精美园林将中国园林之美娓娓道来。以山水脉络为主干，九园位于山水脉络支干，均依丘临水，互为因借，形成三段聚合结构——故事开始于中国园林起源，走向园林之繁盛，展望园林的新时代生态文明愿景——形成上篇"林泉得趣，自然朴风"[52]，中篇"大地诗画，园林集萃"[53] 和下篇"山水续轴，景苑胜概"[54]。

（7）山水脉络之九园

九园的结构——一棵龙腾树，三篇园林诗，九个风雅园（图 2-147）。

悦容公园的连贯中轴，阴阳和合之山水脉络，如"龙飞凤舞"[55]，生根淀泊，枝繁叶茂，郁郁苍苍、生机勃勃之绿树。

悦容公园三进苑形成了三篇园林诗，九个风雅园，共叙园林景盛。

上篇：林泉得趣，自然朴风
自然朴风，有若自然真善美：
松风园，松间六事，风雅守真，离自然最近的隐逸胜境；
桃花园，桃林深处，阡陌人家，现代田园生活的理想范本；
环翠园，芳华翠盖，幽谷之境，师法太行的现代山居意象。

中篇：大地诗画，园林集萃
盛世华章，写在大地上的园林诗：
拾溪园，双溪枕水，水口掩秀，竹林幽深的雅集秘境；
白塔园，再塑名胜，悦容之心，承古续今的城市风景；
清音园，山水涟音，院落清韵，声景共构的林泉幽趣；
芳林园，芳林有界，风月无边，清溪花影的如画佳境。

下篇：山水续轴，景苑胜概
景苑新生，走向未来的共享花园：
曲水园，九曲萦回，水院清心，曲水流觞的当代诗性演绎；
燕乐园，鸟语花香，同乐共享，北派园林奏响现代美好生活。

---

52. 上篇讲述园林之始，隐于山林，宛若自然，体现拙朴之趣，松风拂面，幽谷环翠，偶入桃源深处人家，道出了归园田居的园林自然篇章。
53. 中篇描绘园林之盛，写意山水，精巧绝伦，体现艺术之美——清音入耳，拾溪幽趣，仰观白塔晴峦共构园林之集萃胜景。
54. 下篇畅叙园林之新，描摹山水神韵，重塑城市风景，体现共享之乐，以曲水若书，燕乐共享说风雅之山水大园林。
55. 出自宋代苏轼《表忠观碑》。

上篇：林泉得趣
　　　自然朴风

中篇：大地诗画
　　　园林集萃

下篇：山水续轴
　　　景苑胜概

图 2-147　九园园林故事：一棵龙腾树，三篇园林诗，九个风雅园

2. 北雄南秀，实景讲堂

九园的使命：多维度、多视角地传承中国文化，展示中国园林艺术，生动演绎优秀园林文化。

中国园林文化源远流长，各项园林艺术、技术理论深厚丰富，九园以此为基石，结合时代语境与当代技术，综合运用，融汇发展，形成了九园七十二式[56]的园林造园法式（表 2-7），从明旨立意、掇山理水、借景对景、花木屋舍等方面，通过荟萃南北造园精髓，融会贯通多方智慧，多个角度表现、传承并发展中国园林文化艺术（图 2-148）。

3. 琴棋书画，诗酒花茶

一座园林，几乎可以满足文人们全部的精神、审美和生活需要。园林与生活的连接使园林成为文化传承、传播的标志性空间，而园林亦成为"文化"的活载体。

56. 九是汉语常用字，最早见于甲骨文，其本义表示伸出手掏摸、探究，力求确定内部情况；九又是数之大者，所以又引申为多数；凡是九的倍数通常被理解为很多的意思。悦容公园提出的造园七十二式并非实数，而是意喻中华造园是与时俱进的，是不断发展且无限变化的。

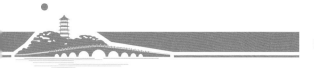

表 2-7 九园主题、法式概要汇总表

九　园	松风园	环翠园	桃花园	白塔园	芳林园	拾溪园	清音园	曲水园	燕乐园
	北三园			中四园				南二园	
园林主题	松间六事	幽谷环翠	桃花源记	白塔鸦鸣	风雅芳林	山水禅隐	山水清音	曲水流觞	同乐共享
造园法式	松风四式	掇山理水十二式	桃园十式	白塔九式	植物意境八式	禅隐四式	清音四式	曲水三式	燕乐五式
	抱朴	峰峦绕舍	逢	再塑名胜	逍遥樱雪	随遇而安	引	一曲至简 一气呵成	相地合宜 构园得体
	守真	幽岫含云	遇	一心双脉	花朝争秀	空灵清净	听	动静交呈 曲境变幻	巧于因借 精在体宜
	研古	平峦翠色	观	群园入胜	薇林艳阳	自性质朴	藏	曲意天然 情景交融	前庭后园 顿置婉转
	求新	云径漫岭	转	旷奥相生	亦乐风荷	幽趣悟真	纳		嘉树甘木 四时生生
		洞窥山色	思	多方组画	枫林醉染				掇山有致 理水欲深
		闲谷流水	眺	因径筑景	夕佳霜色				
		曲岸深潭	游	借壁画潭	锁澜听松				
		云台锁翠	望	四时花木	石台远香				
		柳岸夹溪	赏	承古续今					
		飞瀑漱石	隐						
		鹭立石滩							
		桃花熏渚							

图 2-148 九园造园主题汇总

（1）时代语境下的园林雅集

　　文人园林的普及与造园技艺的丰富，共同造就丰富精美的园林环境，拓展了文人雅士的活动交流空间。同时园林风雅生活也影响了文化活动的发展，经历了独享到众乐的变化，园林生活甚至成为文人高尚生活态度的标签，根植于文化之中。

（2）艺术化环境承载高雅文化生活

　　园林山石流水、四时花木、楼台亭榭形成山水画境式，而其无界的环境又促进了文人"九客"的产生。园居生活中最常做的九件事"琴、棋、禅、墨、丹、茶、吟、谈、酒"称为"九客"，九客雅集促进了文化的传播。人们把"智者乐水，仁者乐山""寒山千尺雪""桃花源"等文化理想与园林环境结合，成为雅集交流场所。从营造庭园、起建亭榭、置石流水到植栽花木等，都折射了人们的文化精神追求，是文人人生哲学境界的寄托空间。归园田居中的寄情山水，思索大道至理，到唐宋时期的园居生活之琴棋书画，再到明清园林繁盛之时，渐渐包含了生活的丰富多彩的方方面面，包括读书、抚琴、品茶、习书、绘画、参禅、吟谈、问道等文化雅事（图 2-149）。随着生活方式的园林艺术化，文化精神得到提升，促进了诗画艺术等文化活动的传播与交流。传统雅集的场所由于九客的发展，形成了以活动为载体的空间，传播文化、交流问道以寄托心灵、陶冶情趣。同时，园林雅集活动也反过来促进了园林多样艺术的发展。园林雅集活动中形成的诗文题名、匾额楹联等成为园林意境的重要表现形式，是园林文化的核心成果。承载固定雅集活动的园林建筑、园林环境甚至形成"范式"而流传，比如"曲水流觞"之曲水，抚琴听曲之"戏台"，观鱼赏月之"钓鱼台"等，皆为满足文化雅集活动而设置，而后亦皆成为园林文化中的经典形式而得以传承。园林与雅集在文化桥梁下融合而共生，是中国园林文化的生命力所在。

（3）面向新时代的绿色开放空间

　　悦容公园的功能活动策划主要有文化休闲、康体健身、教育科普、生态价值、防灾减灾五项重要功能。文化休闲功能，是指依托自然人文风景为核心展开的文化类、休闲商业类活动，可细分为文化交流、休闲娱乐、社会交往、游赏旅游等功能（图 2-150）。康体健身是指在公园中开展的健康生活活动，主要指健身运动、自行车、慢跑散步、广场活动等。教育科普主要指围绕园林大讲堂和绿色生态环境展开的文化艺术和生态自然教育活动。生态价值指围绕公园自然要素展开的观赏活动，比如植物观赏、动物观察等。防灾减灾是指公园提供的开阔空间及地下人防、疏散道路出入口等以城市安全为目的的防灾措施。

　　新时代的悦容九客主要承担的是悦容公园的文化休闲和教育科普功能。悦容公园围绕核心功能，传承"九客"，发展新时代公园的文化教育功能，通过九园与九客的连接，旨在强化传承中国文化、传播文化艺术的核心功能，以期九园通过面向新时代的九客雅集活动，成为公园甚至城市文化交流的代名词——"文化九园"。因此规划形成围绕文化活动展开的四大主线、九项文化功能、多个活动内容的功能框架。四大主线是以"诗书礼乐"为文化主题的功能线索。

古代九雅园林生活

寻幽、酌酒、抚琴、莳花、焚香、品茗、听雨、赏雪、候月

图 2-149 古代九雅园林生活

现代园林生活

养心、养生、养性、康体、阅读、社交、相聚、艺术、耕读

图 2-150 现代九雅园林生活

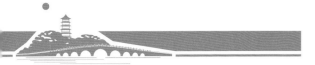

"诗书礼乐"本指先秦的《诗经》《尚书》《仪礼》《乐经》四部儒家的经书。孔子曾曰："《诗》可以兴，可以观，可以群，可以怨。迩之事父，远之事君，多识于鸟启草木之名。"《书》通史知理，明古鉴今，知而自省。《礼》指的是中国文化之礼制，文化传统的制度逻辑。《乐》即音乐、乐曲，是陶冶情操、愉悦身心的高尚艺术。九园功能以此为线索发展九项文化活动，诗之诗文对弈、诗画交流，书之书会、书法，礼之礼仪活动、礼宾交流，乐之抚琴听音、赏自然之乐、享聚会之乐。由此形成了茶室、棋室、画坊、书法展览、读书会、书吧、综合展陈、节庆聚会、礼仪接待、古琴会、戏曲演艺等多项活动，成为悦容九客，分布于九园。九客雅事需要有静雅意境的环境，园林无疑是最好的选择。九园的园林雅集场所以传播文化、养德修身、情景交融为愿景与目标进行空间设计，力促诗情画意的生活与园林的繁荣互相促进、共同兴盛。

（4）悦容九客成为文化交流标志

九客逐渐形成了文化认同的标志性活动代表，也与崇尚山水精神的园林形成了密不可分的关系。雅集的场所作为寄托心灵、陶冶情趣的空间，是重要的精神场所。园林与生活的交集使园林成为"精神和物质"的媒介，园林雅事亦成为传播文化的载体及一种取得文化认同和文化身份的"标记"。园林雅集从独乐走向众乐，由聚会交友演变为交流文化的活动。

九园布局以园林故事为线索，依托悦容公园的大山水地貌，各自形成满足"九客园林雅集"活动功能需求的园林环境。园林活动依托布局，融于园林意境，凭借园林建筑，空间不一，聚散随形，形成了全园园林雅集活动系统（图2-151）。九园园林空间的布局也充分吸取了雅集核心文化，比如曲水园之"书法"与曲水流觞文化；清音园之"琴乐"与山水清音之意境；白塔园之"诗画"与风景名胜之融合；拾溪园之"读书"与隐逸问道；芳林园之"对弈"与自然无界的静思；松风园之"品茗"与松石风骨；桃花园的"耕读"与归隐田园的境界；环翠园之"吟谈悟道"与太行雄浑之气；燕乐园之"花茶赏景"与众乐雅园等。九园造景意境，充分融合环境空间场所与文化雅集活动，使九园成为悦容公园多样化文化传播交流的标志性场所，亦使其成为新区各种文化事件的容纳地和发生地。

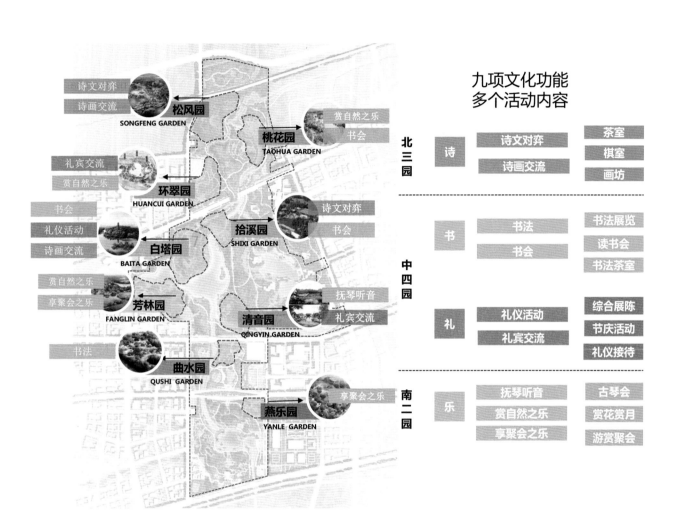

九项文化功能
多个活动内容

诗文对弈
诗画交流
松风园
SONGFENG GARDEN

赏自然之乐
书会
桃花园
TAOHUA GARDEN

礼宾交流
赏自然之乐
环翠园
HUANCUI GARDEN

书会
礼仪活动
诗画交流
白塔园
BAITA GARDEN

诗文对弈
书会
拾溪园
SHIXI GARDEN

赏自然之乐
享聚会之乐
芳林园
FANGLIN GARDEN

抚琴听音
礼宾交流
清音园
QINGYIN GARDEN

书法
曲水园
QUSHI GARDEN

享聚会之乐
燕乐园
YANLE GARDEN

北三园

中四园

南二园

诗
诗文对弈
诗画交流
茶室
棋室
画坊

书
书法
书会
书法展览
读书会
书法茶室

礼
礼仪活动
礼宾交流
综合展陈
节庆活动
礼仪接待

乐
抚琴听音
赏自然之乐
享聚会之乐
古琴会
赏花赏月
游赏聚会

图 2-151 现代九雅园林生活

3

CHAPTER 3

第 3 章

造 园

万物得其本者生，百事得其道者成。

——刘向《说苑》

基于悦容公园设计实践，总结和提炼造园理法，探索中国园林营造法式的传承和发展。

3.1
造园总述

1. 中国古代造园理论

中国古代造园理论分为以下四种类型：一是造园专著，二是理论典籍，三是绘园图谱及画典，四是园林评论。它们共同架构出中国特有的"碎片式、多元化"的园林理论体系。

（1）造园专著

《园冶》是中国乃至世界最早的造园理论专著，著于明代，当时正是中国造园高度成熟时期。计成作为文人、画家与工匠，在完成了大量造园实例后，将造园经验首次系统化、理论化地归纳总结而形成这部专著。

（2）理论典籍

典籍大致可分为三类：一是造园理论，二是花木小品，三是造园实录。著名的有文震亨的《长物志》、李渔的《一家言》《闲情偶寄》、王象晋的《群芳谱》、陈继儒的《岩栖幽事》《太平清话》、林有麟的《素园石谱》、王世懋的《学圃杂疏》、陈淏子的《花镜》、钱泳的《履园丛话》等几十部。在这些典籍里，散落着各种与园林相关的艺术技法和经验。

（3）绘园图谱及画典

描绘园林主题的著作主要包括唐岱的《圆明园四十景图》、沈周的《东周图》和《魏园雅集图》、仇英的《园居图》和《独乐园图》、文伯仁的《南溪草堂图》等。其中最富代表性的当属《芥子园画传》（也称《芥子园画谱》），此书编绘于清初，是一部以介绍中国传统绘画技法而著称的画典，被誉为流传最广的图谱，也是造园必读之书。

（4）园林评论

在不同的时代有许多园林评论，如李格非的《洛阳名园记》等，还有李斗、王军的《扬州画舫录》等，书里也记载了与造园有关的营造技法，这些内容共同构成了一套中国园林独特的造园理论体系。

2. 中国近现代造园理论

中国近现代造园理论成果丰硕，内容丰富，观点万千。首先是陈植的《园冶注释》，他将这部中国古代造园论著详细解读，成为中国造园法典。还有童寯的《江南园林志》《造园史纲》、刘敦桢的《苏州古典园林》、杨鸿勋的《江南园林论》、潘谷西的《江南理景艺术》、陈从周的《说园》《续说园》《品园》《扬州园林》《苏州园林》、张家骥的《中国造园论》等。园林史类还有汪菊渊的《中国古代园林史》、周维权的《中国古典园林史》等，这些著作对中国古典园林的造园思想、营造技艺进行了高度总结，成为新中国园林艺术的经典理论著作。当代中国学界著名学者孙晓祥、唐学山、梁伊任、梁永基、金学智、曹林娣、杜顺宝、刘滨谊、金云峰、王向荣、李雄、杨锐、朱育帆、何昉、成玉宁、王澍、朱建宁、童明等，结合教学研究和实践思考，著有许多见解独到、观点鲜明的论著，为中国园林的发展起到了积极的推动作用。

孟兆祯院士是中国著名的风景园林教育家、理论家和实践家，他的著作《园衍》《孟兆祯文集：风景园林理论与实践》《园林工程》《避暑山庄园林艺术理法赞》等，不仅奠定了中国传统园林艺术和设计课的内容，更是中国园林承上启下的理论指引。《园衍》分为四篇：第一篇《学科第一》，明确了"园林是具有科学性和艺术性的综合学科"，是"一门文理交融的学科"，归纳起来就是"文理相得，以艺驭术"。第二篇《理法第二》，分明旨、立意、问名、相地、借景、布局、理微、封定、置石与掇山共九章，是全书的精华，是继《园冶》之后又一部中国园林设计理论巨著。第三篇《名景析要》，是通过分析中国古代私家园林和帝王宫苑的著名景点，对详细的设计理法的要理进一步分析，给后人以启迪。第四篇《设计实践》，是通过详述作者设计的重点案例，图文并茂地解说设计的理法与成果。《园衍》传承和发展了中国造园理论，建立和完善了新中国园林规划设计理论体系。

3. 悦容公园造园感悟

悦容公园以中国园林"天人合一，师法自然"的理念为指导，以演绎中国造园史纲为脉络，以弘扬中国传统园林文化和造园智慧为核心，以彰显南北园林营造法式精粹为特色，对设计加以总结提炼，以古为源，形成悦容造园的"六章、十二法、七十二式"，探索中国园林营造法式的传承和发展。这是设计之初的要求，也是大家在设计过程中，集思广益，探讨总结的心得体会。

陈从周说"造园有法无式"，孟兆祯说"造园理法相融"……中国造园艺术与中国传统诗画同宗同源，一脉相承，从中国山水精神和哲学的角度，从中国文学的山水诗或绘画艺术的山水画论看，都是有章、有法、有式的，只因同属艺术范畴，所以方法多变，方式多样。据此理解为："章"是造园法式的总纲，是造园的宗旨，是从哲学思维的角度讲造园的基本原则，是造园思想的理论研究；"法"是造园的艺术方法，是艺术理论的总结；"式"是造园的具体手法，是指具体的规划设计方法，以及营造技艺和工法的总结。

(1) 悦容公园造园章法归纳

　　基于以上研究，我们结合悦容公园的规划设计思考，尝试着进行一次对悦容公园造园理法的归纳，总结出悦容造园的"六章、十二法、七十二式[1]"，并试着分析研究（图3-1）。

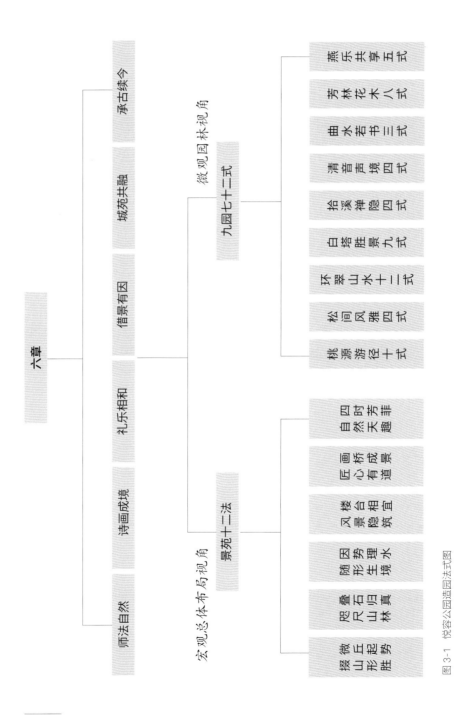

图 3-1　悦容公园造园法式图

---

1. 悦容公园提出的造园七十二式并非实数，而是意喻中华造园是与时俱进、不断发展和无限变化的。

①造园六章

师法自然、诗画成境、礼乐相和、借景有因、城苑共融、承古续今。

"师法自然"和"承古续今"是悦容公园造园的核心思想，树立新时代的自然观，将文化和艺术融于自然，源于自然而高于自然地进行园林创作是悦容公园的设计宗旨。传承中华造园哲学思想和营造技艺之精髓，结合现代科学技术发展中国园林，是传承中的发展，是中国园林人的历史责任。"诗画成境"和"礼乐相和"是公园设计的根本原则，突出诗、画、礼、乐在中国造园中的作用，以画成园，以园入画，以诗显园，以礼治园，是传承中华文化优秀基因，彰显中国园林魅力的表现。"借景有因""城苑共融"是"借"雄安千年大计的历史机会，赋予园林新内涵和新功能，让城市与美丽景苑共生共荣，让百姓乐享其中，这是悦容公园的时代特征。

②景苑十二法

微丘起势，掇山形胜；叠石归真，咫尺山林；因势理水，随形生境；楼台相宜，风景隐筑；画桥成景，匠心有道；四时芳菲，自然天趣。

计成的《园冶》、孟兆祯的《园衍》、刘敦桢的《苏州古典园林》……学者在论述中国造园章法时，都是从园林的布局、叠山、理水、建筑、花木及匾额对联等方面谈起，因为这是造园的基本要素和根本方法。悦容公园要打造雄安的秀美景苑，我们也尝试从以下六个方面分析：一是"微丘起势，掇山形胜"讲公园竖向要因地制宜、随形就势、平冈微丘的"山势一法、山形一法"；二是"叠石归真，咫尺山林"说叠山艺术讲究抱朴归真、山水空间着重神韵意境的"归真一法、写意一法"；三是"因势理水，随形生境"讲因势利导、理水为先、生境再造的"水势一法，水景一法"；四是"楼台相宜，风景隐筑"论厅堂楼阁各有异宜、风景建筑隐于绿色的"古建一法、现建一法"；五是"画桥成景，匠心有道"说二十四桥成画景、舟车通津的"风景之美一法、通之便一法"；六是"四时芳菲，自然天趣"论园林花木的四季花容叶色、风景林地的生态自然的"四时之美一法、自然之理一法"。一共十二造园大法，解说悦容造园之序列和特点。

③九园七十二式

松风四式、环翠十二式、桃源十式、白塔九式、芳林八式、拾溪四式、清音四式、曲水三式、燕乐五式，相加可得九园的造园法式有五十九式。而在除九个"园中园"之外的悦容公园设计中，我们研古习今，广证博引，在充分研究相关造园理论的同时结合多年实践经验，运用多种设计手法进行创作，处理好园林设计中"传统与现代、继承与发展、文化与科技"等关系，故设计手法累计起来绝非七十二式所限。现以七十二为数，以指其数众多，意味中国造园之法是变化多样的，是创造无限的。

这是一次雄安众智众创机制的成果，这是一次中国园林新时代营造理法的学术研究，这是一次探索中国园林传承与发展的努力，我们谨此向经典致敬！

3.2
造园六章

1. 师法自然

"师法自然"是中国造园的根本宗旨，是中国人向往自然、热爱自然、追求人与自然和谐统一的思想，这是东方人的哲学观，反映了中国人与自然相亲、相近、相合、相融的关系。中国著名园林学者金学智先生在《释"自然"》一文中分析到："中国美学里的'自然'，内涵极其丰富。它基本上可分为三层意思：其一是天然，非人为的，如大自然、自然界、自然物等概念中的'自然'，它往往是艺术仿效或表现的对象；其二是虽有人为，但不造作，是非勉强的，近乎天然的，自自然然，如风格自然；其三是作为道家哲学范畴的'自然'。这三个层面，又是互为关联的。"

新时代的"自然观"是树立尊重自然、顺应自然、保护自然的生态文明理念，走绿色可持续发展道路。现代中国园林不仅注重园林景点的创作及山水空间环境的营造，也注重广义自然之道，即自然生态环境的系统性、整体性、平等性等。师法自然的含义是向自然学习，学习自然之外象，也学习自然之道。

（1）师法自然之道
①绿色发展，践行生态文明思想
习近平总书记在十九大报告中指出，生态文明建设是中华民族永续发展的千年大计，必须树立和践行"绿水青山就是金山银山"理念。将"绿水青山就是金山银山"理念写入党章，生态文明纳入宪法，形成系统性的习近平生态文明思想，是习近平新时代中国特色社会主义思想的重要内容。《河北雄安新区规划纲要》明确指出，要走绿色可持续发展道路，营造宁静、和谐、美丽的自然环境，全面提升生态环境质量，建设新时代的生态文明典范城市。这是雄安的建设大法，也是悦容公园规划设计必须遵循的上位规划，是公园设计的根本原则。

②强调整体，统筹生态系统和"三生"关系
统筹"城水林田淀"系统治理，统筹生产、生活、生态三大空间，是雄安建设落实生态文明战略的具体措施。"城、水、林、田、淀"是雄安的生命共同体，城（人）的命脉在田（土地），

田的命脉在水，水的命脉在淀，淀的命脉在林。"城、水、林、田、淀"在传统的空间内涵上，属于不同的空间系统，互不交叠，但相互依存，是有机的自然生态系统，与人类共同组成了一个有序的"生命共同体"。悦容公园是这个生命共同体的重要环节，公园打破传统造园方法，向开放共享、城苑融合转变，向全民服务多元活力转变，向现代科技智慧园林转变，实现从苑中之园到城中之园的进化，以国际化的东方园林，使公园从"有界"走向与城市融合的"无界"。

③生态修复，构建具有生命力的生态格局

修复生态系统是悦容公园的首要任务，要从宏观层次构建蓝绿空间格局，强调与公园生态格局的创建，以生态廊道连接、生态群落塑造、水系统环境改善为目标，设计了近自然的城市森林，采用了弹性调蓄雨水管理策略，营造了局地微气候等，实现尊重自然之道，顺应自然之理，形成公园良好的绿色基底。

容城地沃川平，田园秀美，具有淀泊风光，是园林创作的自然依据和最佳素材。研究地形地貌，调查人文历史，必然是造园的第一步。公园场地野趣优美的"霞壁"坑塘、平坦开阔的华北田园、芦荡荷香的水乡白洋淀、壮美的千年秀林，这些原真自然的力量让我们深深感动。构建一河（生态河）两湖（文化湖、活力湖）的河湖共生的生态廊道，形成弹性生长的河流消落带，通过近自然植物群落的设计方法，营造丰富的生境和多样的生物栖息地，再结合城市防洪排涝体系和海绵系统，采取建造具有弹性调蓄、源头净化雨水功能的海绵绿地等措施，从而完善生态基底，融合城绿关系。

（2）师法自然之境

中国人自古以山水比德，以自然之外象寓意文化之内涵，自然就成为"文化的自然"。自然之境的"境"是指"境界"，以造园表现人们对自然的感悟，对人生的理解，对善恶的扬弃等，故自然之境是园林的最高境界。师法自然之境，成为雄安塑造城市特色风景的法宝。悦容公园从系统布局到景点营造，是以文化融入自然，以艺术写意描摹自然，源于自然而高于自然，强调主观的意兴和情感表达，注重园林的精神内涵和自然写意，以"林泉之趣"而获"山水之志"，达到人与自然的统一。

悦容公园规划提出"大美雄安、中轴礼赞、筑梦桃源、秀美景苑"的理念，延续尊重自然的中华造园智慧，通过重塑公园地形间架，形成北中轴气韵连贯的山水之势、阴阳和合的礼序山水，使山水成为"文化的自然"。

依托历史名胜"容城八景"，以"白塔鸦鸣""古城春意""易水秋声""白沟晓渡"为景点蓝本，创作具有历史人文美感的景点，展现容城具有代表性、深入人心的自然景观和人文景观。"新白塔鸦鸣"研究塔与园、塔与城的关系，构筑城市新的天际线，成为延续历史文脉的城市新风景地标。

中国园林是以自然山水为创作主题思想的园林，始于魏晋，盛于唐宋，成熟于明，于清代达到高峰。以中国园林经典故事为线索，创作九个园中园，以实体艺术的传播手段，共同构成形象生动的中国园林室外大讲堂，传承中国园林文化思想。

(3) 师法自然之韵

中国园林艺术理论深厚、手法多样，"虽由人作，宛自天开"是中国造园的艺术法则。当自然山水成为人们自觉的审美对象，自然就成为"艺术的自然"。师法自然的造景艺术，以微丘水脉之形胜、林泉诗画之美、四时季相之美，突出悦容公园的园林艺术美。

研读中国园林史可知，祖国的锦绣山川是构成中国古典园林持续发展的宏观自然背景，其中自然生态良好、景观优美的田野、山川、河湖、岛屿、植物等，不仅成为园林地形地貌的模拟对象，也为兴造风景式园林提供了优越的自然条件，是园林艺术取之不尽的创作源泉。中国园林讲究"外师造化，中得心源"，即向自然学习，通过模拟自然山水，达到"城市山林"的意象，创造可游、可居、可赏的园林空间。

悦容公园设计借鉴中国山水园林的创作方法，通过写意与写实相结合，构建了"一心见山水，三苑呈画卷，五介融城野，七美塑兹园，九师汇众智"的风景园林体系。公园规模宏大，划分为若干个景区和景点。以中国园林历史故事为脉络，演绎中国园林的文化；以为民服务为核心，表现现代园林的综合功能；以园中园作为园林空间组织的重要手法，形成大园套小园的格局；并以园林集萃写意的方式，构成景点或园中园，使得南北造园风格相互影响和渗透。融百家之长，聚南北造园意趣，集经典造园理法之大成，作为发展中国园林艺术的具体实践，是悦容公园的又一目标（图 3-2）。

2. 诗画成境

"所谓园林意境，是园林艺术追求的最高境界，它依赖于空间景象而存在，当具体的、有限的、直接的园林景象融汇了游览实用的功能，融汇了诗情画意与理想、哲理的精神内容，便升华为本质的、无限的、统一的审美对象。"[2] 中国古典园林的营造深受山水诗和山水画的影响，不仅追求物质空间的山水艺术之美，更重要的是创造想象的空间，在心理层面使人们将相对局促的园林空间与恢宏大气的自然山水联系在一起；寄情于景，通过含蓄的方式传达人们内心的思想和精神的追求。这种崇尚自然和人景合一的审美境界与现代造园追求的生态自然、以人为本的理念一脉相承。由于时代的发展和生活方式的变化，园林扮演的角色发生了巨大的转变，它以更开放的姿态融入城市空间，承载更综合的城市服务功能，融入大众生活。在悦容公园中，我们将探索诗画之意境审美在现代园林空间和城市美学中的运用和延展，融合理性空间布局和组织方式，创造更多维度的审美，实现"跨界"的艺术表达，融铸现代意义的园林意境。

(1) 一幅气韵生动的山水画卷：具有全局观的绘画空间理念

① "以大观小"的整体空间布局

悦容公园以自然为要素，以大地为基底塑造园林空间，如气韵连贯的山水画卷，整体气势宏大流畅，理微点睛之处更显生动。公园的"一河两湖三进苑"的规划结构，犹如中国传统国

2. 杨鸿勋：《江南园林论》，上海人民出版社。

图 3-2　悦容公园鸟瞰图

画长卷,微丘河流为脉络,以南北连贯、整体流畅的气势通向城市中轴;两湖是画眼,形成公园之核心;三进苑为长卷画之段落,特点鲜明,北苑林丘连绵藏园林,中苑山水灵秀园林集萃,南苑大开大合共享园林,形成了融于蓝绿微丘水系的写意山水园林集锦。

②从"留白"到无界园林

无界之于园林,如山水画中的"留白"。白包容"有",虚实相生,"留白"扩展了园林的"界"域,进使之入混沌融合的状态,进而达到"笔尽而意无穷"的艺术境界。悦容之无界在于各个园中园布局看似有界,实则通过地貌相连——起伏有致的山形,勾连萦绕的水系、游径,通达弥合的路径交通,开合有致的植物群落,亭榭楼台多形式的园林建筑组合,运用借景与对景、藏与露、虚与实、小与大等造园法式,消隐了园林之界,从而达"求真,求知,求无我之道"的精神境界。各景点环境如画之局部,融糅为整体,达到了公园局部与全局的统一。

(2) 一个多维度艺术化的园林:兼顾美感与功能的多元艺术表现

园林是综合性的艺术,是多维审美体验的叠加,是有生命活力的艺术形式。

中国古典园林的艺术形式"包括:作为语言艺术并诉诸观念、想象的诗或文学;作为空间性静态艺术并诉诸视觉的书法、绘画、雕刻以及带有物质性的建筑、工艺美术、盆景等;另外,也还有作为时间性动态艺术并诉诸听觉或视觉的音乐、戏曲等……建构着一个集萃式的综合艺术王国"。[3]

从现代园林的角度来说,人们的审美意趣和追求已发生变化,除了古典园林所涵盖的艺术形式范畴外,随着文化和科技的发展,园林的艺术表现形式更加多元广泛。同时,意境的营造离不开与人的互动和园林空间功能的实现,园林将不仅仅是体现审美精神的艺术品,它与生活的关系将越发紧密。悦容公园在统一的山水格局之下,塑造不同主题和意境的园中园,诗画之美将以多变的姿态,渗透人们的日常生活。

①诗画为境

古典诗词和绘画浓缩汇聚了我国古代的文化精粹,是人文之脉、意境之源。古典诗画不仅是古典园林的创作蓝本,也是现代园林环境营造的灵感来源。悦容公园多处景点取意古典诗画,结合不同的自然样貌,营造多样的文化主题意境。同时,恰到好处地与园林生态、休闲游憩、配套服务、文化展示等现代功能需求进行融合,以此激活古典诗画意境的生命活力。

北苑"芦荻秋晚"湿地景点,取意《诗经·蒹葭》,为营造生态净化和生境功能的湿地赋予了古朴浪漫的诗意。"自然童行"儿童乐园设计从《村居》《春日暄甚戏作》《小儿垂钓》等五首田园嬉戏诗歌中提取中国传统文化中的游戏场景,引入现代游戏装置和游戏场地,将儿童活动功能融入环境,重塑老幼皆喜的田园牧歌般的自然场景。

---

3. 金学智:《中国园林美学》第二版,中国建筑工业出版社。

②乐音为境

中国传统戏曲深受中国的诗词、绘画、书法以及传奇、小说的影响，处处散发着浪漫主义精神，是"传情达意"的绝佳艺术载体。园林与戏曲和音乐的融合自古有之。园林是音乐戏曲表演的空间载体，实体园林空间与虚构的戏曲情境虚实相生、真幻交织，一脉贯通，极致地表现了浪漫主义抒情艺术。悦容公园南苑的牡丹台，位于东侧高点，是百花洲景点的高潮。草坪环绕，假山筑台，层层递进，在花神簇拥下的牡丹亭中，一曲实景昆曲《牡丹亭》在此上演。园林与昆曲实现完美融合，舞漫亭台，园曲合一，为游客带来一种全新的沉浸式体验。一唱三叹的昆曲腔，让游客醉心其中，感古人情怀，品文化雅韵。

③光影为境

夜晚的园林独具静谧的氛围和艺术可塑性。在灯光的烘托下，空间将呈现与白天截然不同的纯粹质感；在现代科技的加持下，智慧灯光技术能够为其创造多变的主题和意境。悦容公园灯光设计以"一河流光映三苑风华，九园光景呈山水神韵"为主题，通过照明科技的技术手法和丰富的艺术表现形式来表达中国山水园林的美学意境。

④虚拟为境

数字化科技和虚拟现实技术使园林意境的塑造不再受实体空间的限制，同时大大拓展了意境营造的可能性。

悦容公园园林艺术馆位于中苑湖中仙岛，其环境本身即为一座精美的水上园林。主体功能性建筑全部藏于岛下及水下，体量之小和意境之浓有别于传统意义的博物馆。地下展厅强调参观者的代入感和参与性，将实体展陈空间转换为虚拟数字化展示，结合现代技术实现传统园林四季及日夜变化的展示。游客仿佛同时进入现实与虚拟并行的两座园林。

中国园林之美，美在意境。在深刻体味和理解融诗情和画意于一体的古典园林意境的基础之上，我们需要吸收和传承其空间营造方法和内在逻辑，营造富有人文美感的当代自然风景园林。悦容公园中并没有历史遗迹，也不是古典园林，但因其丰富的历史文化积淀而意境深远。从古容城八景到新悦容十八景，从白塔鸦鸣到塔影栖鹤，不同时代的园林意境和艺术表达方式演绎并延长了园林的时空体验，诠释了悦容公园的诗画新境。

（3）礼乐相和

中国的礼，从"天人合一"的理念演化而来。"礼，天之经，地之义也，民之行也。"[4]"礼，治国家，定社稷，序人民，利后嗣也。"[5]礼制制度体现的是宇宙与自然的规律，强调了宇宙自然与人类社会的"合一"关系。"礼以导其志，乐以和其声"[6]，礼乐相辅相成。"乐"的本质是和谐，体现人性关怀的审美理想，以亲切的、富有艺术感染力的空间景象来陶冶人的性情，调和人们之间的关系。

4. 出自《左传·昭公二十年》。
5. 出自《左传·隐公十一年》。
6. 出自《礼记·乐记》。

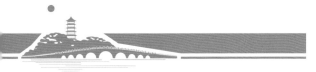

以"礼乐和谐"为核心精神的中国儒家思想,从各方面深刻影响着社会形态和人民生活,推动着中国古代政治、文化和艺术形式的发展。中国传统建筑以及古典园林作为文化和艺术的载体,不仅体现了当时当地的科学技术、自然环境,更反映出中国人的哲学思想、价值观念、社会形态和生活方式。从城市规划格局到建筑形制以及园林营造方面都有深刻的体现。

"中国建筑体现出的是伦理、心理的和谐,它是人文的,重在求善的;西方侧重的是建筑的物理属性,追求的是物理、形式的和谐,它是科学的,重在求真。"[7]

时代变迁,初心不改,文脉不断。中国传统园林及建筑作为最具有代表性的文化遗产,其"礼乐"相合的空间形制,具有深厚的文化意义,直接地表达了中国文化及中国园林精神的内涵,具有传承与发展的重大意义。悦容公园作为雄安新区起步区中轴线的北延伸段,承担着展示中华文化、传承中华基因的使命。公园规划采用"中轴承礼,两岸同乐"的思路和结构,演绎"礼乐相和"的当代园林。

①以礼塑轴,中华之序

礼是古典的精神,使人敛肃,在空间塑造中通过秩序之美体现人的修为和对自然的凭借。悦容公园在总体布局上讲究左右对称、相对平衡的和谐空间之美,形成塔阁亭榭居中轴、山水园林层层递进的景苑布局,以中正之气、主从秩序形成悦容中轴的气韵,传达中国文化中"礼仪、秩序"之美。

②景苑承礼,园林之续

景苑沿中轴线展开,山水承礼,在微丘起伏之上,深入研究空间尺度及比例关系,点缀古典园林风景建筑和礼制建筑,实现在葱郁秀林下的礼序之美。重要园林环境运用象征比喻,松岛迎宾、山石怀古、阁楼点轴,井然有序,主从有别。公园中轴景点布置虚实结合,强调"礼"制序列,增强仪式空间的体验与内涵。园林建筑也成了传承中国礼制的载体,形成具有中国传统之韵的园林建筑格局。园林古建筑遵从古建筑形制章法,以营造之法式为纲,强调轴线与主从关系,纵向层层递进,左右均衡对称、主从有序、层次分明。

③和鸣为乐,与民同乐

"乐"是浪漫的精神,重在陶冶内心情感。悦容之乐体现为自然和鸣之乐与人文风雅之乐。在塑造中国园林山水画卷的同时,充分考虑人与自然的和谐共生,将人类对自然的理性认识、伦理态度和审美情趣有机统一起来,营造具有人文属性的自然生境。选用"园中园"体系并设置两翼共享园林过渡带,着重营造人性尺度的园林活动空间和风雅的人际交往场所。"乐"便由此产生,正如孟子所提倡"与民同乐",认为"独乐乐"不如"与人乐乐""与众乐乐"。

7. 刘月:《中西建筑美学比较研究》,博士学位论文,复旦大学,2004。

悦容公园的设计打破园林风格的界限，兼顾北秀南雄，不但传承了北方皇家园林的造园传统，又体现了江南园林的高深造诣。景观布局中不仅有严谨突出的轴线布局，体现了礼序之美，也有体现自然感的均衡布局和人性化的园林空间，充分体现礼乐和谐思想（图 3-3）。最终希望达成礼制美、自然美、人性美高度融合统一，成为一个开放、包容，多元艺术共融的载体。

（4）借景有因

"借景"是明代造园学家计成的名著《园冶》中极为重要的一章，也是他重要的创作思想方法。他在《园冶》开篇"兴造论"中首先提出"巧于因借，精在体宜"的创作原则，有专门"借景"一章，开宗明义地提出"构园无格，借景有因"，还说"因借无由，触情俱是"，在全书结尾又强调"夫借景，园林之最要者也"。于是在后来的 300 多年来，"借景"成为中国造园学通用术语，借景之术成为园林设计之常用技法。

孟兆祯院士在《园衍》一书中明确提出中国园林的"设计理论和手法经常是难以分割的"，但中国园林设计序列与西方不同，并总结出《园衍》六法——以借景为中心环节，以"明旨、相地、立意、布局、理微和余韵"为主要环节的设计序列，将理论和技法互相融合，并结合实际案例进行分析推演。他在书中进一步阐述说"借同藉"，凭藉（借）什么造景才是借景的本意，而非借用之借。他的"园衍六法图"是以借景为中心的正六边形，六边是"立意、相地、问名、借景、布局、理微"，既互相串联又对应互补，为中国园林理法序列提出独到理论。他的学生朱育帆评价《园衍》"在学术上解码了中国园林文化的核心逻辑，创立了一套总括中国传统内质的园林规划设计理法体系；在研究方法论上例释中国园林文化以探究中国园林的底蕴；在教育思想上致力于传承中国园林文化，以授业、解惑、启智、育人为己任"。

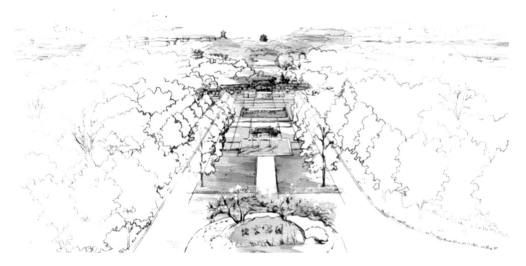

图 3-3　悦容公园轴线鸟瞰

①藉以思想

藉以时代，循大势

雄安新区设立是中华民族在伟大复兴之路上有标志意义的历史事件。

打造"雄安质量"要求"坚持世界眼光、国际标准、中国特色、高点定位"，坚持生态、绿色发展，坚持以人民为中心，注重保障和改善民生，坚持保护和弘扬中华优秀传统文化，延续历史文脉。要求把雄安新区建设成为绿色生态宜居新城区、创新驱动发展引领区、协调发展示范区、开放发展先行区、创新发展示范区。这是国家战略，是民望所归，是中国园林人的时代机遇，悦容公园借势而出，必将承上启下，慰藉民心。

藉意中轴，延文脉

按照新区总体规划，悦容公园位于起步区南北中轴线北延伸段，承担着轴线传承的重要作用。雄安新区与北京古城一脉相承，南北向轴线是"千年轴"，是潭柘寺与太行山贯穿的轴线，是千年大计的轴线；东西向是"人民轴"，是西起人民广场，中间经过雄安中华民族复兴碑，正对雄县古城的轴线。千年轴与人民轴交汇处将营造一座山水城市——雄安。这源于中国传统文化关于城市建设的"山川定位"立轴线的哲学思想。雄安南北中轴展示历史文化生态特色，空间布局强调中轴对称，中轴线上规划的中华文明馆、中华复兴馆、中华腾飞馆，将是传承中华文化基因的核心轴。悦容公园借此机遇，研究中华园林文脉，传承中国园林造园智慧，弘扬中国人的新自然观，使之成为展示中国传统文化特色的雄安生态画卷的重要组成部分。

藉古得今，塑地标

容城自古为燕南赵北，人杰地灵，文化深厚之地，悦容公园就坐落在历史上"容城古八景"之一——"白塔鸦鸣"位置上。容城古八景记录了昔日容城自然风貌的四时美景和独特的人文风景，描述了华北水乡的秀美胜景。今天雄安成为世人的焦点，借古喻今，重塑历史名胜，再造以新"白塔鸦鸣"为核心景观的悦容公园，为城市塑造新的风景名胜，彰显地域文化特色，打造雄安悦容新地标（图 3-4）。

②借以法则

因借无由

借景必有因，借景亦无由。因地制宜、因时制宜、因事制宜、因势利导……这里"因"是遵循规律与事件原因，顺势而为，是说园林规划设计的借景必然是有原则的，但是原因和方法一定是多样的、可变化的。

悦容公园的借景原则主要有"因地制宜"和"因势利导"。现状调查发现场地取土坑塘大且深，面积约有 19 公顷，坑深约 10～13 米不等，取不填不埋，蓄水为湖，庭园如画，因势利导，借水成山之法。城市防洪排涝河道贯穿公园南北，顺势而为，理水筑山，弹性河道可涨可落，生态稳定，生物多样，生活多彩。

图 3-4 新"白塔鸦鸣"

四时之借

园林之美，美在四时。春夏秋冬，四季更替；阴晴雨雪，变换无穷。景在四季中产生，景在四季中变化，所以"四时之借"是公园借景的首要方法。借四时就必须是"应时而借"，例如悦容公园的白塔园四周丘林环绕，植物是造景的主角，发挥植物四季物候变化产生的季相，春花夏荫，秋叶冬枝，在四面坡上展示着四季更替的画面，达到"收四时之烂漫"。

互相资借

园林是多维空间的综合艺术，园林要有空间层次、景物虚实、故事主次、山水开合，所以借景是连接以上各种艺术手法的核心手段。从空间方位上说有远借、邻借、仰借、俯借等；从景物虚实上说有真借、假借；从故事主次上说有明借、暗借；从山水开合上说有借形、借神。所有借景又是相互联系，是互为因借，互为资源的（图 3-5）。

悦容公园南北轴线遵循皇家园林的建筑空间法则，以归真台—白塔—容景阁—悦容台—牌楼等核心古典园林建筑自北向南组成序列控制点，这些景点建筑恰恰形成了互相资借关系，从空间方位上体现了远借、邻借、仰借、俯借等设计手法。

公园主景——白塔，是借与被借的典范，公园借白塔为风景地标，白塔向南远借中轴中华文明馆，邻借归真台和容景阁，互成对景借景；塔下山间东台迎旭景点仰借白塔，不仅借塔影形成公园背景，框景如画，还借塔铃声，引人入胜。

图 3-5　悦容公园借景手法

悦容有九园，由国内著名园林大师创作，是以中国园林史纲为脉络，以各自独特的造园手法设计，体现九个不同的主题故事。如何借题发挥，可以说是明借、暗借各不同。松风园，暗借松间六事，表达园林的风雅守真；桃花园，明借《桃花源记》，表达现代田园生活的理想范本；环翠园，明借太行拥翠，体现现代山居意象；拾溪园，明借雅集秘境，体现禅修悟道；清音园，暗借林泉幽趣，表达山水有清音之意；芳林园，明借清溪花影，表达风月无边之境；曲水园，明借曲水流觞，演绎当代书画诗性；燕乐园，明借北派园林，表达同乐共享的幸福生活；白塔园，明借"容城八景"，延续文脉，彰显地标，重塑城市风景名胜。

③借以成境

园林要有情有景、有意有境，从文化上说就是借景抒情，由借景立意。中国园林设计有"三境"：生境、画境、意境。追求象外之象、景外之景、境外之境，"意境"是园林的最高追求，而意境的构成有物质的形与色、光与影、声与香，还有精神的情与意、爱与恨、美与丑。

悦容公园北苑借造湿地浅滩、芦荻秋风之景，表达《诗经》中"蒹葭苍苍，白露为霜。所谓伊人，在水一方"的美好意境。中苑因山就势，双湖合璧，借水形寓"鹤鹿同春"之吉祥如意，展中华文化经典。南苑借"一池三山"之经典布局，呈现蓬瀛之境；借湖光山色，借四时百花，借人文故事，表达诗意栖居的美好生活（图 3-6）。

意的再提升就是境界的追求。悦容公园规划设计就是借中华复兴之思想，借造园表达中国人的山水精神，借造园研究中国园林营造法式，从而实现当代中国园林的担当与追求。

图 3-6　悦容公园借景关系

（5）城苑共融

悦容公园位于雄安新区北部容城组团，容城与容东片区之间，是贯穿容城组团南北向城市空间的重要生态景观廊道。悦容公园的规划设计不是一个简单的公园设计项目，而是以雄安新区建设为契机，探讨如何实现"城中有园，园中有城"的城苑共享关系和城绿交融的特色城市风貌这一实践命题。规划设计从生态体系构建、城市空间协调、基础设施协同、功能和风景的共享等角度，聚焦以人民为中心的公园城市系统完善，赋予公园生态、文化、活力等多个层面的意义，提高生活品质，激发城市活力，提升城市价值。

①交织共融的生态格局

设计从生态环境和城市绿地的系统性出发，准确落实悦容公园在起步区生态绿地系统格局中的定位，组合、串联多元自然生态空间和绿色开敞空间。悦容公园通过南北向构建区域级蓝绿网络，实现绿地的生态廊道、城市风廊、城市排涝、海绵调蓄等生态功能，以回应城市生态安全要求；东西向的生态景观通廊向两侧城市延伸，构建起城市街区级的绿地系统，最大化发挥生态绿地的价值。

②协同共融的基础设施

构建与城市大市政交通系统结合的公园综合体连接系统，规划协同城市交通系统、水系统、市政综合管廊体系等要素，形成城与苑共生共融的网络关系。通过市政设施与城市公共空间的融合，实现空间的连续性和可达性，提高空间的使用效率和公共活力。比如在悦容公园中构建

一体化的城市级自行车系统，不仅保证了城市慢行系统的高效便捷，也提升了悦容公园的可达性，并创造了独具园林特色的慢行体验空间。而东西向穿越公园并联动街区的"九廊"系统，既是公园漫步道的一部分，也是缝合两侧城市的风景连廊。

③渗透共融的人文风景

悦容公园如同一幅中国山水长卷悬于城中，微丘起势、秀林葱郁、楼台掩映，为容东和容城注入了极具中华气韵的园林风景。白塔，作为悦容公园的景观标志物，更是承载着历史记忆和地方文化的城市精神标志。我们充分研究公园与周边城市的空间关系，通过"借景""对景"等传统园林理法打造园林风景视廊，同时有节奏地打开园林与城市的界面，充分使风景渗透城市，"提升城市空间品质和文化品位"。

④互补共融的复合功能

悦容公园的上位用地规划打破了传统规划中公园绿地与城市开发用地泾渭分明的方式。东西两侧的城市开发地块嵌入公园，根据悦容公园周边城市开发地块的不同功能属性，有针对性地植入多元复合的服务及游憩功能，成为城市公共事件的发生地，实现与城市功能的互补。公园绿色开放空间与城市文化、体育或娱乐活动相结合，构建市民参与休闲活动、亲近自然的户外客厅，充分发挥其公共服务属性，联动容城与容东新区，构建以园林为载体的城市活力核心。适当预留了弹性绿地以满足临时活动、事件所需要的空间，也为城市未来的发展提供可能。以符合悦容公园"中国园林风貌"的形式，构建各类特色服务建筑，不仅满足市民的游憩需求，也提升了公园的活力和文化艺术品质，使开放复合的公园成为城市之"景苑"。同时充分挖掘古典园林活动的当代价值，引领人们重拾"琴棋书画"等风雅园林生活方式，切实提升人民的幸福感和获得感。

⑤多维共融的城园边界

悦容公园占地约 230 公顷，是具有一定规模的综合型城市山水园林，它具备游赏型空间和社区公园的双重属性，因此公园边界将成为日常生活中最具活力的过渡带。共享界面连接街区与景苑，具有城市街区和公园双重属性。混合的功能、相互渗透的街与园，多功能的接入，模糊了城与园的关系，激活了城市与公园的过渡带，打造出尺度宜人、开放可达、亲切自然的人性化园林公共空间。本着高效共享和以人为本的原则，规划将慢行系统、公共服务设施、园林艺术展示空间、商业休闲空间融入城苑过渡带，东西方向强调联结，复合联动城市片区，南北方向贯通统一界面，形成"3+5+X"的共享界面模式，从而实现了园与城的多向渗透融合（图 3-7）。

未来的悦容公园将以人性化的温暖姿态，展开与自然的对话、与城市的对话、与你我的对话。

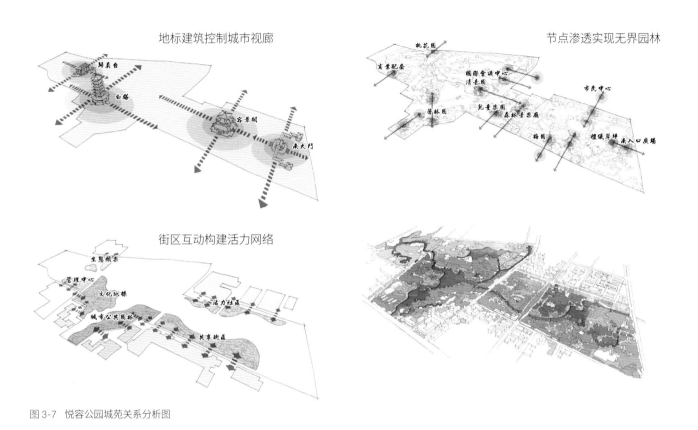

图 3-7　悦容公园城苑关系分析图

（6）承古续今

传承有道，发展有脉，创新有源。中国古典园林是优秀的中国文化瑰宝，是中华优秀文化中"天人合一""道法自然"理念的最佳阐述，是中国人崇尚自然、对隐逸田园与美好生活之向往的具体表现，是中华民族最基本的文化基因，是中国园林发展的"根与魂"，当以郑重传承！但是随着时代发展和社会的进步，中国园林也必须要与当代文化相适应、与现代社会相协调，要沿着中华文化脉络发展中国园林，要以中华文化基因为源泉去创新中国园林，走出一条中国园林发展创新之路，这无疑是新时代中国园林人的历史责任！

①承古

坚持鲜明的"中国面孔"

《河北雄安新区规划纲要》提出，要"坚持中西合璧、以中为主、古今交融，弘扬中华优秀传统文化，保留中华文化基因。塑造中华风范、淀泊风光、创新风尚的城市风貌"。新区规划坚持保护弘扬优秀传统文化，延续历史文脉，要求每一棵古树、每一幢古牌坊等都将有机嵌入公园、绿地等，使城市与历史文化传承有机融合、相得益彰，构筑富有特色的城市印记。悦

容公园规划将以"容城古八景"为历史依据，打造以"新白塔鸦鸣"为主景的具有代表性的自然和人文景观，兼具生态修复、防洪排涝、休闲游憩、文化活动等多种复合功能的现代公园。建设将集中展现中国园林艺术的造园精髓，努力使公园成为容城的文化新地标、雄安美丽的"中国面孔"。

"天人合一""道法自然"是中国园林创作的根本思想

从意识形态层面看，中国传统哲学的主流儒、释、道三家学说，深刻影响着中国古典园林的发展，也是中国传统文化的三个坚实支柱。中国的哲学和美学史上，自然属于极高的哲学范畴，对道家学派而言更是如此。《老子》二十五章中"人法地、地法天、天法道、道法自然"辩证地阐述了人、地、天、道、自然之间的关系，即人取法于地，地取法于天，天取法于道，道取法于自然。道，大而玄奥，生成了天地万物。中国古典园林的自然之道，就是向自然学习，效法并顺应自然。

中国古典园林是人工制作的、有目的、有意图的艺术作品，虽然园林的最高境界是自然的，不造作的、非勉强的，呈现近乎天然的艺术风格美。但是每座园林都承载着时代思想，受到多种艺术和技术等的影响，也有各自不同的功能定位。所以，园林是不断变化发展的。继承中国古典园林的造园思想，发扬中国园林诗画造园的艺术手法，学习古代能工巧匠的营造技法，是园林发展和创新的动力源泉。

向经典致敬，学习造园法典《园冶》

罗哲文先生于1998年12月为《园冶注释》第二版出版时作序说："《园冶》总结了中国古典园林的造园艺术，是我国第一部系统全面论述造园艺术的专书，促进了江南园林艺术的发展，是我国造园学的经典著作。此书的诞生，不但推动了我国造园历史的进程，而且传播到日本和西欧。"《园冶》可以称之为"世界最古之造园书籍"，共分三卷，一卷分兴造论、园说、相地、立基、屋宇、装折四篇；二卷为栏杆；三卷分门窗、墙垣、铺地、掇山、选石、借景六篇。书中对造园的意义、园林建筑艺术以及造园艺术，以优美的骈文形式加以阐述，是中国古典园林造园法典。

在悦容公园建造中，学习研究《园冶》的造园思想、艺术理论、造园技法和建造工法等，并运用到公园总体规划和"园中园"及各个景点的规划建设中，真正实现了从理论到实践，取其精华去其糟泊，以继承并发展现代造园思想。

②续今

雄安将作为生态典范城市

未来的雄安新区，城市就是园林，蓝绿空间占比70%。在这蓝绿交织的生态空间里，有大型郊野生态公园、大型综合公园和社区公园，让居民能够出行3千米进入森林、1千米进林带、

300 米进公园，享受街道 100% 林荫化。新区规划森林覆盖率达 40%，起步区规划绿化覆盖率达到 50%。新区将再现"林淀环绕的华北水乡，城绿交融的中国画卷"。

雄安"秀美景苑"的落地实践

雄安规划设计城市轴线，南北轴线展示历史、文化、生态特色，东西轴线串联城市组团。建成后的城市，外围林带环绕，内部林木葱郁，周边淀区碧波万顷，形成"一方城、两轴线、五组团、十景苑、百花田、千年林、万顷波"的空间意象。悦容公园位于南北轴线的北延部分，传承历史、弘扬文化、生态绿色是公园的基本任务。由于公园规模大，功能复杂，需要多种专业共同协调，也需要跨界合作，所以园林设计绝不能局限于传统的造园章法，而是结合新的时代要求，聚焦创新、绿色、协调、开放、共享五大发展理念，运用新的设计理论和方法，实践中国园林的传承和发展。

悦容公园的设计首先坚持生态优先、绿色发展的原则，运用当代生态科学理念和技术，用构建弹性调蓄的河流消落带、生态净水工程、海绵城市等技术和方法，修复场地生态基底，确保蓝绿交融的生态空间。

坚持以中为主，古今交融。在传承文化的同时，更加强调公园为民服务的功能，公园游览系统与城市公交、绿色步道、自行车系统完全融合，实现无障碍衔接。公园采取开放性边界，让社区街道绿化与公园共构共享，让工作与休闲，灰色市政设施与绿色公园体系融为一体。遵循雄安"数字城市"的要求，建立"数字公园"系统，建设绿色智慧公园，与城市无缝对接，为人民提供优质的生活。许多新技术和新方法都在公园的建设中得以不断实践发展。

传承与发展是中国园林设计的一个历史命题，承古续今就是在弘扬中国优秀传统园林文化、保留中华文化基因的同时，与时代同发展、共命运，创造优美人居环境，实现人与自然的和谐共生。

3.3
景苑十二法

1. 微丘起势，掇山形胜

（1）山势一法

①岗连阜属

山依高度大致可分为峰峦、山岗和土阜三个等级，所谓"岗连阜属"即"脉络贯通"的具体化（图3-8，图3-9）。山脊线呈主脉、支脉、次支脉分级相生的层级结构。支脉与主脉相互贯通联结，起伏有度，一波未平，一波又起。公园北部山体脉络流动贯通，岗连阜属，呈现出似有真意的山林意境。

②旷奥相顾

唐代柳宗元《永州龙兴寺东丘记》载："游之适，大率有二：旷如也，奥如也，如斯而已。其地之凌阻峭，出幽郁，廖廓悠长，则于旷宜；抵丘垤，伏灌莽，迫遽回合，则于奥宜。"

中部高耸挺拔的山脉在侧面形成开阔湖面，结合堤岛形成旷达疏朗的湖上园林；主脉迤逦，支脉蜿蜒，地形聚散之间塑造出了开合变化的中部空间，在陡坎处修建崖壁，内部营造岩崖巍峨、咫尺山林的园林景观，与外部开敞的水面形成鲜明的对比。不同尺度、不同层次间的旷奥变化，尽显园林空间的丰富变化和节奏转换（图3-10）。

③多方览胜

《园冶》有言："蹊径盘且长，峰峦秀古，多方景胜。"全园制高点选址于悦容公园中部核心，位于容城、容东片区视廊交汇处，亦是新区中轴风景延续线上的重要节点。以再造风景名胜为旨，以"百尺为形，千尺为势"为空间规划原则，以至高点为核心，规划周边余脉及支脉，形成众星捧月、四方皆景的态势（图3-11）。

④一池三山

公园南部以原场地地形为基础，梳理连通山形水系，形成一池三山的经典园林山水格局，表现南部园林盛世的蓬瀛盛境（图3-12）。

第 3 章 造园

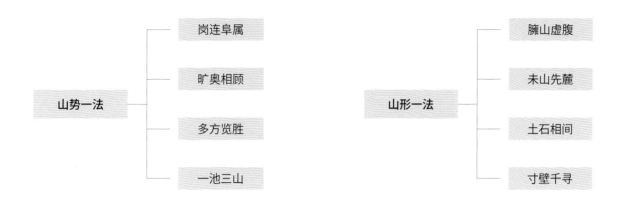

图 3-8　微丘起势，掇山形胜

图 3-9　岗连阜属

图 3-10　旷奥相顾

堤岛的分隔和点缀能避免水面大而空，使山脉群具有层次而显深远。湖中设堤岛，在处理堤岛的阴阳虚实关系和书法落笔的布局关系时要掌握"知白守黑"的原则。堤岛布局确定后，进行驳岸与水线的布置，使湖面的形态与山水大构架相吻合。

堤岛可结合栈道、水生植物设计，结合观景亭、廊架，营造亲水池山仙境。

(2) 山形一法

① 臃山虚腹

山水画理论"山臃必虚其腹"也是体现筑山远近之感所需遵循的原则，具体可通过谷壑和水湾进行分隔，再结合小桥、叠石加以贯通，增加层次变化，加强山体深远感。

南部主山与次山之间以水湾"破"之；主山、客山相峙成河谷，引进绕山之水，结合蜿蜒山脚，取谷势产生虚实空间的变化，使水脉细长而不单调，山脉分隔而气势不断（图3-13）。

② 未山先麓

《园冶》有言："未山先麓，自然地势之嶙嶒；构土成冈，不在石形之巧拙。"此句反映了造山的规律，强调了土山立基起脚、安顿山脚的重要性。山麓布局不仅关系到山水关系、底盘面阔、进深厚度，还决定了山体的立面造型、高度、视距比等。

梅苑山麓的造型方法以表现真山的形态、特征、意境和气势为主，形成开合收放、回环转折的布局状态，形成"一收复一放，山渐开而势转；一张又一伏，山欲动而势长"的效果（图3-14）。

图3-11 多方览胜　　　　图3-12 一池三山　　　　图3-13 臃山虚腹

③土石相间

土山麓坡披石是创造层次深远的山林意境的重要手法：于山巅或接近山颠之处，放置巨石画龙点睛，以增山势；岗阜再结合散点置石，即以土、石配合植物进行造景，使得山体不仅远观有岗连阜属、绵连相续的气势，近观还有嶙峋皴皱或温润净滑的质感，并以峰、崖、巘、岩、屏等方式构成其细部山体景观。

菊圃土石相间的筑山充分结合了土山和石山两方面优势，具有"远有势、近有质"的效果（图3-15）。

④寸壁千寻

人工造山通过堆筑大规模土山、土石山，对自然山体进行抽象化概括和升华，通过塑造真山的一角，在小尺度下让人感受到寸壁千寻的气势和移天缩地的胸怀。

松壑飞瀑由白塔山崖壁与内部山谷构成，两者一放一收，互为旷奥，曲折变化的内向空间和落差变化的瀑布塑造了丰富的空间体验，落水增加了轻盈的意境，石壁增加了"山"的厚重与真实质感，继承了中国古典园林"本于自然、高于自然"的思想（图3-16）。

2. 叠石归真，咫尺山林

（1）求真一法

①相石

由于不同时期对置石的审美取向不同，中国古代园林中的置石种类极为繁多，其产地也各有不同，故相石实为置石之基础。

《园冶·选石》有言："取巧不但玲珑，只宜单点；求坚还从古拙，堪用层堆。"相石除了对石材种类的选择之外，还需根据设计立意，对具体山石的大小、造型、纹理、色泽、质地等进行选择。堆叠的过程中应顺应自然之理，把握石品属性，发挥各自特色（图3-17）。

就地取石

"夫识石之来由，询山之远近。石无山价，费只人工，跋蹑搜巅，崎岖究路。"选石以近为宜，考虑采石的效率和运输的人力、物力。故悦容公园选取离场地较近的太行山石、房山石，作为公园置石的主体用材，其独特的北方山石特质可以更好地表现悦容公园写意太行的主题。

他山之石

在太行山石与房山石构建的雄浑连贯的氛围中，也安置了少量太湖石、灵璧石、黄石、青石、雪浪石等异地名石，作为公园景观的点睛之笔，以丰富品类，互为补充。

图 3-14　未山先麓

图 3-15　土石相间

图 3-16　寸壁千寻

图 3-17 叠石归真，咫尺山林

②置石

特置

悦容公园根据峰石所处园林环境选取造型轮廓、色彩纹理具有艺术性和动势的山石。根据位置分为峰石与卧石两种，欣赏距离与石高比例控制在（1∶2）～（1∶3），此距离可欣赏石的体态、质感、线条与纹理。

峰石：《园冶》有言："峰石一块者，相形何状，选合峰纹石。" 作为特置的峰石，其条理以顶部大、底部小为宜，立之才能突显山峰的神韵意象。石形耸峻秀长，"因近求高"，注重形态、孔穴、色彩、纹理等特质，为石中精品（图 3-18）。我们在悦容公园的设计中，主要运用了入口峰石和庭院峰石两种置石类型。

入口峰石：入口区选用峰石，意在强调意境与标识性。北苑西入口周边呈现松林意境，景石位于松岛之上，立峰以作公园标识，石高 3 ～ 5 米，欣赏距离为 6 ～ 15 米，石材取太行山风景石，阴刻"悦容公园"，作为公园入口的特色之一。

庭院峰石：庭院园林的花街铺地以及山石组景，在门洞的对景与框景之处，特置峰石于其间，可起到画龙点睛之用。峰石高度一般选取 1.2 ～ 1.8 米，符合园林的小庭院空间尺度。

卧石：卧石侧重高低起伏、峰峦叠起的平视效果，具备远山之态，峰、峦、崖、壑纳于其间，需重点考虑石材色泽。悦容公园南苑入口处设置山石盆景作为公园轴线的开篇，卧石位于中轴线最南端，横向展开，石材宽 8 ～ 12 米，高约 2.5 ～ 3.5 米，选用泰山石中石纹清晰、横向态势具有山水之势的景石，其背后配以造型松，形成山石迎宾的美好寓意（图 3-19）。

对置

对置指沿某一路径或秩序，在左右安置形态和态势相呼应的山石。其在数量、体量、形态上无需整齐划一，形态应各异，但要求相互呼应，并注意在构图上讲求均衡。此类置石多在建筑物前两旁对称地布置山石，以陪衬环境，丰富景色（图 3-20）。

散置

散置，也称散点。其精要在于对自然山石的布局结构和态势的模仿和提取。"攒三聚五，散漫理之，有聚有散，若断若继，一脉既毕，余脉又起。"公园内的门侧、廊间、坡脚、池中等处皆用来结合其他景物来布置。这类置石对石材的要求不像"特置"那样高，更侧重多块山石的组合效果，正如明代龚贤的《画诀》："石必一丛数块，大石问小石，然后联络。面宜一间，即不一向亦宜大小顾盼。石小宜平，或在水中，或从土出，要有着落。"

驳岸：悦容公园内人工砌筑的驳岸，局部以山石错落相叠，使景致近乎自然而成，不烦人工之事。山石驳岸一般都取不规则的形式，池岸处理也求曲折而忌平直，在水陆之间形成自然的过渡。山石驳岸可加固驳岸，提供临水空间，同时结合周围环境，临渊则起高涯，遇山则生山脚（图3-21）。

漫滩置石：漫滩置石实为驳岸的变种，在岸际空阔处，不以石块沿水线收边，而是以滩石的形态三五成群地布置。布局的精要在于脉络清晰、层次分明、大小呼应、态势各异、张弛有距（图3-22）。正如明代龚贤的《画诀》所述："石有面、有足、有腹。亦如人之俯、仰、坐、卧，岂独树则然乎。"

图3-18 特置峰石

图3-19 特置卧石

图3-20 对置置石

图3-21 驳岸

　　山溪置石：中苑迎旭台下，在溪流曲折潆洄处、水位较浅处安置山石组团，石块布置大小错落，纹理一致，凸凹相间，呈现参差起伏的变化，石间布置泥土，可种植花木藤萝。山石走向与轮廓依附地势，遇狭则收，岸际空阔，使"水随山转，山因水活"，其势鸢飞鱼跃，天机活泼（图3-23）。

　　山坡：公园内部分山坡以房山石散点，不仅作为护坡，还有造景的目的。坡体与坡脚的置石要依附于土山本身的走向与态势，半掩半埋、高低错落、相互勾搭、大小呼应，效仿自然山体的意境（图3-24）。

群置

　　群置是多块山石的组合体，依托地形、建筑、园路或植物，呈现出有动势的散点，以散为形，散中有聚，即"形散神聚"。

　　花台：悦容公园部分庭院中以自然山石堆叠挡土形成花台，其内种植花草树木。花台分为分散式与居中式两类，分散式占边把角，与壁山、驳岸、置石相结合；居中式通过花台来组织庭院中的游览路线，在规整的空间范围内创造自然的疏密变化（图3-25）。

图 3-22　漫滩置石

图 3-23　山溪置石

图 3-24　山坡

图 3-25　花台

石矶：石矶为伸入水中或突出于水面的岩石，是驳岸、池山的延续。小石矶的态势重在于"挑"，石面平缓，有凌水漂浮的感觉；大石矶多为组合型，在崖壁陡坡等形势陡峭且与水相接处，层层叠落展开，形成与立面相呼应的过渡空间。松壑飞瀑的石矶临崖而设，与步道结合，有背抵青山、临渊而行之感。白塔驿站前的大型组合式石矶，在提供亲水活动场地的同时，还与游船码头相结合（图3-26）。

（2）写意一法

①壁山

《园冶》有言："借以粉壁为纸，以石为绘也。理者相石皴纹，仿古人笔意，植黄山松柏、古梅、美竹，收之圆窗，宛然镜游也。"南中北三苑修有庭院数座，为使其墙壁成为造景的积极因素，依墙堆叠壁山。园内壁山主要分为墙壁山和墙头山。

墙壁山：以墙作为背景，在建筑墙体、园林景墙前的位置作山石布景，通常与花台、水池等其他构筑物共同造景。根据空间尺度的张弛来设定山体的张弛。叠法采用盆景式，一头叠主峰、配峰，一头叠次峰，余脉靠墙。

墙头山：以山作墙的收头，下层叠成高低层次，起稳固作用，把力推向墙基，中层围绕墙体起到拉力作用，形成峭壁，上层爬上墙头，与中层和下层连接使山石稳定，如云飘其上，山石收头墙外，如再叠山，可作山涧一壁（图3-27）。

②峭壁山

《园冶·掇山》有言，"峭壁贵于直立"，意在强调突兀耸立之感，中苑松壑飞瀑以峭壁山围合形成山崖水潭，意在模仿太行雄浑高古的形势。

图3-26 石矶   图3-27 壁山

"岩、峦、洞、穴之莫穷，涧、壑、坡、矶之俨是"，参考宋画《溪山行旅图》的相关画论，塑造崖壑悬瀑、水潭石涧、长桥凌空、壶中天地的山水写意景观，营造"莫言世上无仙，斯住世之瀛壶也"[8]的玄奇意境。

"信足疑无别境，举头自有深情"[9]，山壑采用现代塑石工艺，以钢筋混凝土挡墙削减土丘地形的侧推力，形成绝壁的地貌基本轮廓，营造幽深莫测、自然真实的景致，使人沿崖壁信步漫游，疑无歧路，抬首仰望，别有洞天。

"墙中嵌理壁岩，或顶植卉木垂萝，似有深境也。"[10]崖壁预留种植穴位，在峭壁上栽植垂萝悬翠，形成具有太行自然山林形势的幽深意境（图 3-28）。

③楼山

《园冶》有言，"楼面掇山，宜最高，才入妙"，梅园湖光山色，楼体修建在土石相间的假山之上，为西侧一层、面湖两层的特色设计。壁山倚楼而立，借鉴苏州网师园梯云室，紧靠楼的一侧墙壁堆假山，是南苑东向看湖的重要观景点。

"高者恐逼于前，不若远之，更有深意"[11]，主峰在楼体东侧，倚楼叠成楼房山，石材选用房山石，环山有石径，后山有蹬道可供登高，山体点缀梅与松，人可以借助梯云假山直接到达二层，营造攀登高山的奇异感受（图 3-29）。

图 3-28　峭壁山

图 3-29　楼山

---

8. 出自《园冶》。
9. 出自《园冶》。
10. 出自《园冶》。
11. 出自《园冶》。

④园山

土包石假山：园山是园林假山的综合体，涵盖了假山与建筑的有机结合、山与水的结合等，是叠山中难度最高的手法。南苑牡丹台位于百花洲景点北侧，依托地形拾级而上。园山整体采用构土成岗、山石叠嵌的方式，构筑真山意境，形成土石自然相间、错落有致的牡丹台。正如《园冶》中的"构土成冈，不在石形之巧拙""散漫理之，可得佳境"，遵循自然之理，以布局的形势烘托意境。

石包土假山：白塔轴线的南北两侧都有山地起伏，为了延续了太行之势，在白塔轴线北端做土山，运用园石包土的方法，作石壁处理。《园冶》有言："结岭挑之土堆，高低观之多致；欲知堆土之奥妙，还拟理石之精微。"假山重视土石结合，高低错落有致，纹理脉络相连，作为白塔的对景的同时，也实现了山体脉络的延伸和过渡。由此使人工的假山置石与大型山地气韵相连、一脉相承，使人们感受到恢弘绵延的气势（图3-30）。

⑤池山

《园冶》有言："假山以水为妙"，亦有"池上理山，园中第一胜也。若大若小，更有妙境"。百花洲水口以池山形式塑造了百花溪的水系源头，其景以山石为主体，池为山之心，山谷夹沟，两翼相合，高山泉涌，低山跌落，水源不断，溪线勾回，形成描摹真山真水的微缩景观（图3-31）。

图3-30 园山

图3-31 池山

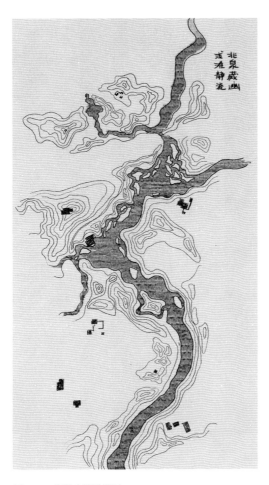

图 3-33 北苑水势分析图

3. 因势理水，随形生境

（1）北泉藏幽，浅滩静流

北苑之水整体以"藏"为势，水源自太行山来，水系蜿蜒于地形深处，水流平缓，浅滩静流（图 3-32，图 3-33）。

① 入奥疏源

《园冶·相地》有言："疏源之去由，察水之来历。"

园林理水应遵循水的自然循环规律，理清、承接水源，并组织源头与下游连通，由此，水源源不断而具有生机。《园冶·相地》又言："卜筑贵从水面，立基先究源头。疏源之去由，察水之来历。"

悦容公园在深水中疏通源头，连通南拒马河，由此在公园最北处营造可望难即的美景，形成具有朴野自然风貌和文化意境的园林环境（图 3-34）。

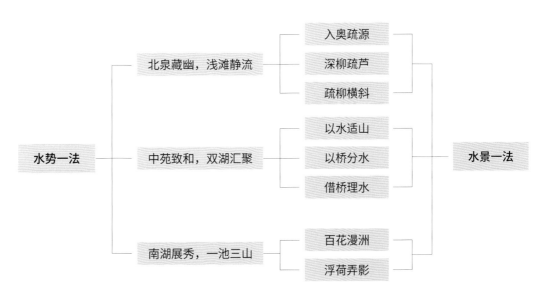

图 3-32 因势理水，随形生境

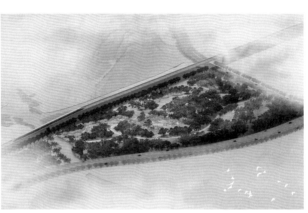

图 3-34　入奥疏源分析图

②深柳疏芦

《园冶·相地》有言："江干湖畔，深柳疏芦之际，略成小筑，足征大观也。"

"深柳疏芦"一法源于古代生态治水策略，也是园林植物与水体融合造景的经典手法，以塑造草木疏密有致、明暗丰富、水际自然的水体植物景观。公园在北区种植芦苇等水生植物，形成一系列大小不等、形态各异的洲、渚、荡、岛，使水面旷奥有致，烘托了北苑幽深旷野之趣（图 3-35）。

③疏柳横斜

《林泉高致》有言："水欲远，尽出之则不远，掩映断其派则远矣。"

悦容公园生态湿地区域凭借水中渚岛进行空间分隔，水岛上或为成片芦苇，或是水生植物与湿生乔木（如大叶柳等）组成植物群落进而形成水中[12]绿岛，并在局部点植斜探之树，水面似隔非隔，景深丰富，障露有致，此谓疏柳横斜，借木障水，景色悠远（图 3-36）。

图 3-35　深柳疏芦分析图

12. 意为水草。

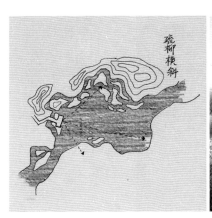

图 3-36　疏柳横斜分析图

（2）中苑致和，双湖汇聚

中苑之水整体以"和"为势，以聚为意，鹤湖、鹿湖一西一东，双湖以琵琶山为界，融汇于此，蔚为全园水景之盛（图 3-37）。

①以水适山

水性活泼、流动——主动；山性安稳、厚重——主静。山水结合，则相映成趣，动静交呈。

公园在山形骨架有力连贯的布局下，辟水适山，形成以白塔为视觉中心的悦容湖，形成山水相依、湖平如镜、山屏湖外的格局；登山兼可眺湖，游湖亦并看山；山影与水色互衬隽秀，成为全园山水相映成趣的高潮（图 3-38）。

图 3-37　中苑水势分析图

图 3-38　以水适山分析图

②以桥分水

　　水以桥为眉，借桥成景；桥因水有景，得水成景。循"断处安桥"之理，以桥划分水景空间，增加水景层次，丰富水景效果。悦容湖将横向约 650 米的水系以塔影桥划分，使视景线变得狭长、幽深而渺远，迥异于大湖面的阔远效果，构成独具特色的石矶晓望之景（图 3-39）。

③借桥理水

　　《园冶·掇山》有言："池上理山……就水点其步石，从巅架以飞梁；洞穴潜藏，穿岩径水；峰峦飘渺，漏月招云；莫言世上无仙，斯住世之瀛壶也。"

　　白塔园之东，在山崖断处、飞瀑之上安桥理水。桥瀑相融的设计手法即为"高瀑飞梁"。高瀑飞梁，借桥理水，桥瀑两得益，不仅可以突出瀑湾千尺之气势，更可借断崖、湾瀑突出桥之险（图 3-40）。

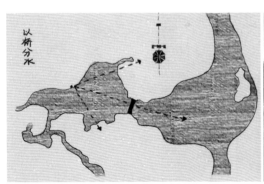

图 3-39　以桥分水分析图

图 3-40　借桥理水分析图

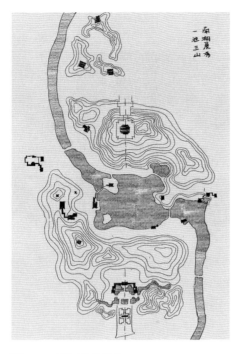

图 3-41 南苑水势分析图

(3) 南湖展秀，一池三山

悦容公园主河道蜿蜒向南汇于南湖，以"展"为势，契合一池三山的传统规制，终现一幅经典山水画卷（图 3-41）。

①百花漫洲

《林泉高致》有言："水欲远，尽出之则不远，掩映断其脉，则远矣！"

水之远指水景布置若入迷津，两山或两岸的树木、水草交伏其中，令人莫知水径前景，待循水湾转折迂回才一片明朗。水景布置强调明晦的变化和水影、水雾的营造，从而营建空旷辽阔、神秘迷离的园境。

悦容公园百花洲其水屈曲洄环，径路崎岖，幽冥静谧。这就是使溪流和路径都能有断有续，以不尽而尽之（图 3-42）。

②浮荷弄影

悦容公园南部有一湾清池，内植莲荷。荷花种植讲究意境生动，水面植物布局不求满而全，宜遵循计白当黑，据水面开合而布局。有时亦循中国传统园林小中见大的手法，若一叶知秋之意，如此则精雅知趣。花开时节清香满园，远香南薰，浮光弄影，水景意远境深（图 3-43）。

图 3-42 百花漫洲分析图

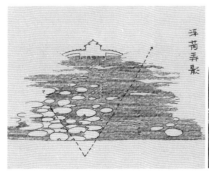

图 3-43 浮荷弄影分析图

4. 楼台相宜，风景隐筑

（1）楼台相宜

建筑依山傍水，顺势而筑。依照整个公园的山水脉络，逐次展开，或高或低，或密或疏，或隐或现。高或有摘星揽月之势（白塔），或有瞰湖眺山之境（容景阁）；低或有浮波踏浪之意（船舫），或有戏鱼哺鸥之态（廊桥）；或隐于山林清溪之间，相伴于清风明月（迎旭台）；或显于凡尘市井之中，共融于灯火阑珊处（悦容台）。

整个园林建筑的布局依照公园整体规划，与景观地形相融，以塔、阁为制高点，围绕此核心，高低错落，形成丰富的天际线。在总平面中空间层次丰富立体，远近疏密，以点控面，自成体系，环环相扣，层层递进（图3-44，图3-45）。

①山楼凭远——借势

结合地形，在山峦起伏之间，择高点并借山形之势建塔阁，使之更显挺拔耸立，为整个造园构图加强高远之意，山势也凭塔阁之势更有险峻之意。

塔阁下筑高台，上有平座回廊，登高远眺，远山近水，一览无余。同时，充分利用周边环境借势，更突出建筑的形态，凸显其核心灵魂作用：看，可一览众山小；被看，为众景中的焦点（图3-46）。

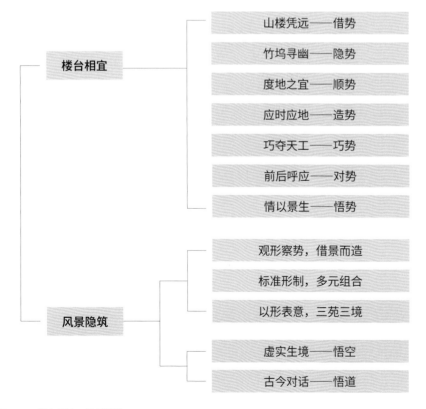

图3-44　楼台相宜，风景隐筑

图 3-45 园林建筑集锦

图 3-46 借势

②竹坞寻幽——隐势

竹坞的建造重在与周边环境相融合，呈现若隐若现的东方含蓄之美，点缀在山林池沼之间，掩映于繁花幽林之中。其体量精巧而不张扬，内敛而不夸张，丰富了整个景观区域的空间层次，更能激发游人踏古寻幽之情。在此区域，造景意境的精神层次、文化层次也得以提升与拓展（图3-47）。

③度地之宜——顺势

"顺应自然""天人合一"是中国造园理论体系的精髓，在此核心思想的引导下，园林建筑的布局与营造也始终依此贯彻执行，追求因势而为，依照地形地貌变化而变，高低错落，迂回转折，力求人为元素（建筑）与自然相融合，和谐共生。并以此势营造形态各异的建筑形式，构造千变万化的组合方式，也由此使中国园林能实现千园千样，亦使园内梅兰竹菊可各施所长。园林建筑相较于其他传统建筑，其"有定式无定法"的特征，使之更为活泼多变，成为园林整体构成中的重要组成元素（图 3-48）。

图 3-47　隐势

图 3-48　顺势

④应时应地——造势

园林在顺应自然的同时，建筑作为人为因素出现，也应时应地地体现人改造自然的意愿，彰显人们作为主导的方式。将建筑的庄重与气势表露出来，建筑的形态也随之而变得规整严肃，合乎礼制，力求营造出一种以人为本、以礼为源的意境。在园林入口处的建筑往往排列有序，简洁明朗，是从凡尘俗世踏入桃源仙境（园林）的过渡节点和精神体现，故而有意营造出一种改造自然、融入自然的氛围，也为入园之后情景转换埋下伏笔（图 3-49）。

图 3-49 造势

⑤巧夺天工——巧势

造园在顺应自然而建的过程中，匠心独运的构思是决定成败的关键。在遵循传统园林建筑思想的基础上，加以思考凝练，巧妙灵活地运用现代建筑构造理论。

园林建筑形态的选取与布置，可以加强突出该区域的造园意境。攒尖的亭、楼，其向上收敛的态势，更能加强高远的意境，也更能凸现山势险峻；逐级收分的楼台，其视觉向上收的效果，则使空间层次更为丰富，使其更具深远的韵味；歇山的亭榭，舒展的双翼，趋于扁平的立面构图，可使周边环境更显开阔，平远之意油然而生，建于水畔，更显烟波浩渺；船舫浮于碧波之中，虹桥飞架溪涧之上，无疑使水更富动感，而亭桥轻盈与厚重的倒影，则平添了几分水波无痕的安宁。

选取不同的建筑形态，可以巧妙地烘托渲染整个园林的意境，使其和谐地融于自然之间（图 3-50）。

图 3-50 巧势

⑥前后呼应——对势

园林建筑群组于山水间相互呼应，疏密相间，存在着看与被看的共存关系。在竖向上，建筑应高低错落，主次分明，共生共荣，同时兼顾彼此间的视觉角度关系。在平面上，层次分明，前后呼应，使空间变换丰富，步移景异，多角度地展现园林景色的魅力。

在建筑本体的设计上，做到轩楹高爽、窗户若虚。通过回廊、平台灰空间的合理运用，虚实结合；通过门窗勾栏的设置，明暗交错，收放人的视觉范围，体现窗景、框景等中国园林的经典特色（图 3-51）。

图 3-51　对势

⑦情以景生——悟势

园林建筑融于山水之间，是人与自然亲密接触的场所，由此而感悟天地大道，也是易引发人心灵触动的场所。人在园林，心灵和精神在自然中得以放松，有所感悟，获得升华。建筑设计充分考虑这一特性与目的，强化与自然的接触，使人获得客观的五感体验和提升至精神层面的体悟。

在园林建筑选址上，造型均考虑在特定环境中有针对性的设计，以求体现需细细品味的意境。例如，在落英缤纷的梅林中，亭宜空灵，能与浮影暗香一色；在荷影鱼欢的湖中，榭宜亮敞，能与清风水光一体。建筑内部空间的设置，使游人有景可看，有座可歇，有感可悟。其中文化内涵的实物体现，如楹联、牌匾等进一步触发了人内心精神世界的共鸣。

（2）风景隐筑

悦容公园中的现代建筑主要涉及文化及服务配套建筑。相对于一般公共建筑，此类建筑具有天然的景观及文化属性。我们以"景致中的驿站"为设计理念，建立风景与建筑互为参照的体系，解决"看与被看"的关系。建筑的理性与风景的感性，功能性与艺术性，交融互补，最终达成统一。

①景致中的驿站

驿站，是交通线性空间为交通系统服务的节点，是市民休憩交流的场所，也是区域文化的载体。九个悦容驿站依托一级园路体系，分布于九个大师园之间的公共区域，为悦容公园提供依托慢行系统产生的服务功能以及文化交流空间（图 3-52）。

图 3-52 悦容驿站分布图

观形察势，借景而造

驿站选址着重融于自然，展现人与自然的互动关系，与地形环境密不可分。构筑物往往依山而建、邻水而筑，体现中国人对于山水环境的认知和智慧。

悦容驿站在地形选择上，或临于水，或隐于林，或融入园，形成了临水、见山、寻幽三个系列（图3-53）。

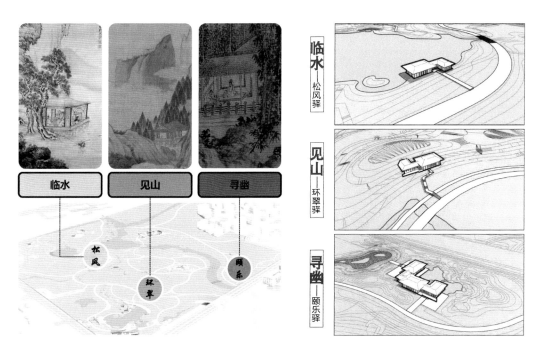

图 3-53 悦容驿站选址分析

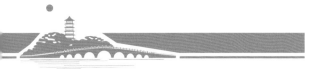

标准形制，多元组合

驿站根据基本功能需求形成标准化的建筑形制，同时结合场地和各个单体的功能需求，可生长、可调节，形成院落或组团。

标准模块：标准建筑模块满足驿站的基本功能需求。由一个相对封闭的体块（容纳公厕设备等隐蔽功能）和一个开放通透的体块（容纳便利零售、信息咨询等活动功能）组合而成，结合停放共享单车的室外场所，形成驿站体系标准化的基础模块。

功能延展：在标准模块基础上，结合场地条件及扩展功能需求，增加文化功能模块——悦享空间，满足随着时代发展衍生出的新的驿站功能需求，比如阅读、音乐、游戏展示等。扩展模块生长、组合、变化，最终形成不同形式的院落空间（图3-54）。

以形表意，三苑三境

悦容公园的设计根据规划格局分为北、中、南三苑，以时间为脉，从古至今，探寻理想家园的空间意境，明确不同的文化定位：北苑——林泉成趣，自然朴野；中苑——大地诗画，园林集萃；南苑——蓝绿续轴，景苑胜概。

意由境生，分布在三苑的驿站建筑统一采用宋式风格，在不同的区位也追求与之相呼应的文化意境（图3-55—图3-57）：北苑驿站——隐于丘林，自然朴野，体现悠然之趣；中苑驿站——诗意唯美，精致古典，追求雍容之态；南苑驿站——随形就势，清丽秀美，展现风雅之韵。

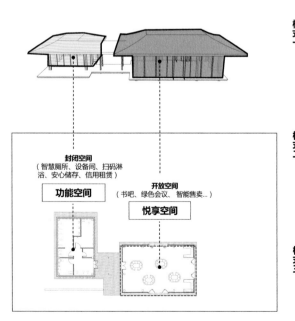

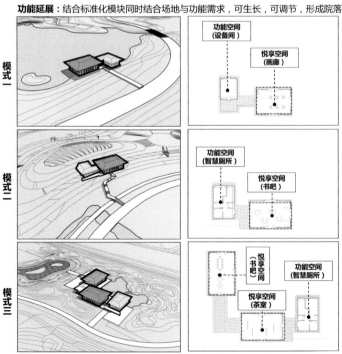

图 3-54　悦容驿站模块组合分析

图 3-55 北苑松风驿透视图

图 3-56 北苑桃源驿效果图

图 3-57 中苑白塔驿透视图

②园林中的艺术馆

园林艺术馆立于雄安中轴，置于湖中仙岛，四面环水，就选址本身而言如临"到岸请君回首望，蓬莱宫在海中央"[13]之境；其小巧、空灵的特性与隔湖相望的白塔园、清音园等大师园相映衬，展示着或虚或实的别样园林空间，共同演绎着中华园林艺术的精髓（图3-58）。

建筑发展至今已不限于满足功能上的需求，其在更多层面上寄托着人们对精神文化的诉求，展现出各个国家及地方的历史文化底蕴。园林艺术馆在悦容公园中也承载着展现中国传统园林造园理念及美学的使命。

中国传统园林是古代人们希望脱离尘世，向往自然思想的空间载体，是一种在世俗中修身问道的道家思想的具象表现（图3-59）。而中国的传统园林建筑讲究的是建筑与园林的相融相生，如果说西方建筑展现的是张扬的个性，那么中国建筑则是一种禅意的个性。中国建筑更注重整体，注重每个单体都恰如其分，各司所职，进而相互关联形成优美的空间网络，园林艺术馆亦是如此。

虚实生境——悟空

古有李白所写"海客谈瀛洲，烟涛微茫信难求"[14]，描绘了其梦中所向往的仙境，而园林艺术馆依托其选址所拥有的绝佳场所气质，以"湖中岛，园之源"出发，基于"诗情"与"画意"，通过场地及建筑空间的共同营造，充分展现"虽由人作，宛自天开"的园林意境。

园林艺术馆的空间不仅限于建筑本身的范围，我们把建筑空间的概念进行了扩大：园林艺术馆的概念是网络式的，我们称之为"网络空间"。在这个"网络空间"里包含了树木、石头、

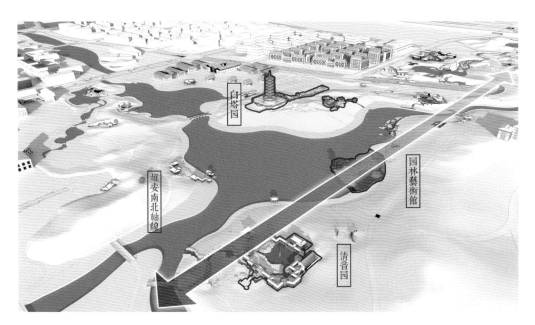

图3-58 园林艺术馆区位分析

---

13. 出自唐代白居易《西湖晚归回望孤山寺赠诸客》。
14. 出自唐代李白《梦游天姥吟留别》。

水面，包含了雾森、音响、灯光，包含了地上和水下；而建筑就像中国传统园林一样只是整个空间结构体系中浑然天成的一部分，也是"万绿丛中一点红"那般的存在。

同时，园林艺术馆的"网络空间"是有情绪的，好比中国传统园林中那些对联诗词所传达的意境，是人们对自身理想生活的一种向往和归属，而不是冰冷的混凝土墙壁或是简单的展柜所能传达的。

因此，结合有限的用地，主要功能性建筑全藏于水面之下，而园林艺术馆的空间和情绪的营造则像贝聿铭大师的美秀美术馆那般从景观的入口处就开始了。

在设计中通过起承转合的节奏控制，采用了"一座桥、一条路、一池水、一卧崖、一琼楼"五个常见而又不普通的元素结合空间不同的收放关系，融入诗词情景来共同支撑起整个园林艺术馆的主体序列：

一座轻盈的桥，立于其上，"左赏瑶池水，右望东海外"；

一条曲折的路，穿梭其中，"曲径通幽，天台路迷"；

一池明镜的水，憩于水畔，"琪花瑶草，碧水鉴心"；

一卧险峻的崖，站于崖边，"出水而起，仙气浩然"；

一座琼楼玉宇，临崖而立，璇霄丹阙，展中华木构之精华。

图 3-59　明代仇英《桃源仙境图》
资料来源：天津博物馆馆藏

古今对话——悟道

园林艺术馆的主体建筑除主入口外全部藏于岛下及水下，地面以上建筑形象取意于敦煌壁画中对天上宫阙的描绘，结合画境悬于崖壁之上，打造仙山楼阁的形象。地面的建筑形象与水下的现代化展览空间形成古今时空上的强烈对比，象征着中国传统园林悠久的历史文化传承，实现了从地面到水下的古今穿越和对话。地下展厅强调参观者的代入感和参与性，结合现代技术，以裸眼 3D、4D 技术、场景模拟等手法实现园林空间里的时间变化。建筑有晨光暮霭与阴晴雨晦的表情，悄然流淌着四季变迁，流变不居，常看常新，实现了园林空间与游客情绪的对话；而依托位于主体展馆上方的水面，源于"楼台耸碧岑，一径入湖心"[15] 的意境，园林艺术馆设置了由地下"一径"连通水面的"塔影台"，走出地下展厅，登上水中央的"塔影台"，可远眺白塔，一览"塔影随潮没，钟声隔岸策"[16] 的胜景，实现了与"白塔鸦鸣"的对话。

综上，园林艺术馆所有的建筑空间都不是孤立的，而是源于中国传统文化意境及造园思想的"网络空间"；但也不同于传统园林，是传统园林艺术更加婉约和轻松的表达，是一粒镶嵌在自然园林间的珍珠，是水中的"悟空"之岛，是悦容公园园林艺术的点睛之笔。

15. 出自唐代张祜《题杭州孤山寺》。
16. 出自宋代陈允平《青龙渡头》。

5. 画桥成景，匠心有道

中国造桥历史久远，桥梁的营造技艺及其艺术内涵也随之不断蜕变、演化，趋于完美，并形成制式，成为后世造桥者学习的典范。

陈从周先生说："桥给人以画一般的意境，诗一般的情感。"园桥因选址得当、造型优美，常常成为大地的标志，亦是风景的焦点。景桥作为造园的一个元素，是园中水体、山体或建筑物和周边环境中的一个节点，是园林造景的点睛之笔——成景丰富，得景万千。园林中因为有了精巧典雅的桥而更加优美，不但符合园林休憩、观赏、游览的需要，同时作为造景元素与山、水、植物结合起来，共同组成园林景致。悦容公园中的桥结合情景意境，融于自然，因地制宜，达到园桥交融、相得益彰的境界。

园桥在合理利用自然条件的前提下，发挥"天"和"人"两方面的积极性，既要有风景之法，强调与自然环境的融合，又要有营造之法，强调桥梁本体结构技法（图 3-60）。

（1）画桥成景
①纳桥入景

中华大地幅员辽阔，涵盖各种气候带，遍揽高山平原、江河湖海各种地貌，不同地域特色，造就了中国古桥不同的发展及营造方式。桥梁作为一个重要的交通枢纽，必须适应当地气候环境与地理条件，由此体现出浓郁的地方特色。悦容公园也有丰富的草甸、湿地、湖屿、微丘地貌，通过综合考虑三区园林风格及环境特色，一借环境成景之胜，二察用地优劣条件，适地适桥，造就了三区二十四桥的园桥体系（图 3-61）。

青桥野趣

北九桥强调自然美，通过与丰富的自然要素相结合，隐于自然，取意于自然，与林泉成趣，风格自然质朴，与北区环境浑然天成。

有在丘林翁郁之中，林泉石成景，自成天然之趣，不烦人事之工；有在田野乡村之间，桥柳相依，斜桥窥户，闲渡归园，引路人家；有在湿地岛屿之上，草花掩映，雾霭蒸腾，简单质朴，意境深远（图 3-62）。

画桥深院

中八桥强调园林美，融于中苑园林，园景桥景，交相呼应，桥体风格精致典雅，雕梁画栋，风格富丽。

图 3-60　构桥两法

图 3-61　园桥分区及布点图

图 3-62　北苑栖芦桥

有在湖面开显之处，桥上下、园内外物景融合，既是被观赏的中心，又可观四面之景，造型优美，桥水相融，与园林相得益彰；有在园林幽奥之中，小桥入胜，狭境景深，意境深远；有在风景名胜之上，深涧悬梁，桥壁相融，溪山飞梁，大气磅礴（图 3-63）。

湖桥卧波

南七桥强调风景美，充分利用湖岛大开大合的空间关系，南苑之桥与开阔的水面相配，湖烟波浩，显于风景。同时桥体举重若轻、轻盈优雅的形态，如飞天之势，或跨虹，或凌波，具有很强的观赏性。

有在湖池之上，充分利用湖山关系，长虹卧波，大气磅礴，一派烟波浩渺、浮于水上之感，成为湖的主景；有在溪流之间设亭桥、栈桥，水道夹岸，聚焦风景，景境两宜（图 3-64）。

②以桥通津

《园冶》中指出，"疏水若为无尽，断处通桥"，园桥首先解决的是基本交通和组织游览问题，同时又在功能的基础上增加景观层次。

以桥串联

园桥承担园路的主要功能，承担人车的通行功能，但又与园路有所不同。凡桥所立之处，皆为景点与景点、空间与空间过渡连接的节点。因桥两侧多为水，桥上多为视线开阔、空间开敞的站点，因此上桥游览的空间感受多为"聚"—"散"—"聚"，往往可以达到步移景异、柳暗花明的景观游览效果。

图 3-63　中苑揽胜桥

图 3-64　南苑卧虹桥

桥水合一

园林中的景桥不仅具有连接的功能，更以其独特的建筑类型、丰富的形态，飞跃于水面，使水陆空间在此交融，一跃成为主景，营造出桥涵水、水映桥、桥水一体的景观。悦容公园中区的五孔桥，以轻盈流畅的水面姿态与高耸入云的白塔一低一高、一刚一柔，交相辉映。桥与水相映成圆，虚实难分，成为悦容景观体系中的经典景观（图 3-65）。

借桥理水

"大水宜分"，在堤岛、陆岛隔水而断之处安桥，不仅满足了水陆通达之需，而且通过选择适宜的桥型亦可增加空间层次，丰富水景效果。南苑中心湖区通过岛、桥的有机划分，呈现"宽、窄、方、圆"的水面变化，整体空间在桥的参与下划分为"收一放一收"的三大层次，从而形成中部平湖开阔、南北迂回曲折、变化丰富的水体。自东侧滨湖广场望去，一进拱桥分出景境两宜的小水面，自桥洞望去，大湖面幽深而迷远。再远处廊桥斜卧波面，贴水而过，疏水深远，独具特色（图 3-66）。

因山构桥

《园冶·掇山·池山》中记载："池上理山……就水点其步石，从巅架以飞梁；洞穴潜藏，穿岩径水；峰峦飘渺，漏月招云；莫言世上无仙，斯住世之瀛壶也。"此句描述的便是山巅之上架设飞梁的绝妙意境。悦容公园中苑在高瀑断崖之处悬飞梁，凌空跨越，一静一动，一横飞一竖挂，不仅能突出飞流千尺的气势，更能借断崖、高瀑突出桥之险。人在飞梁处俯首，真可感"沧海平翻龙背上，银河倒泄雀桥东"之势。在深涧旁侧设置水面平桥，探渊寻幽，观水听音，高低二桥相辅相成，尽得险绝胜景（图 3-67）。

图 3-65　中苑五孔桥

图 3-66 南苑廊桥、拱桥的分水关系

图 3-67 仰止桥

③文化立意

一桥一诗情

中国古桥，作为千年中华文明发展体系中一个重要分支，是体现民族统一性、延续性的一套连贯独立的科技发展系统，是世界文化遗产中不可分割的一部分。中国古代桥梁在历史变迁岁月中，由于各方水土人情、地域特色的不同，形成千桥千面、丰富多彩的桥文化。画舫弦歌，湖亭美月，一桥相望，这些桥文化已融入中国人的生活。悦容公园桥的文化充分结合周围的景致特色及风土人情并加以发掘，再假以传统的诗词、书法、雕刻等手段去实现。悦容公园充满诗情画意、墨色山水，桥的文化典故也多承袭《诗经》、唐诗、宋词等诗词典籍，富含文学美与艺术美。

众桥贯万象

"二十四桥明月夜，玉人何处教吹箫。"[17] 扬州"二十四桥"的意象点出人们对美好家乡的无限怀恋、向往之情。悦容公园取"二十四桥"意象搭建整个桥体系。这一体系中各个更细分的文化意象或来自周边景点环境，如"归园""拾溪"等意象；或来自桥体本身典故，如"虹影""卧波"等意象。以此为基础，形成在悦容公园整体传统文化背景下经典荟萃、多元纷呈的桥文化体系。

(2) 营造之法

①桥之道

桥是人与水的对白，是人顺应自然、改造自然的产物，"上善若水。水善利万物而不争"，"天下莫柔弱于水，而攻坚强者，莫之能胜"[18]。造桥，必先悟水之道，水虽柔，但若不知其道，则或冲毁，或淹没。设桥必先明此理，顺应水势，掌握水情，依势而为，如大禹治水，疏导有序，顺水推舟，方可成就百年大计。对于不同的水势特征选取不同的桥梁形式，掌握水的洪涝情况才能确定桥的正确方案。桥是千百年来，人们与水磨合的产物，是与自然和谐统一的见证。

②桥之礼

桥的平面布局必得经过深思熟虑，这往往会关系到整个规划体系的合理运作。作为一个交通体系的枢纽，桥的设计建造必须科学严谨。中国古代在遵循礼制、风水的前提下，造桥要充分考虑与周边环境相融合相依存相利用，避凶趋吉，避免相冲相克，并与建筑、山势相互避让包容，与水泽相互融合汇通，达到人与自然和谐共存的目的(图3-68)。桥梁在工程技术较为落后的古代，无疑是一项耗资巨大，但却能功在千秋的工程。因此在营造中也是极为庄重的大事。其中也体现了礼制、风水、堪舆宗教等思想。尤其在官道之上，桥更严格遵照礼制，并充分考虑各种气

17. 出自唐代杜牧《寄扬州韩绰判官》。
18. 出自《道德经》。

图 3-68 塔影桥

候条件、水文资料，甚至还被期望有镇伏水患、祈求风调雨顺之用。桥多采用坚固的石材，拱券形单孔或多孔，用料考究，形制规整，精工细作，并常雕以龙、狻猊等神兽，而栏杆则常雕莲、牡丹等图，以求国泰民安，安守一方。赵州桥、卢沟桥、金水桥等均为此系列桥。

③桥之意

中国古代，在世间太平、国泰民安的时期，构造山水园林和风景名胜成为一种风尚，宋代无疑开创了先河。自宋徽宗建"艮岳"以来，达官贵人、文人雅士无不仿效。此类园林桥的交通功能居于次位，更多追求与周边山水融合，共同达到一种画境，以全艺术之美。

在悦容公园中，桥讲求与周边景致相互辉映，是山水之间的沟通，是美学的桥梁，是空间中实现步移景异的转折点。合理地布置桥梁并选取适宜的桥梁形态是园林中理水的一个重要手法，能够丰富水景层次，增添水岸轮廓线的变化。对水域空间的分割、绿地之间的连接也起着重要作用，是游人游览路线上一个重要的节点，是传统园林抑扬收放的体现。

桥的形态多姿多彩，结合不同地貌、水域环境，因势利导，与山水共同构筑一道美丽的风景线。水域宽广，山体缓柔之处，桥宜长宜曲，多跨连续拱券如卧龙在川，静水倒影，体现画中平远之意。水域湍急，山势险峻之处，桥身宜高，桥长宜短，单跨平桥或拱桥，凌于天堑之间，有高远之意。水域狭小，迂回转折之处，桥身宜做变化，贴水之处如浮波，高水之处如飞跃，登临桥上，高低行走之间，视线角度不断变化，更添此处幽深莫测之意。在重要景点之处，可设亭桥，与景点间形成看与被看的关系。在景观空间围合之处，可设廊桥，半虚的分割，使空间的收放与空间的层次更为丰富。桥的形态应视作园林的一个重要组成，不同的环境构成不同形态，不同形态又达到不同意境，不可拘泥。唯有先悟通桥之意，方可顺周边之势，选合理之形，塑心中之境（图 3-69，图 3-70）。

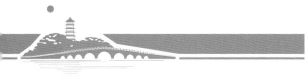

图 3-69　凌波桥和卧虹桥

图 3-70　归园桥

④桥之形

梁板式桥

"鸡声茅店月，人迹板桥霜"[19]描绘的就是梁板式桥。

此类桥结构简洁轻盈，施工便捷，多以石板、木材为梁，下立石柱于水中，单跨或多跨。其形态自由，依据地形山势，于河溪涧壑均可见其身影，可折可曲，可贴水浮漂，也可凌水飞渡。虽寥寥数笔，却真实反映了人与自然的和谐之态，其尺度、形态与景观有着极高的契合度，是中国传统园林理水的重要手法之一。梁板式桥也是变化较为丰富的桥梁形式，与亭可组合成亭桥，与廊可组合为廊桥（图 3-71）。

拱桥

拱桥是古人充分利用材料特性及力学拱券原理的智慧体现，早在一千多年前古人就已熟练掌握这一技术。一般常选用石材构筑，也有的采用木材，在宋代颇为盛行，如有名的虹桥。

拱桥结构稳定，厚重，承载力高，抵受自然破坏力强，因此古代重要的桥梁基本都选用此类型，或单孔或多孔，形态优美，与水相映成圆。拱桥桥身方正，有着阳刚之烈，而拱券柔和的圆弧有着一种和顺通达的柔美，秉承柔而有骨的内核，在清波微澜的水面上展现出刚柔并济之美。

拱桥不仅能充分发挥"圆"的力学特性，更是将其在中国古典文化中代表圆满吉祥的寓意淋漓尽致地表现了出来，使整座桥充满了诗情画意，是典型的科学与艺术完美结合的产物。月夜，拱桥，清波无痕，如一幅唯美的画卷。

图 3-71　潭影桥

19. 出自唐代温庭筠《商山早行》。

拱桥与梁板式桥不同，其体量较为厚重，往往可以独立成为水面上的一道风景，是表现水景的一种方式。拱桥能够丰富水面空间层次，使水面更为平远宽广，亦使远山背景更为深远。从精神层面而言，拱桥也不再完全顺应自然，而更表达出人们视自身为为主宰、意图改造自然的心声（图 3-72）。

图 3-72 桃漾桥

⑤桥之神

在古代，造桥本身是项极其庄严而神圣的工程，是人类挑战、克服自然的行为。当匠人满怀敬畏之心去营造一座桥时，无疑会将匠心发挥到极致，每一个细节都被尽善尽美地打磨着。对当地士绅、百姓而言，也会尽可能多地把当地的文化底蕴注入桥中。

文化的表现形式与桥的营造联系密切，从桥名石、桥联石的题刻，桥身拱券、桥栏杆的形式，栏杆上的精美雕饰，到地面铺装形式，桥头设置的神兽、碑传等，处处体现设计的主题思想，并呈现出内敛含蓄、蕴意纳形的东方文化之美。甚至桥中还暗含奇门遁甲、风水堪舆文化，乃是古人期望通过桥进一步与土地、水神等仙灵沟通，以保一方水土平安。得益于古人的诸多心力，吾辈后人可以管中窥豹，进而解码每一座古桥内承载着的浓厚文化信息（图 3-73）。

图 4-73 碧草桥

⑥桥之工

桥的形态相比建筑而言，显得简洁许多，结构清晰明了，是中国文化简洁之美的代表，亦是大道至简的思想体现。这就要求桥梁的营造须有精湛的工艺。首先，要求曲直有度，横平竖直，线条曲则柔，直则刚，这一特点在赵州桥一例有着充分的体现；其次，材料的选取，亦应精细，需要结合当地实际情况及周围景致要求，选取高质量的材料进行制作加工（图 3-74）。

图 3-74　涧松桥

交通

对于现代化生活，车行是一种主要的交通方式，其载重量远超古人的马车、轮车的承重，为保证桥的外观保持传统特色，需要运用现代结构理论，采用现代材料与结果，比如钢筋混凝土结构、钢结构等，通过精心布置、计算，合理安全地进行主体结构布置。同时，外装饰考虑使用传统元素进行包装，以期达到目标景观效果。

材料

材料的运用上，应进一步认识可持续发展的必要性，充分运用现代材料的优势。比如建造传统木桥时，可以选用钢结构作为结构主体，外包装饰木材，以传统工艺工法加工，使其外观上不失古朴典雅之风。

科技

现代声光电的普及，使我们在园林中可以实现许多古人无法企及的梦想。通过现代灯光亮化工程，可以夜游泛舟或漫步林间，使古桥即使在长夜亦不失其光彩。桥的灯光亮化运用，使桥与水相映成辉，别有一番情趣。

6. 四时芳菲，自然天趣

（1）四时芳菲

园林是有生命的艺术，会随时间的变化展现出多种多样的美。悦容公园设计强调植物的季相变化，考虑四季、四时不同的植物景观，展示园林的时间之美（图 3-75）。

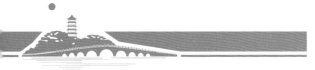

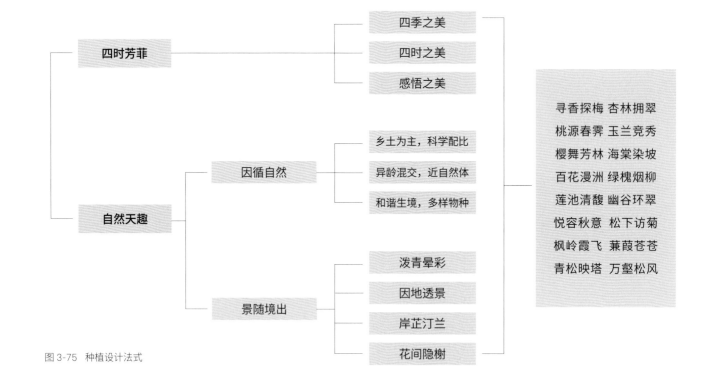

图 3-75　种植设计法式

①四季之美

悦容公园设计以四季为时间线索串联植物景观，将多种季相景观合理嵌入场地环境中。按照中国传统的植物季相节序，将每个季节细化为"孟、仲、季"三个赏景阶段。一年四季十二个月随着孟、仲、季而轮回，每个阶段都设计相应的观赏群落和主要观赏种类。

②四时之美

悦容公园种植设计充分利用地形骨架、空间方位与时间物候的关系，营造"四时之景不同，而赏心乐事者亦与之无穷"[20]的景观意境。

③感悟之美

悦容公园设计中将岁月流转的对比性感悟与植物配置和景点提名、楹联、匾额等精神文化元素联系起来，形成游人与自然、时间与文化对话的时光隐喻之美。

全园规划形成寻香探梅、杏林拥翠、桃源春霁、玉兰竞秀、樱舞芳林、海棠染坡 6 个春景为主的植物景点；形成百花漫洲、绿槐烟柳、莲池清馥、幽谷环翠 4 个夏景为主的植物景点；形成悦容秋意、松下访菊、枫岭霞飞三个秋景为主的植物景点；形成蒹葭苍苍、青松映塔、万壑松风 3 个冬景为主的植物景点，使得全园四时芳菲、四季有景（图 3-76）。

---

20. 出自宋代吴自牧《梦粱录》。

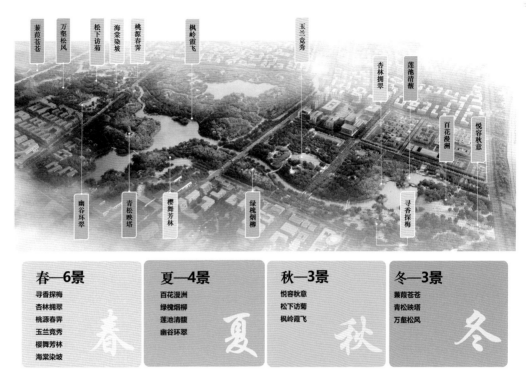

图 3-76 种植设计十六景布局图

（2）自然天趣

①因循自然

乡土为主，科学配比

雄安新区在植物区划上属于Ⅲ区北部暖温带落叶阔叶林区，该区域代表性城市为北京；自然气候特征决定了雄安的乡土植被风貌，同时受到暖温带大陆性季风气候的影响，其原生的地带性植被为暖温带落叶阔叶林和温带针叶林混交。

悦容公园种植设计选择以本区系合适的乡土树种为主，乡土树种占比 90% 以上；从植物配置的科学性出发，结合悦容公园项目特色，构建 3∶7 的常绿落叶比、1∶1 的乔灌木比例和 3∶4∶3 速生、中生、慢生比例。

异龄混交，近自然林

悦容公园种植设计以城市森林生态系统为基质，重构并完善"林、田、湖、河、草"复合生态系统。植物群落选择多种类不同年龄的植物，采用复层的林分结构，形成生态位逐渐饱和的异龄复层混交近自然林（图 3-77）。

图 3-77 异龄复层混交示意图

和谐生境，多样物种

悦容公园种植设计依托生境营造理论，通过研究植物群落与生境的相互关系，构建以常绿针叶林为主的温带落叶阔叶林和常绿针叶混交林，搭配引鸟护鸟的树种和鱼类嗜食的水生植物，营建密林、疏林、农田、河流、湖泊、滩涂、湿地、草地八类生境，构建微栖息地系统，提升公园生物多样性和整体生态质量。

②景随境出

泼青晕彩

"锦障山屏、列千寻之耸翠。"[21] 植物是渲染园林色彩的主要手段，苍、翠、青、碧诸般绿色以及其中点缀的姹紫嫣红，多样的植物色彩极大丰富了园林的色彩感受。

悦容公园山丘植物设计从植物色彩角度出发，以泼青晕彩、绿脉连阜的设计手法，使整个公园山丘中上部以松柏为主，葱郁挺拔；山麓部分与周边景点相融合，多彩绚丽。整个山体植物构成一幅彩绿共融的立体植物山水画卷（图3-78）。

因地透景

"景到随机，在涧共修兰芷。"[22] 植物是园林空间组织的重要手段，在园林中常利用植物取得完全隔断、似隔非隔、相互渗透等不同空间效果，从而使园林景象更显含蓄，亦使景深层次更为丰富。

悦容公园种植设计从植物空间角度出发，在绿地中结合周边环境规划了多个开合有致的植物空间。以草坪为主的开敞空间面积占绿地总面积的20.5%；以疏林草地、灌木林、浅滩湿地为主的半开敞空间面积占绿地总面积的27.4%；以山地密林、生态防护林为主的密闭空间面积占绿地总面积的52.1%。

图3-78 泼青晕彩示意

---

21. 出自《园冶》。
22. 出自《园冶》。

岸芷汀兰

"江干湖畔，深柳疏芦。"[23] 植物在各种水型的岸畔或水面，都起着重要的构图及加强山水气韵的作用。

悦容公园水体丰富，水际植物上层以旱柳、绦柳为主，形成统一基调；中下层结合各个分区进行配置，由北向南逐渐由以生态性群落为主过渡到以观赏群落为主，北苑下层以观赏草为主，中苑以鸢尾为主，南苑以宿根花卉为主，形成悦容公园水际植物幽静含蓄、色调柔和的基本格调。

花间隐榭

"槐荫当庭，栽梅绕屋。"[24] 园林建筑及庭院中植物数量不多，但所处位置重要，对园林效果和意境起到关键作用。

悦容公园园林建筑及庭院的种植设计，主要从三个角度入手：突出建筑文化主题，表达文化内涵；丰富建筑艺术构图，融合建筑与自然关系；服务建筑功能，以期构建悦容公园庭院植物文化主题突出、人工要素融合渗透自然山水的景观效果（图 3-79）。

图 3-79 花间隐榭示意图

---

23. 出自《园冶》。
24. 出自《园冶》。

4

CHAPTER 4

第 4 章

读 园

装缀园林新景物，推敲风月旧情怀。

——吴潜《浣溪沙》

王仲至

米元章

悦容公园中九个大师园的造园故事、设计方案以及造园理法的详细阐述。

4.1

"松间六事"·松风园

中华文明轴南源江河、北指燕山，是雄安新区最重要的轴线，在神州大地上绘就了一幅虚实相辅、天人合一的中国画卷。在雄安新区范围内，轴线具化为众多的公园绿地和重要场馆，集中体现了灿若星河的中华五千年文明史。悦容公园是这条轴线上浓墨重彩的一笔，是集中反映中国园林"传统与现代""形式与思想""传承与创新"的所在。

悦容公园由南至北分为三进苑，三苑之下，再分九园。九园之一的松风园位于中华文明轴之北，悦容三苑之北，悦容九园最北。从中华文明轴的中华腾飞馆一路向北，惯见繁华，方至身负"三北"之名的松风园（图 4-1）。

图 4-1 松风园平面图
资料来源：松风园项目组绘制

松风园的外在风貌是什么？内在思想是什么？定位是什么？缘此三问，我们从中国古代哲学与文化中寻求答案。

1. "朴"与"器"

春秋时期，老子洞悉天地运行规律，了然世间万物消长法则，《道德经》至今仍具有很强的现实指导意义。其中的第二十八章写道："知其雄，守其雌，为天下溪。为天下溪，常德不离，复归于婴儿。知其白，守其黑，为天下式。为天下式，常德不忒，复归于无极。知其荣，守其辱，为天下谷。为天下谷，常德乃足，复归于朴。朴散则为器，圣人用之，则为官长，故大制不割。"

文中提及"雄与雌""白与黑""荣与辱"，是互为对立的事物，意在引出解决问题的方法——"复归于婴儿""复归于无极""复归于朴"。发现问题后，带着已知的经验和教训，抱着谦逊的态度，不受已知经验的干扰，重新回到事物的起源去思考问题。"朴散则为器"——老子的"朴"是无，是抽象的道理；"器"是有，是具象的载体。回归于"无"，才能生出新的"有"。

《道德经》较难理解，可以用另一个例子来补充阐释。元代文人画肇始于赵孟頫，他不落宋代院画"精巧、细腻、写实、成熟"的窠臼，而是带着对宋画了然于心的经验，转而研究更为古远的唐画，学古而不泥古，开创了元画先河。赵孟頫的"朴"是个人对自然山水的重新解读，他的"器"是自出机杼的创新画作。其后的元四大家[1]，师"赵"而不拘泥于"赵"，每个人又发展出各自的画风，并影响了之后数百年的中国画坛。

回到母题——中国园林是造园师或园主人的内心对外部世界的物化，是人与社会、人与自然关系的缩影，是中华文化基因的延续。时至今日，技术层面已臻成熟，去模仿重现资料齐备的明清园林，并非难事。挑战在于带着"中国古典园林理论"的既有经验，重新思考"人与社会、人与自然"的关系，重新审视现代人的精神需求，以新的观念为"朴"，以园为"器"，寻求符合时代特征的当代园林理论与实践的突破。即使只有极小的进步，也可作为处于这个时代的我们，为园林行业发展作出些微贡献。

2. 一图一记一阕词

松风园方案构思分为三步。其一，钻研"先有《狮子林图》，后建狮子林"的古法，构思了既有古风，又能被现代人接受的"松间六事"，借助古画素材，合成《松风园图》，用以定景；其二，学习陶渊明的《桃花源记》等诸多古代游记，想象建成后的场景，落位六事，写出《松风园记》，用以叙事；其三，结合《松风园图》（图4-2）和《松风园记》，填一阕词，用以达意。一幅画，一篇记，一阕词，有画意、有诗情、有生命。

---

1. 元代山水画的四位代表画家，主要有二说：一说指赵孟頫、吴镇、黄公望、王蒙四人，见明代王世贞《艺苑卮言·附录》；一说指黄公望、王蒙、倪瓒、吴镇四人，见明代董其昌《容台别集·画旨》，此处采用董其昌说法。

图 4-2 《松风园图》
资料来源：松风园项目组绘制

（1）《松风园记》

雄安之北有九园，最北曰松风。未知若何，心向往之。

余自西缘路穿堂入。睹砂屏环松，近明远晦，颇似黄庭坚笔意。向东复见两屏，左屏罩卧石偃松，五石寂然，三松灵动，破壁欲出。右屏内无一物，惟天光承松影下泻，满塞其中（图 4-3）。

复行二三十步，愈加昏暗。绕高竹，见大湖。环湖皆山，青翠盈目，游人络绎。仰顾苍松遏云，蛟然若行于天际。俯察白鱼穿莲，啸侣倏忽西东。湖中云雾缥缈，有松石岛，曰芝岛。无人迹，隐见松下棋坪。吾尝闻王质观仙人对弈，烂柯忘归，然则此地水碧山青，四时一色，忘时岂非常情（图 4-4）？

湖西北嘈然有水声，循声见瀑，入草庐观之。水大如白练，水小若贯珠，霏微似雨露，久坐不厌。逆水溯源，谷口有石，上刻"天下溪"。溪边傍花随柳，岸势明灭可见。上行百二十步，水穷处，松林间有矶横出，矶名"知守"，矶下白雾磅礴，始知湖瀑源出于此（图 4-5）。

矶外西北而行，白石引路，愈见山高林密，路转忽见竹屋，架于松林间。有居士于内，见客至，论金经。少顷，语客曰："竹屋之东，山壑间遍植松木，松下茑萝承翳，有高台于峰顶，宜远眺，蔚为大观。"（图 4-6）

图 4-3　"松间六事"之"品画"
资料来源：松风园项目组绘制

图 4-4　"松间六事"之"寻仙"
资料来源：松风园项目组绘制

图 4-5 "松间六事"之"观瀑"
资料来源：松风园项目组绘制

图 4-6 "松间六事"之"参禅"
资料来源：松风园项目组绘制

　　沿磴道东行，盘旋于松壑。久而渴，适见茶寮，松柱苇帘，半入松下，半倚山腰。茶名"荷钱"，取自大淀古淀，味苦辛，微涩。须臾，口舌生津，乏累尽去。闻内室有琴声，问之，对曰："嵇康之《风入松》也。"应时入景，一时畅然（图 4-7）。

　　辞而东上，时与三五游人擦肩。至顶，豁然见天光，白塔在望，山原旷盈视。古淀杳然，川泽纡骇瞩。风萦入松，倾听，有泛音、按音、散音之变，细微处非言语可及。此真《风入松》也，此真天籁也！始知园名松风，盖因八百松于峰上而得名也（图 4-8）。

图 4-7　"松间六事"之"问茶"
资料来源：松风园项目组绘制

图 4-8　"松间六事"之"听籁"
资料来源：松风园项目组绘制

背下峰台，足往神在。归路北望，平野疏旷在前，峰岭叠嶂于后，云雾起于林木之间，绝类山水长卷。逡巡往复，踟蹰而不肯去。历品画、寻仙、观瀑、参禅、问茶、听籁六事，是以记之。

（2）《风入松·松间六事》

雄安水北数峰青。松柳禽鸣。随波品画寻仙迹，灵光曳，忘却前情。逆水溯源观瀑，参禅竹宇谈经。

听琴帘下小山横。问茶云坪。碧柯八百灵峰上，听天籁，若古音蓥。入画得游长卷，归书六事之铭（图 4-9）。

3. 松风四式

结合对时代及行业的思考，我们将松风园的造园法式凝练为"抱朴""守真""研古""求新"四式。

（1）抱朴

除了前面提及的"朴"，是抽象的道理，是观念，是个人对自然山水的重新解读。松风园的"朴"，可以升华理解为"惯见繁华后的超然与无华"；还可以抽象地理解为"着于形，却又无拘于形"。"朴"也可以具象为"木、素混、天然石头、竹条、苇席"等视感、触感质朴的材料，不刻意拒绝附着其上的适度雕饰，不刻意拒绝现代材料——合则用，不合则弃。

松风园的"朴"，实质上是中国"天人合一"思想的体现，是基于中国古代哲学思想的超然思考。

图 4-9 《风入松·松间六事》词意
资料来源：松风园项目组绘制

（2）守真

随着园林施工的产业化，当代园林建设中的苗木、材料、施工工艺呈现流程化、标准化、趋同化的趋势，尽管严格的施工标准在某种程度上确实加快了园林绿化的建设速度，保证了建成效果，但随之带来一系列问题，比如树木形态标准划一，群落之间没有顾盼关系，亦如标准化的建材让园林缺少了"温度"，建成效果无法达到设计师意图等。园林过于工整，过于新，而失去了"真"，也失去了"朴"。

希望松风园的建设，能达到"真"：随着时间的流逝，树木会慢慢长大，会自发形成俯仰向背的关系，树枝会慢慢伸向水面，石墙的砌筑和山石的摆放能体现工匠们"巧而不工"的技艺。从而让后人看到时间的痕迹，理解我们这个时代的造园思想。

（3）研古

① 研"园"

中国园林形成于秦汉，经历了唐宋的园林全盛期，以及元至清末的园林成熟期。有别于谐趣园之于颐和园，静心斋之于北海公园，松风园是悦容公园内没有围墙的园中园，与桃花园、环翠园，乃至与悦容公园融为一体，从而生出"本该如此"的和谐状态。

从松风园外看，自北峰顶上，南望远处白塔之下的川泽汀渚，北望广袤的绿博园及兰沟洼湿地；园东，架于松林间的"观畴台"，可看田舍炊烟、桃树盈园的桃花园；园西，覆土建筑的峰顶，可向南俯瞰环翠园的幽谷翠廊（图 4-10）。

松风园内可观水影山色，听泉声梵音，闻松林清香，品"荷钱"甘苦，抚粗粝竹石。全感官调动眼、耳、鼻、舌、身，再加上四时之变、阴晴之变、昼夜之变——睹森然万象，以观照内心。

图 4-10　松风园西入口效果图
资料来源：松风园项目组绘制

② 研"事"

松风园以"松"为主题,"松"是国画中出镜率颇高的自然元素,伴随松出现的还有"山"和"水",以及松间雅事。从百余幅古今国画的十多件松间雅事中,我们提炼出"品画""寻仙""观瀑""参禅""问茶""听籁"——"松间六事"。

"坐知千里外,跳向一壶中"[2],中国传统园林缩江山入画,涵万事于诗,凝天地成园——壶中天地,艺道相和。"艺"指"诗、书、礼、乐""琴、棋、书、画"等诸般技艺,"道"指由"佛、道、释"三种思想融合而成的中华哲学思想。

"松间六事"是松风园作为"器"的重要元素,和传统园林中的"艺"与"道",也是相符的。

③ 研"卷"

长卷是中国画独有的叙事方式。东晋顾恺之的《洛神赋图》,用长卷描绘了曹植与宓妃"相遇、相慕、别离、相思"故事的三个场景;南唐顾闳中的《韩熙载夜宴图》,用长卷描绘了官员韩熙载家筵过程中"听琴、观舞、休息、清吹、送客"五个场景(图 4-11);北宋张择端的《清明上河图》以河为线索,讲述了汴梁 200 多个行业的若干故事。三个长卷的故事组织方式,成为可供"松间六事"参考的思路。

④ 求新

求新,是基于中国传统园林思想传承,适应现代人使用习惯的创新。松风园有三个创新点。

其一,"松间六事"的排列方式,借鉴中国长卷的叙事手法,依托中国园林的美学经验,以及现代电影的场景转换方式,进行了事件及场景重构:将"松间六事"放置在东路、西筑、

图 4-11 南唐顾闳中《韩熙载夜宴图》局部
资料来源:故宫博物院馆藏

---

2. 引自唐代王维《赠焦道士》。

南塬、北丘、中心湖的山水框架中，形成松风园六景。

其二，在松风园的古意框架下，同时考虑现代人生活的需求。比如：西侧覆土建筑下的自然美学工坊，西北"参禅"景点的清明禅修课程，北丘"问茶"与"听籁"之间的仲夏音乐会，北峰顶"听籁"顶层的松风雅集，从湖边至峰顶的松径夜游活动。从现代人注重的养生、礼仪、美学、自然体验的方向出发，结合传统节日和文化传统，对"松间六事"进行了全新的解读和演绎。

其三，松风园开创性地以"手联"替代了中国传统的"联额"。松风园的建筑风格取自太行山民居，又进行了符合现代审美改造的变形，不适宜悬挂传统"联额"。为了点景，我们分别在"松间六事"的建筑实墙、玻璃幕墙、门口矮墙、扶手栏杆等显眼处，定制了六块铜雕，分别镂刻了六句短句：

> 品画——山川相缪，郁乎苍苍；
>
> 寻仙——手谈未尽，樵子安在；
>
> 观瀑——老笔写古意，知守天下溪；
>
> 参禅——应无所住，而生其心；
>
> 问茶——三杯知味，一壶得趣；
>
> 听籁——松风古今，与子共适。

至此，我们可以回答开篇三问。

松风园蕴含中华哲学思想，提炼出"抱朴""守真""研古""求新"松风四式，借助挖湖、起丘、隐筑、圆境四个实施步骤，山川为骨水为墨，绘就"滩、塬、湖、瀑、溪、湾、丘、岛"八种自然山水形态，融入品画、寻仙、观瀑、参禅、问茶、听籁等松间雅事，结合时代审美意象，传承中华文化基因，形成了松林环抱、青丘幽趣、随性质朴的隐逸"朴"境。

轴线未尽，文明永续。松风园居九园最北，借六事为器，负三北之名，去繁华而归朴。希望人们能在松风园找回自己的初心。

4.2
"桃花源记"·桃花园

1.城市公园与传统园林

桃花园所在的悦容公园是容城与容东片区之间重要生态景观廊道，也是起步区中轴线的北延伸段，承担着城市绿色开放、生态共享、弘扬文化、追求艺术、传承经典等功能。

桃花园首先基于未来雄安中心城市公园的重要组成部分开展构思，以满足当代城市公园多样的户外活动需求。作为面向未来的新园林的一部分，桃花园将是生态的、艺术的，并能够为这座新城未来的户外生活提供丰富的创新可能性。

同时，桃花园作为公园未来九座"园中园"之一，应承载传承中华优秀传统文化，尤其是传统园林文化的使命。依托古人的桃源文化，结合未来城市需求，营造优良的、具有特色的现代人居环境。桃花园将借助园林空间的营造，成为"中国园林文化室外大讲堂"的一部分，彰显中国造园思想的精髓。

因此，桃花园的设计既是中国传统园林文化的再现，又是未来理想桃源生活的重构；既彰显中国造园思想的千年传承，又依托当代社会的需求寻求创新与转译。

2.景面文新

(1)立意：借景

园林设计讲究"意在笔先"，即造园之初，在明确造园宗旨和功能后，往往要首先确定园林的意境，从而指导物境的产生，实现物我交融。意的产生在于借，中国工程院院士孟兆祯先生分析得出，"借"与"藉"为同义。因此，在经营桃花园之前，设计师首先明确其设计所"借"的对象，即中国的桃源文化。桃源文化有着悠久的历史，来自陶渊明笔下《桃花源记》的创作，成型于魏晋南北朝，结合不同时期社会状态的差异，桃源文化也随之发展，如唐代的仙境化与世俗化、宋代的隐逸与避世思想等（图 4-12）。桃源文化的兴盛衍生出了大量的艺术作品，如在《全唐诗》中，提及"桃源"的便有 362 首，而在《全宋诗》中更是出现了 662 首。基于桃源的故事，各代画师也绘有许多桃源画作，这些画作多以长卷的形式展开，叙事性地表达

《桃花源记》中渔人的所见所闻，如文徵明《桃源问津图》、仇英《桃花源图卷》、钱毂《桃花源图卷》等（图 4-13）。园林方面，受桃源文化影响最为典型的当属圆明园四十景之一的"武陵春色"，而苏州古典园林中所展现的空间对比、引导、暗示、障景等经典造园手法，也无不体现出桃源文化空间特征的影响。

多样的艺术作品展现了不同时代、不同思想的中国人对桃源文化的理解。作为中国文化的重要组成部分，也许每个中国人的心中都有自己所向往的、独特的桃源生活。追根溯源，这些作品与理念都源自陶翁的《桃花源记》，因而桃花园设计亦凭借陶渊明笔下《桃花源记》之意境而生。

《桃花源记》是中国历史上最为经典的文学作品之一，它表达了深处乱世的作者对安宁、美好的理想社会的向往，同时也描绘了"发现桃源""桃源见闻""源中闲聊""源中畅饮"（图 4-14）以及"离开桃源"五个场景，这一系列场景则是千余年来中国经典文化空间的代表。中国园林的内核是"景面文心"，园林空间则是人文内涵表达的媒介。因而桃花园设计的具体意

桃源意象演变

仙境意味和隐逸世界	仙化与世俗化	隐逸与避世	隐逸思想	对桃源意象的认同
魏晋南北朝	唐代	宋代	明代	清代

时间轴

图 4-12　中国古代桃源意象的演变
资料来源：桃花园项目组绘制

图 4-13　《桃花源记》中各景观要素在古代山水画中的呈现
资料来源：松风园项目组绘制

图 4-14　明代文徵明《桃源问津图》局部：源中畅饮
资料来源：辽宁省博物馆藏

境便取自《桃花源记》所表达的文化意象与一系列事件场景，通过文中所展现的渔人、桃源居民与世人的三种视角，以园林手法表达纯美自然、理想社会与和谐家园的三大设计理念，从而具体指导造园的布局和理微。

（2）相地：审思

相地，是对设计场地的审查与思考。

就审查而论，桃花园场地位于悦容公园的北侧，是起步区中轴线的北延伸段及重要生态廊道的北部开端，占地总面积约 6 公顷，整体呈现西北山体环绕、中间一河川流之势。场地以北面向三条水系交汇口处的湿地，河流从场地中间穿过。河道以西的场地沿河流分布，狭长滨水；河道东侧面积较大，地势向河流缓慢下降。相对于河流西侧的山体，桃花园场地地势较低，与对岸松风、环翠二园呈俯仰对望之势。

审查场地内外地势关系之后，便形成地势设计的构思。场地周边山水环境优越，而《桃花源记》所描绘的桃源亦是山环溪引，故桃花园地势关系梳理的要义为延山引水。园中主山立于河流以东、场地北侧，东延西侧园外山体，成其余脉，一气呵成。场地四周营建的微小地形，不与周边环境产生较大差异，又结合植被等要素形成桃花园的独立空间，游人行走周边只见山林而不知园内风景，营造山中"世外桃源"之境。同时，依托河流引水成溪，塑造缘溪而行之景（图 4-15）。

3. 桃园十式

以河道为界，桃花园分东西两区。两区各要承载不同的城市户外活动功能，又要呈现桃源文化的景观特征。桃花园西区以《桃花源记》中渔人发现桃源的过程为线索，营造体现山林自然之美的路径式体验空间；东区则以渔人的桃源见闻、体验为依据，营造以感受田园社会之美的活动式体验空间。凭借《桃花源记》中不同的意境，桃花园通过游览路径串联组织起整座园林的意境构架，以逢、遇、观、转、思、眺、游、望、赏、隐十式营筑桃花园美景（图 4-16）。

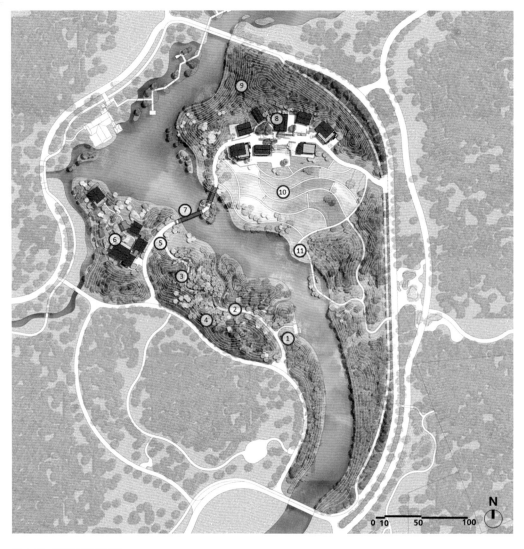

① 码头
② 缘溪行
③ 山有小口
④ 桃花林
⑤ 豁然开朗
⑥ 桃园学堂
⑦ 双桥
⑧ 桃园村落
⑨ 桃园深处
⑩ 田园
⑪ 桃溪渔隐

0 10   50   100   N

图 4-15 桃花园总平面图
资料来源：桃花园项目组绘制

图 4-16 鸟瞰桃源
资料来源：桃花园项目组绘制

（1）逢：缘溪行

市民、游人与桃花园相逢，或自西南侧主入口入园，或经码头上岸入园。一条曲折有致的园路会将人引入茂密的桃林，道路周边地形逐渐起伏，路旁引河水成溪，水草丰茂，得益于道路、溪流的尺度和地势的变化。桃林呈环抱之势，春季芳草鲜美，落英缤纷，给人以兴奋、惊喜之感，引人步入桃花园深处（图 4-17）。

（2）遇：山有小口

山有小口的营造是为游人正式进入桃花园提供一个明确的空间转化。两侧土山地势逐渐陡峭，而后收缩成石壁，如山中堑道。游人穿梭于石壁之间，两侧植物茂密荫蔽，阳光照亮石壁上缘，情境由引人兴奋转为神秘。

（3）观：仿佛若有光

步入石壁通道的尽端，地势逐渐降低，阳光照射则逐渐明朗，光影的变化暗示了桃花园的到来。

（4）转：豁然开朗

过洞口，眼前景致豁然开朗。近处是开阔的芳林草地，茂密的植物在此变得疏朗，视线由堑道区域的幽闭发生了转变：眼前正对的是桃园学堂的一组院落和川流的河道，河道上一对虹桥将实现引向对岸，隐约可见成片的山居村落和田园桑竹，仿若一幅自然与田园交织的山水画卷。

图 4-17 "逢：缘溪行"效果图
资料来源：桃花园项目组绘制

（5）思：桃园学堂

桃园学堂是一组院落建筑，以化整为零的方式与周边环境融为一体。这组院落由四座建筑及其连廊构成，室内提供了三处多功能的教室以及一处面向河口、具备绝佳观景视野的茶室，室外则通过建筑围合形成户外剧场、舞台、庭院等交流空间。学堂院落通过大量廊、亭等灰空间的营造，既塑造了院落的统一性，又弱化了建筑的体量，模糊了建筑与环境的界限（图4-18）。

（6）眺：双桥虹引

一大一小两座虹桥建于河道之上，联结桃花园的东西场地。两座虹桥既是远眺河流、湿地景观的绝佳场所，自身也是河道上的一处美景。

（7）游：桃园村落

向东跨越虹桥，便到达展现田园社会之美的东区。北部一组山居村落，屋舍俨然，依山而置，村落建筑以木、石为材质，或相互围合成场地，或向外观景形成露台。多样的建筑形式和空间尺度为建筑功能提供了多样的可能性，可供餐饮、销售等各类商业用途（图4-19）。

（8）望：归园田居

村落南面设置有露台，以供眺望观景，近可见良田桑竹，中则有双桥虹引、滨水桃园，远则可望松风、环翠双园之四季景色。

（9）赏：良田桑竹

村落以南，依托场地与河流之间的高差分设台地，上层种植成片竹林，下层则为田地，岸边则设置亲水路径与平台，成一片阡陌交通、良田美池桑竹之景。在高速的城市生活中，为市民提供一处体验田园、开展农事活动的场所。

（10）隐：桃源渔隐

最后，一条曲折的路径将游人引入山林之中，数步回首已不见田园村落，后便可出桃花园返回公园之中。

桃园十式皆出自《桃花源记》，而其承载的又是当代城市公共生活的多种功能需求和城市居民所期盼的空间体验。桃花园的营建实则是对桃源文化在当代转译的探索与重构。

图 4-18 桃园学堂效果图
资料来源：桃花园项目组绘制

图 4-19 桃园村落
资料来源：桃花园项目组绘制

4.3

"幽谷环翠" · 环翠园

为天下溪，常德不离，复归于婴儿；

为天下谷，常德乃足，复归于朴。

——老子《道德经》（心源）

莫春者，春服既成，冠者五六人，童子六七人，浴乎沂，风乎舞雩，咏而归。

——孔子《论语·先进》（场景）

1. 以境启心，模山范水

悦容公园距太行山 50 余千米，属于太行山水的景观辐射范围。太行山有八陉，为古代晋冀豫三省穿越太行山相互往来之咽喉通道，乃太行山军事、商贸和文化交流的大动脉，见证了中华民族不可磨灭的历史足迹，故太行八陉不仅仅是一种地理特征，更是承载了太行山地区人民勇于开拓、朴素自然和天人合一的精神文化象征。

环翠园模山范水，太行八陉一系列围谷空间（生境），深得画论审美启发，外师造化，中得心源、迁得妙想，有机组织人文景观序列，形成可啸、可游、可舞、可闻、可观的任尔逍遥的动态体验（画境）（图 4-20），因而得到复归于真的心境，此真为真如，乃证得空性后的

图 4-20 《环翠堂园景图》局部
资料来源：李登题签，钱贡绘图，黄应组刻，新安汪氏环翠堂刊

最高智慧。咏而归是指在社会安定、国家自主、经济稳定、天下太平的大环境中，每个人都享受真善美、乐而得其所的理想境界（意境）。

环，环绕，围绕；翠，此处有两意，一曰翠柏属的各种植物的统称，一曰青、绿、碧等多种绿色。故而全园植物以松柏竹柳等呈现九种绿色。其中柏树为古代祭天树种，坚毅挺拔，乃百木之长，作为与天沟通的一个载体，人与天感而遂通，故乃藉翠归真。

古代诗句、画作多以"环翠"描写茂林修竹环绕屋舍，幽深僻静，使人不出城郭而获山林自在之怡，身居闹市而有林泉逍遥之乐。同时，"环翠"的意象还隐含着避俗隐居、逍遥通透的精神内在（图 4-21）。

2. 以形媚道，得趣合天

（1）明旨——"复归于真，咏而归"

久在樊笼里，复得返自然，身体上回归自然山水，更是心理上回归本真的境界。以境启心，因境成景，承山水画论三远之境，揽太行八陉幽谷之胜，体现典型的地方文化脉络。

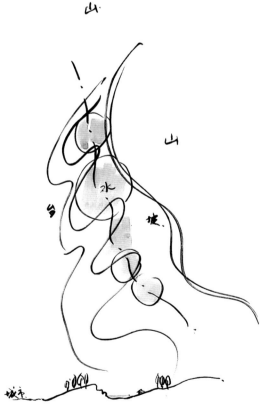

图 4-21 环翠园方案平面构成
资料来源：环翠园项目组绘制

（2）立意——"芳华翠盖，太行八陉"

模山范水于太行八陉峡谷空间，有法无式，体现出空间高度的整体性和有机性。

以山居、水居、竹居立意，拟大观，允小筑，构石为山，有若自然。赏玩幽谷之胜、魏晋之韵、逍遥之趣。全园景以境出，余韵适可而止，而又再发。

（3）相地——"浅深得乘，风水自成"[3]

场地南北长 394 米，东西宽 150 米，平均标高 12.4 米，呈狭长状。西侧紧邻城区，为北苑主入口；南侧与总园中部隔东北两侧为北苑主次山脉，北侧为北苑主山，设松风园，园内观主次山脉。

松风园以主山为靠山、中部翠溪为案，园区整体格局和环翠园内部格局都是西北高东南低，形成抱阴负阳、左山右水的山水格局。

近观东侧次峰，遥看中苑白塔。虽场地有限，然因借于巧，远近交融，直抒胸臆（图 4-22）。

---

3. 引自晋代郭璞著中国古代风水典籍《葬经》。

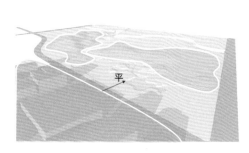
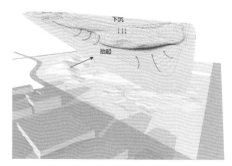

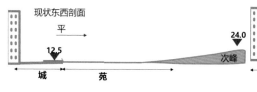

图 4-22　现状山水问题及调整山水格局
资料来源：环翠园项目组绘制

（4）借景——"爽借清风明借月，动观流水静观山"[4]

因地借景，得体合宜，取景不拘于园内。园外有园，景外有景，园外借景，园内对景。

仰借松风园，谓之高远；邻借园中次峰，谓之平远；远借中部白塔，谓之高远，颇有野致。

远借、邻借、仰借、俯借、应时而借；花影、树影、云影、水影、风声、水声、鸟语花香；无形之影、有形之影，交响成曲，借景随机、触情俱是、臆绝灵气（图 4-23）。

（5）布局——"环翠玉如意，天地一壶中"[5]

以太行八陉的围谷景观为范本，移天缩地、法无定式、未山先麓、构图成冈、多方景胜、咫尺山林；水以三远两岸山石水草交互掩映，令人莫知水径前景，水湾转折迂回，一片光明，沿路营造水雾水影，动静交呈，空间格局明晦变换，寻求若有似无的空间感受。

景面文心，以艺驭术，山水以形媚道，生态自然得趣合天。

布局师法太行八陉的珠串式景观序列：花溪鸣翠、竹柳映翠、云台锁翠，形成"收—放—敛"三个景观序列空间（图 4-24）。

花溪鸣翠：崇山间，蜿蜒盘绕，或瀑流湍急，或有顽石丛生，尽端有桃花渚，落英缤纷。

竹柳映翠：湖面开阔，沿岸柳树依依，营造青翠幽静的竹径柳堤景观，翠柳映水，竹影婆娑之景跃然。

云台锁翠：V 形谷北侧有一深潭，南侧为一夹溪，山高谷深、雄关险踞，景色秀丽。

---

4. 引自唐代文徵明作苏州拙政园梧竹幽居楹联。
5. 后半句引自唐代刘禹锡《寻汪道士不遇》。

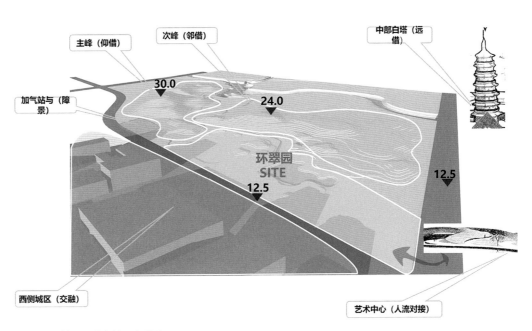

图 4-23　悦容公园北部地区鸟瞰图
资料来源：环翠园项目组绘制

图 4-24　环翠园鸟瞰图
资料来源：环翠园项目组绘制

八个景名共同塑造了环翠的空间及主题：修竹长啸、翠云绿廊、洞天接秀、一境衔天、涵碧得真、舞雩缥缈、桃花熏渚、着舟不系（图 4-25）。

景点与游线，形成可游、可啸、可吟、可悟、可咏、可舞，营造幽谷翠廊，使得人们不出城郭而获山林之怡，于山际水畔行吟啸傲，游目骋怀，得以从世俗中抽离出来，藉翠归真。

（6）理微

①建筑——"因山构室，其趣恒佳"[6]

避嚣烦，寄情赏，达清幽，山居有清流翠筱之趣、竹坞花洲之胜，人工景物，犹如天成。因地因材，利用天然山水树石，施以人巧，合组而成（图 4-26，图 4-27）。

图 4-25 环翠园景名分布鸟瞰图
资料来源：环翠园项目组绘制

图 4-26 北宋佚名《秋溪待渡图》
资料来源：台北故宫博物院藏

图 4-27 北宋巨然《秋山问道图》局部
资料来源：台北故宫博物院馆藏

---

6. 引自清代乾隆《白塔山记》。

苍松双隐："蘅皋蔚雨生机满，松嶂横云画意迎"[7]

云隐轩建筑面积 1040 余平方米（含廊架，其中管理中心 570 余平方米），占地面积 570 余平方米（含廊架）。一层面向城市，办公空间；二楼则面向园内，赏景兼服务功能。

两处草房，前后相应，双面草坡屋顶，传统木质穿枋结构，石砌墙体，双双隐于松樟云间，展现一幅长卷画的场景（图 4-28）。

涵碧得真："薄世临流洗耳尘，便归云洞得天真。精养灵根气养神，此真之外更无真"[8]

环翠山房整座建筑掩藏于碧山之中，飞瀑漱石，云抒月来，叠水迎宾。上接桃花熏渚，下临长啸台，凭临恰在水中央，就洞凿室，援人登彼岸，洞内凿刻魏碑，有联曰："薄世临流洗耳尘，便归云洞得天真。精养灵根气养神，此真之外更无真。"

典故出自清代吴清来道士修行之事，凿慈云洞，方便众生。开拓之气，修己达人。从物质形态的道，升华为精神层面的"道"，实现了"天人合一"、回归本真的境界。

洞内有三室开窗，北有"缆松聆风筱"仰望松风园主峰，南有"碧渚堂"观湖光山色，西侧有"映翠室"，回望揽翠胜景，尺幅窗，无心画。

环翠山房室内电梯直达山顶，奇峰、怪石、波光云影的画境随处可见，与修竹长啸和舞雩缥缈为全园三个主要透视点，三足鼎立，互为对景（图 4-29）。

主入口大门："竹林情缘易逗，园林意味深求"[9]

自然景石，植物环绕，约而不陋，入口即环翠。往南而行进入锁翠景区，亦可至背面长啸台。入口空间经几次收放，涉门成趣，若隐若现，逗人深入，欲露先藏，豁然开朗。

图 4-28　云隐轩效果图

资料来源：环翠园项目组绘制

图 4-29　环翠山房效果图
资料来源：环翠园项目组绘制

修竹长啸："独坐幽篁里，弹琴复长啸"[10]

长啸台放歌长啸，傲然自得，此处为主入口，以啸的方式渲染"旷达而不拘礼法"的氛围，修竹掩映之间，可歌吟、可旷观、可演绎。

旷观柳竹映翠，尽得南北两山之胜，俯瞰池波，草木掩映，水色深如墨池，卧石浅露、聚散有致，后设观景平台，可下至水侧。与舞雩缥缥隔水相赏，顾盼生情，松竹深幽，绝无尘事（图4-30）。

舞雩缥缥："风乎舞雩，咏而归"[11]

舞雩缥缥紧邻墨池，被竹林三面掩映。旷观幽观兼得，北观桃花渚、环翠山房、云岫亭，俯瞰墨池、慈云洞，瀑布声不绝于耳。

舞雩台是士人游春纳凉之处，独有"溪边自有舞雩风"[12]的潇洒，以显圣贤乐趣。

着舟不系："舟上静坐一炉香，终日凝然万虑忘。不是息心去妄想，都缘无事可商量"[13]

桃花渚尽端别置一小船如叶，恍若画图中一孤航，放乎中流，有一老翁酣睡正浓，或雪雾月明，或桃红柳媚之时，放舟当溜吹紫箫铁笛，以动天籁，逍遥一世之情，何其乐也（图4-31）。

---

10. 引自唐代王维《竹里馆》。
11. 引自东周孔子《论语·先进》。
12. 引自宋代苏轼《被酒独行遍至子云威徽先觉四黎之舍三首·其一》。
13. 出自守安禅师《南台静坐》。

图 4-30 修竹长啸效果图
资料来源：环翠园项目组绘制

图 4-31 桃花熏渚效果图
资料来源：环翠园项目组绘制

②花木——幽静翠隐、环碧如画

各类绿叶深浅不一之乔木，依山水之势而布，借以苍松翠柏，繁花异木，营造苍郁荫浓之翠碧画卷。三大景观序列空间，花木四时景致不同，共同构成从柳黄、嫩绿、葱绿、草绿、油绿、青葱、绿沈、松花绿、黛绿 9 种环翠。

各种植物的"翠"在四季变化（图 4-32）。

春季主要观赏乔灌木新叶：柳黄、嫩绿、葱绿。

夏季主要观赏乔木葱郁之貌：草绿、油绿、青葱、绿沈。

秋冬季主要观赏松柏、竹类：绿沈、松花绿、黛绿。

"花溪鸣翠"：花繁蔓倩，流芳逐水

春有桃花戏水，夏有幽香叠翠。主景植物为山桃、山杏、海棠、樱花、迎春、连翘、丁香、菖蒲等。背景植物毛白杨、槲栎等。

"柳竹映翠"：水青草茂，柳竹成荫

早春烟柳锁池塘；夏日林高望远，山房绿云当窗，竹径草木深长；秋来芦荻逐水摇，红云掩映万树中；冬日柳竹变琼枝，山水两茫茫。主景植物为垂柳、旱柳、早园竹、芦苇、菖蒲，背景植物为小叶朴、核桃、银杏、元宝枫、茶条槭、荆条等。

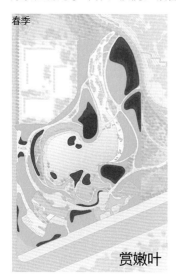

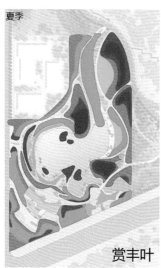
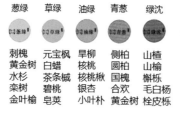

图 4-32 植物"翠"色四季景观规划

资料来源：环翠园项目组绘制

"云台锁翠"：碧树重重，细水淼淼

春日芳草夹溪，岸芷汀兰；夏至山峰拥青，翠幕蔽重阳，秋日风高万树红、冬来松柏翠。主景植物为油松、青扦、白扦、侧柏、核桃楸、白蜡、栓皮栎、黄栌、花木蓝、麦冬等。

3. 掇山理水十二式——"以土戴石，俨如真山，有若自然"

叠山做法，采用石包土，下部叠石，上部积土点石，以镶嵌山之简洁遒劲，峰与皴合，深溪幽壑，势若天成，得减人工，又省物力。

以园林缩尺读取"峰、峦、岭、岫、洞、谷、台、溪、洲、瀑、滩、潭"12 种太行八陉围谷的空间句法，是自然山水片段的园林尺度化的表达，平衡各种要素之间的系统关系以及与人类活动的和谐关系，与建筑的互相融合，突出了场地高度的整体性和有机性。

根据环翠园的空间设计，将 12 个空间句法概要总结 12 个法式，还原场地设计场景：

第一式"峰峦绕舍"：石分三面，路看两歧，溪涧隐显，曲岸高低。

第二式"幽岫含云"：湖石散置，峰石竞秀，景象势若天成。

第三式"平峦翠色"：山借树为衣，树借山为骨。形虽断而气势连贯，虽断犹连，有断若续，似断欲连，有平远流动之势。

第四式"云径漫岭"：漫步之径，陉缘池转，随宜曲折，或高或低，步移景异，引人入胜，乃为动观。

第五式"洞窥山色"：山洞当窗，宛然若画，乃为静观，人临其境，豁然开朗，妙不可言。

第六式"闲谷流水"：卷山勺水，天地之故，静中引动，就地取材，掘池得土掇山，使土方平衡，合理经济。

第七式"曲岸深潭"：水面辽阔，曲岸迴沙，有序组织声光色味，四季如画，天然真趣。

第八式"云台锁翠"：旷观地形，登高远眺观景之绝佳场所，设主景"舞雩台"。

第九式"柳岸夹溪"：山林野趣，借自然的风声、水声、禽声来渲染园林的诗情画意。

第十式"飞瀑漱石"：悬崖绝涧，漱石枕流，飞瀑凝寒雾，水流云在，世间之事，欲辨已忘言。

第十一式"鹭立石滩"：水禽飞鸣，滩石流水，相伴相生，此消彼长，地久天长。

第十二式"桃花熏渚"：花溪鸣翠，风暖鸟声碎，日高花影重，桃花渚间，落英缤纷，点以步石，上游因分水冲击而钝，下游水经分复合，水流交汇，渚尾而尖。尽端设"着舟不系"。

雄安悦容公园内有九园，环翠为北苑之始，闻其揽太行八陉幽谷之胜，尽现返璞归真之境，欣然前往，任尔逍遥游之。

正门进入，松竹环绕，景石散置，几经收放，忽见芦苇草棚，墙壁题曰环翠园，约而不陋，若隐若现，逗人引入。进入其后，豁然开朗，可谓欲露先藏。修竹长啸，旷观太行气象，大开大阖，柳竹映翠，不藏不障，尽收眼底，池水缭绕于两山山涧之中，时断时续，忽隐忽现，水随山转，山因水活，脉源贯通，气势连绵，浑然一体，全园生动。云径多贴于水面，以控制游人视野，景随步异。

沿云径南行半百米，见双面草坡屋顶，传统木质穿栱结构，石砌墙体，隐于云间，松樟掩映，

曰苍松双隐。见岸边三台鼎立，互为对景，相映成趣。山麓探入水中，如一驯兽临水而憩。

缘路东行，有桥架于峰顶，宜远眺，南为云关当孔道，山高谷深、雄关险踞，景色秀丽。北池水色墨绿，两岸苍松劲柏烟云护，回柯垂叶凉风度，龙蛇蜿蜒山水缠互，山路水路翠色欲滴，极为雅致，群叶绵延如云，宛若仙境，曰翠云绿廊。

忽闻瀑声，循声北望，见一平台与修竹长啸互望，平远开阔，湖光水景尽收眼底，竹林三面包围，地上孤赏立石刻曰舞雩缥缈。顺蹬而下，见池中建石拱桥，青石桥墩，青石桥面，桥将池分为大、小两部分，小池跌水造瀑，水经桥下由大池流入小池，池面水纹波动，池外以植物相配，又添一生气活泼景致。

林尽水源，便得一山，山有小口，洞高七尺五，洞曰洞天接秀，幽深迷离，复次前行，仿佛若有光，有鸟鸣水声传入洞内，复行数步出洞口，只见云雾缭绕，松石掩映间，山房若有似无，山腰有飞瀑漱石，行至近处，见石刻"涵碧得真"，并附典故吴清来道士修炼苦行，凿慈云洞，方便众生，开拓之气，修己达人，终"复其真意"。洞内凿刻魏碑，有联曰"洞外云抒霞卷，湖中日往月来"。

山房内有三室开窗，北有"缆松聆风箓"仰望松风园主峰，南有"碧渚堂"观湖光山色，西侧有"映翠室"，回望揽翠胜景，窥窗如画。电梯至山顶进入一台曰云岫台，太行山陉南北两端尽收眼底。

峰回路转，忽逢桃花熏渚，点以步石，夹岸数百步，中无杂树，芳草鲜美，落英缤纷，甚异之，复前行，欲穷其林。尽端别置一小船如叶，悦若画图中一孤航，放乎中流，有一老翁酣睡正浓，或雪雾月明、或桃红柳媚之时，放舟当溜吹紫箫铁笛，以动天籁，逍遥一世之情，何其乐也。

欣然一笑，此乃为桃花源记之真意境也，实属快哉！

4.4

"拾溪雅集" · 拾溪园

水口掩秀，单溪枕水，两岸竹林幽深的山水隐逸秘境——拾溪园。

1. 场地解读及确立主题

拾溪园所在的悦容公园，承担着城市绿色开放、生态共享、弘扬文化、追求艺术、传承经典等功能，是容城组团公共活动聚集和城市功能展开的核心区域之一。

拾溪园位于悦容公园中苑，东邻雄安国际酒店片区，西接白塔园，面积约 3.4 公顷（图 4-33）。生态河道从场地中部穿越，有一座人行桥连通两岸，交通流线丰富，与白塔园、清音园及芳林园共同构成中部区域的核心景观区。拾溪园所处的中部片区以白塔为源，呈现出江南灵动毓秀的形象，打造东方的世界园林客厅和国际化的文化交往礼宾空间。

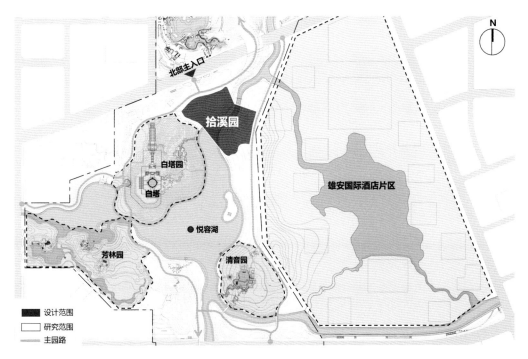

图 4-33 拾溪园区位图
资料来源：拾溪园项目组绘制

中国的造园艺术，以追求自然精神境界为最终和最高目的，从而达到"虽由人作，宛自天开"的审美旨趣。中国古典园林区别于其他园林形式，是因为中国古典园林以意境为主。先研究古代诗词歌赋，从而延伸出园子。孟兆祯先生提出"景面文心"的理念，强调园林文意在先，是中国园林的核心；景观要赏心悦目，景用来悦目，赏心靠文，把设计的意境告诉游人，大家共同从景到文来欣赏。因此"问名"极其重要，通过问名，使文学意境在园林中一气呵成。

拾溪园处于主山余脉，占地较小，且有一溪穿过场地，适宜打造成为去厅堂化、野趣低调、独具风情的禅隐文化园。因山就势，营造魏晋风范中诗酒田园的感觉，融入读书人的情怀，通过景观来再现文人园林。将以山水禅隐为线索，探索打造具备当代审美和文化价值的高雅场所，研究古典诗词歌赋和宋代古画，提取其文学意境，并在景点中题名、匾额、对联，以释场景寓意，从而完整地展现空间内容，以达到赏心悦目。举一例来说，园内的小荷池小景，就取意于杨万里的"小荷才露尖尖角"。

2. 文人园林与禅隐文化

拾溪园定义为禅隐文化园，再现禅隐文人园林，意将中国古典园林造园艺术的精髓与现代社会精神需求相结合，传承民族文化基因，突出中华造园艺术传承与创新。我们在研究普遍规律基础上，除了研究立意、明旨、相地等，进一步研究禅隐文化及造园精髓，归纳总结出自己的造园法式。

不同国家和不同民族看待世界的角度、改造世界的理想不一样，对于栖居的表现形式也有所不同。换言之，不同的文化土壤滋生不同的景观面貌。中国文化与山水情结有着密切的关系，其内容和形态丰富多彩。山水是文化的载体，文化是山水的灵魂。在中国园林源远流长的历史中，有一条"人文山水"的脉络。中国虽然处在一个全球化的新时代，但山水文化的脉络和基因仍然得以延续。

（1）文人园林的发展脉络

纵观古今，中国古典园林以追求"天人合一"为至高目的，以此达到"虽由人作，宛自天开"的审美情趣，沁透着中国古典文化的内蕴，亦是民族精神品格的生动写照，更应是今人需要传承下去的伟大事业。

造园，一向是传统中国文人的爱好。萌芽于唐代，兴起于宋代，发展于明、清的中国文人园林对中国古典园林风格的产生及其发展产生了巨大影响。当朝代更替、社会动荡时，中国古典园林发生转折，造园活动逐渐于民间普及，私家园林作为独立门类出现。文人参与造园，山水诗文和山水园林大量涌现，成就文人园林的起源。而在中国古典园林发展的高潮期，随着海内一统，科举取士，文人阶层形成，文人地位提升，造园活动兴盛，大批文人主导造园，文人园林的造园艺术和园林观因此也日趋成熟，更促使了中国古典园林艺术风格特征的基本形成。

文人园林受到儒、释、道不同的文化、哲学、宗教的冲击与熏染，承载着文人的禅隐思想，融入山水诗画的艺术表达，形成了一套完整的文化体系，中国传统文士的风骨和情趣深深地烙印在中国古典园林的发展史上。

（2）禅隐文化的内涵

禅隐文化源于中国禅宗的思想体系。自菩提达摩东渡及至南宗慧能传其衣钵，在此动态互渗的历史进程中，禅宗逐渐与老庄和玄学等中国传统文化的思想体系相互糅融，遂成中土一支颇具影响力的文化思想体系。禅宗思想强调梵我合一的世界观、源心觉悟的方法论、以心传心的认识论，其核心在于自性自见，一切源于观者内心的开悟。因此，禅隐文化就脱胎于中国传统的禅宗思想。

禅隐，是中国一种古老的文化现象，是中国士人文化体系中的重要特色，它脱胎于中国先秦的老庄思想，崇尚"散以玄风，涤以清川，或步崇基，或恬蒙园，道足匈怀，神栖浩然"[14]。

经过魏晋名士和唐宋士大夫们的传承和践行，遂成一股颇具影响力的中国传统思想和美学体系。禅隐文化强调主客体之间融会贯通的认识论，注重内心开悟的方法论。

禅隐作为一种精神的存在，包括了古代士人所追求的清高的人格理想、淡泊宁静的生活方式和高雅的文化品位，成为中国古代审美文化的重要组成部分。

（3）禅隐文化对文人园林的影响

在魏晋时期，王弼对《周易》中的禅隐思想展开了详细的注解，"竹林七贤"亦身体力行地践行着"登山临水""放情肆志""率意独驾"的禅隐思想。在唐宋时期，由于外来文化的进一步糅融，禅隐思想得到了更为系统的补充。一方面，在城市内修建的园林特别强调"中隐思想"，李德裕的"我有爱山心，如饥复如渴"和白居易的"归去卧中人"等心声皆是明证。另一方面，在郊野和山林地区的园林注重"全隐思想"，既注重山林的纯静之美，又偏向自性自见的开悟境界，比如王维、苏轼和林逋等士大夫。在明清时期，禅隐思想始终在造园中扮演重要的美学角色。

随着禅隐思潮的流行，人们寄情山水，同时对自然的审美逐渐苏醒，或者也可说二者互为因果，园林艺术对文人士大夫心性的滋养和对人格的完善之作用越显突出，园林不再是简单的避世之所，而更多地被认为是"天人合一"、修身养性的理想胜境，成为文人士大夫人格中的禅隐思想的完善载体。王维在辋川隐居时期的田园生活中修建辋川别业，寄情山水，在写实的基础上更加注重写意，创造了意境深远、简约、朴素而留有余韵的园林形式。

通过对中国文人园林发展脉络及特质的研究，解读传统禅隐园林精神思想与其山水营造技法，在古典造园技术及理论基础上融会贯通，汲取其文化精华融入场地传承经典。

---

14. 出自东晋孙绰《答许询》。

3. 禅隐四式

通过对文人园林的理论、内涵和实践进行系统梳理，深入研究禅隐文化，究其来源并汲取造园精髓，在传承中国园林造园精神基础之上，从空间布局，氛围营造、材料应用、节点线索四个方面，归纳总结出了禅隐四式。

（1）随遇而安

指在布局上更加追求融入自然环境，禅隐文化倡导打破世俗社会的主从、大小、尊卑等观念主张人与人、人与自然的圆融共生。传统的文人园林虽然在手法上提倡"虽由人作，宛自天开"的自然山水观，但在整体布局方面还是受儒家文化世俗礼法的影响，其建筑及庭院的分布常运用中轴线并按尊卑主次递进的方式，在自然中追求秩序。而禅隐文化则可以使布局放下包袱更加主动而彻底地遵从环境法则，将场地的自然禀赋发挥得更充分（图4-34）。

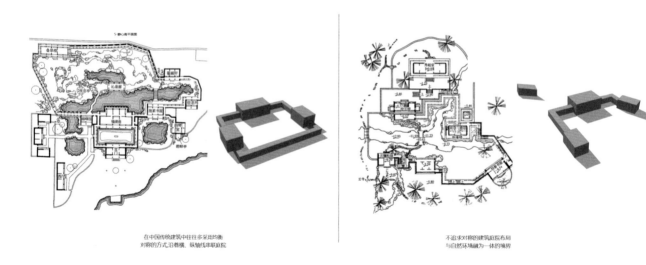

图 4-34 随遇而安
资料来源：拾溪园项目组绘制

通过踏勘相地解读上位规划，对地形、地势和造景构图关系进行设想，推导出了场地整体的布局与山水关系。在园内因山起势，与整个中部岛屿形成主次峰关系。在场地内部打造一高一低两峰，呼应整体的山脉格局（图4-35）。通过筑山理水的手法，使之与场地周边山脉水系相结合，形成山环水抱的格局（图4-36）。

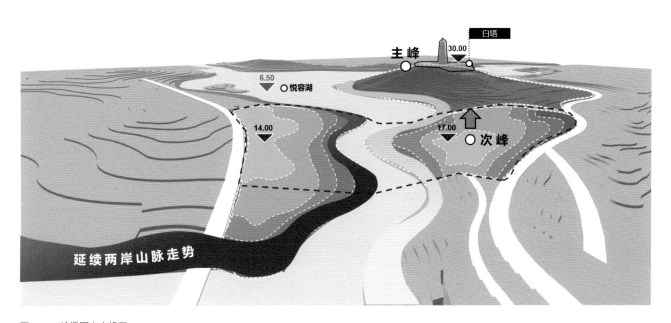

图 4-35 拾溪园山水格局
资料来源：拾溪园项目组绘制

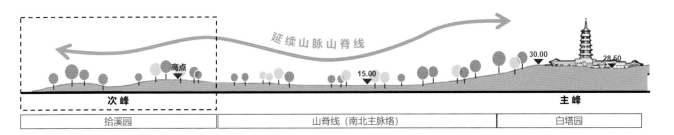

图 4-36 拾溪园山水格局剖面图
资料来源：拾溪园项目组绘制

　　整体布局遵循随遇而安的法式，延续两岸山体的山脉走势，融入周边自然环境，营造出山顶、谷、坡、脊、鞍、崖、岛、滩等丰富的立体空间，并与周边水系相结合，形成了山抱水、水环山的关系。在场地内部山头设立水源，水依势而流，形成小溪跌落山腰处，于山腰处汇成一汪清潭，蜿蜒曲折之间汇入河流，营造出泉、溪、池、瀑、潭、涧、河等不同水体景观空间（图4-37，图4-38）。

　　在空间布局上，拾溪园整体分为东西两个片区。东侧区域的山头与白塔园园内白塔之间形成"看与被看"的关系，在区域内有"拾溪草堂"节点，南望白塔与悦容湖，并将白塔景色借景于内，巧妙地因势布局，随机因借，达到巧夺天工之美。西侧地势延续整体格局，研究其与周边的视线关系及功能互补，于园内山腰处引山顶之水，依地形塑造梯田景观，布置茅草亭配以桃柳、古松与其遥相呼应，形成对景，打造出秀美的景观界面，营造出清幽、静谧的景观意境（图4-39）。

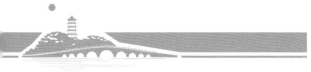

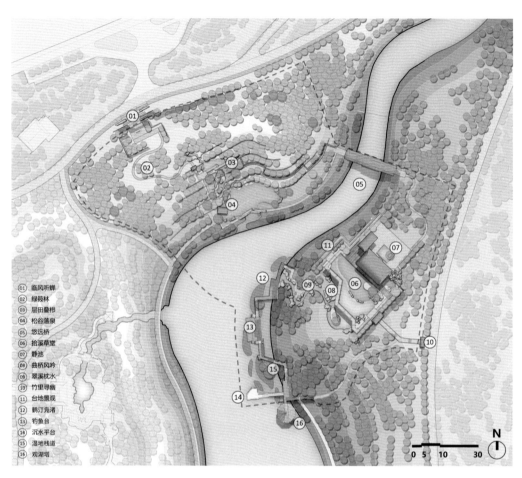

01 临风听蝉
02 绿筱林
03 层田叠栅
04 松谷落泉
05 悠远桥
06 拾溪草堂
07 静池
08 曲桥风吟
09 翠溪忱水
10 竹里寻幽
11 台地景观
12 鹤汀凫渚
13 钓鱼台
14 沉水平台
15 湿地栈道
16 观湖塔

图 4-37 拾溪园平面图
资料来源：拾溪园项目组绘制

图 4-38 拾溪园鸟瞰图
资料来源：拾溪园项目组绘制

拾溪园组织外部接入场地内的交通流线，沿水岸打造滨水园路，建立内部交通环线，将场地内各场景串联，同时与外部园路建立联系，在主要道路交汇处布局出入口，引导游客进入园内游览各个景点。园内布有两个主要出入口，各具特色，南入口掩映在竹林树梢之下，引人入胜直抵拾溪草堂；北入口入园拾级而上，游园路径曲折潆洄，提供了步移景异的游览体验（图 4-40）。

（2）空灵清净

空灵清净是禅隐园境所追求的基本意境，利用简法留白的手法，追求空寂清净的气氛，使人们能够安静下来注重内省，以达到修身养性的目的，去繁就简是其重要手法。将古代禅隐高士空明澄净心境投影到物理环境中自然而然地呈现纯朴简法的造园手法。反过来这种简朴灵透的园林环境也可启发人们思考并坚定崇尚廉洁质朴的价值观和人生观（图 4-41）。

园内有小景，引山顶之水潺潺流入清潭内，宛如大珠小珠落玉盘，悦耳动听，溪水上有卧石轻置于上，配以乔松修竹，于桥上观溪水与游鱼，闻花香与草芳，听松风与涧响，配合雅静自然的鸟语，正是一幅空灵清净的美妙园林图画（图 4-42）。

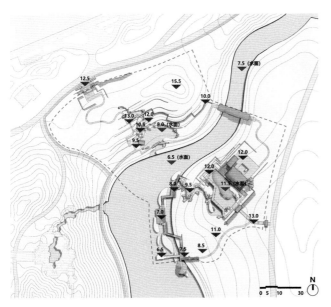

图 4-39　竖向平面图
资料来源：拾溪园项目组绘制

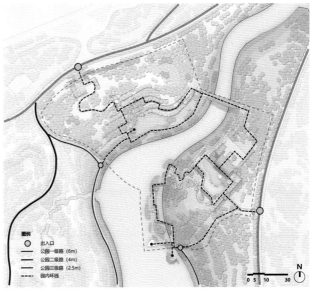

图 4-40　交通平面图
资料来源：拾溪园项目组绘制

图 4-41 空灵清净：拾溪园园内景色
资料来源：拾溪园项目组绘制

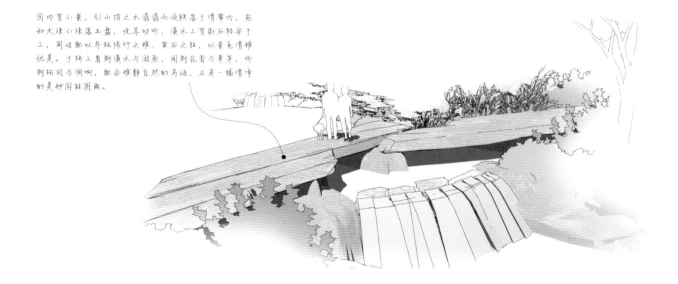

图 4-42 空灵清净：拾溪园园内泉石小景
资料来源：拾溪园项目组绘制

（3）自性质朴

　　禅隐园林设计语言倾向于最大限度地减少装饰性元素的应用，凸显材料本底特质。禅隐文化中的平常心是道，于平凡朴素中追求真实的思想和不假外饰的自然适性感受，这可以体现于简洁质朴的空间。在园林设计上融入禅隐文化中回归本真的品质，会使园林拥有朴实无华、摒弃矫造、内外一体的语汇语境，也会让造园元素全然呈现其自身属性，直接与人的内心对话，唤醒人们天真纯净的本性（图 4-43）。

　　园内挡墙使用了自然毛石堆砌，朴实无华、回归本真，呈现出质朴的感官感受；松谷落泉中的茅草屋屋面材质铺置茅草，最大限度减少装饰性元素，凸显材料本地特质，追求不假外饰的自然适性感受，古意浓厚（图 4-44）。

（4）幽趣悟真

　　指中国传统的禅隐文化在静态小节点设计中的体现，是蕴含精深的微型景观处理手法。这种小中藏大、袖里观乾坤的手法体现了禅隐文化中芥子须弥的精深义理，一石一木、一招一式不求全面，不求尺幅，重在写意会心。景点设置融入内涵丰富的禅思义理与趣事典故。方寸之间一树一亭皆生趣盎然，成为园林节点空间中的点睛之笔。而这种小型化园林造景手法往往也更加注重制作工艺的水准及材料质感的表达。

图 4-43　自性质朴：拾溪园园内景色
资料来源：拾溪园项目组绘制

图 4-44　自性质朴：拾溪园造园元素构成
资料来源：图片来自网络

　　在草堂前庭院设一浅池，薄薄的水上随风皱起涟漪，水虽然浅，人们却通常只注意到表面的波纹，看不见水下的真实（图 4-45）。人的内心起了涟漪，也会看不到事物的实相，而那搅乱真实的波纹，其实来自人的贪念与嗔痴。设此浅池意为人应止息杂念，心专注于一境。静静地注视，水中有天空之高远、竹影之灵透，水中还有你自己和你的内心。

4. 景点析要

（1）拾溪草堂："文杏裁为梁，香茅结为宇；不知栋里云，去作人间雨"[15]

　　随遇而安的布局，追求融入自然环境与自然圆融共生，更加彻底地遵从环境法则，将场地的自然禀赋发挥充分，彰显禅隐文化本色。建筑布局去除庭堂化，建筑风格低调、山野化，采用质朴本真的材质，以现代的手法再诠释传统建筑语汇（图 4-46）。

　　拾溪望远楼前，园内南侧打开，举目远眺，远处白塔藏于山林树梢之上，将白塔景色借景与内，巧夺天工，体现出了中国古典造园手法之中的"巧于因借"（图 4-47）。

图 4-45　幽趣悟真：拾溪园园内景色
资料来源：图片来自网络

---

15. 引自唐代王维《文杏馆》。

图 4-46 拾溪草堂效果图
资料来源：拾溪园项目组绘制

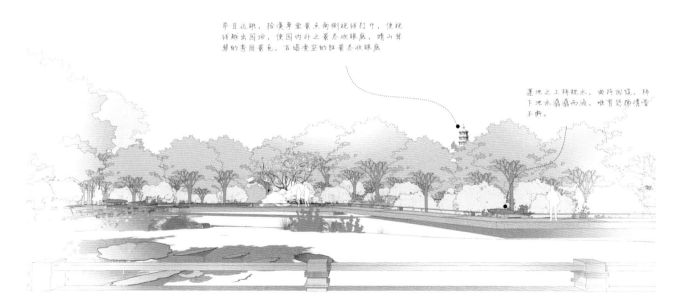

图 4-47 拾溪望远效果图
资料来源：拾溪园项目组绘制

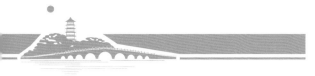

　　《园冶·兴造论》中的"制式新番，裁除旧套"，说的是设计的图式应求有所创新，陈旧的俗套须裁除。悠远桥体的结构及内饰采用竹与茅草构建，通过现代的手法阐述传统建筑语汇，打造既有古意又有创新的文化建筑（图4-48）。

（2）松谷落泉："明月松间照，清泉石上流"[16]

　　于园内北部山腰处引山顶之水，潺潺而流，溪水跌落于清潭内，潭边与叠石之上立有一处草庐，配以桃柳、古松相依，营造出清幽、静谧的景观意境（图4-49）。

图4-48 悠远桥效果图
资料来源：拾溪园项目组绘制

图4-49 松谷落泉效果图
资料来源：拾溪园项目组绘制

---

16. 引自唐代王维《山居秋暝》。

（3）层田叠栟："晴日移舟浅水边，夹岸桃柳茅屋前，翠鸟三声隔江应，田开两亩苇横烟"

在园内北部山腰处，从绿植盘藤的木构门入口进入，依地形塑造梯田景观，在有限的场地中模拟自然。园路穿梭于梯田作物中，形成人在画中游的山水田园画卷（图 4-50）。

（4）鹤汀凫渚："鹤汀凫渚，穷岛屿之萦回"[17]

沿水岸设置滨水栈道及亲水平台，结合地形设置不同高度的平台，形成步移景异的滨水体验。局部延伸到水边，形成小的钓鱼平台，供游人体验垂钓的乐趣。有沉入水底的梭形平台，隐藏在水生植物中，使游人代入水鸟的视角，别有一番味道。沿水岸种植水生植物，如芦苇等，让人领略自然美好的泽地风光（图 4-51）。

图 4-50　层田叠栟效果图
资料来源：拾溪园项目组绘制

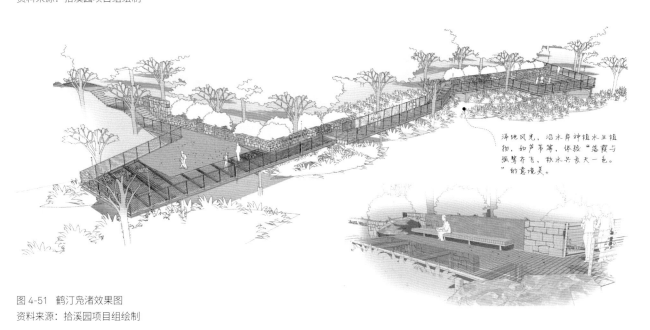

泽地风光，沿水岸种植水生植物，如芦苇等，体验"落霞与孤鹜齐飞，秋水共长天一色。"的意境美。

图 4-51　鹤汀凫渚效果图
资料来源：拾溪园项目组绘制

17. 引自唐代王勃《滕王阁序》。

（5）屋宇花木

拾溪草堂位于园内东侧，三面环水，景观资源丰富，与西南侧白塔隔水相望。拾溪草堂主要设计理念是将中国的传统建筑风格和园林空间有机结合，体现了禅隐文化的精神气质与现代审美的互通融合。总建筑面积约 200 平方米，分为两个部分——禅苑和亭。整体隐藏于地形处理的环境之中，傍水独占一隅，突显山水禅隐。禅苑以清水混凝土和玻璃幕墙为围合，打造通透、纯粹的禅意空间，亭则取钢木框架结构，共同形成多种层次的室内外空间（图 4-52）。

拾溪园园内花木按四季营造出不同意境，分为春夏鸟语蝉鸣，万木葱茏；夏秋风影摇曳，树影婆娑；秋冬漫江望透，层林尽染；冬春寒雨莹露，玉树琪花。各景点依据本身特色营造不同的种植感受。

①拾溪草堂：以"水光潋滟晴方好，山色空蒙雨亦奇"[18] 为主题氛围，场地内景依水而成，植物多层次组团种植，植物空间虚实掩映，从而与建筑共同形成移步异景的景观结构。以春夏植物搭配为主，骨干树种为国槐、白蜡、旱柳、华山松，特色树种为早园竹、荷花、垂柳。

②松谷落泉：以"明月松间照，清泉石上流"[17] 为主题氛围，依地形塑造梯田景观，布置茅草亭配以奇松造景围合场地，营造古木苍劲、自然静谧的景观氛围。以秋冬植物搭配为主，骨干树种为七叶树、国槐，特色树种为造型松。

③层田叠柿：以"绿树村边合，青山郭外斜"[19] 为主题氛围，引水入园，沿地形跌落形成跌水，乔灌叠层种植，结合亭子与水系、植物，描绘一幅与友恬静相聚的田园景观。以夏秋植物搭配为主，骨干树种为国槐、油松、海棠，特色树种为红枫、造型松等。

④鹤汀凫渚：以"落霞与孤鹜齐飞，秋水共长天一色"[20] 为主题氛围，沿水岸种植多层次水生植物，水岸上以鸟类食源植物为主，营造和谐统一的自然景观氛围。以夏秋植物搭配为主，骨干树种为水杉、垂柳、油松、碧桃、山杏，特色树种为千屈菜、水葱、香蒲、菖蒲等。

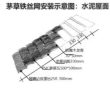
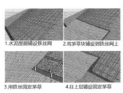

图 4-52　建筑细部图
资料来源：拾溪园项目组绘制

---

18. 引自宋代苏轼《饮湖上初晴后雨二首·其二》。
19. 引自唐代孟浩然《过故人庄》。
20. 引自唐代王勃《滕王阁序》。

4.5

"白塔鸦鸣" · 白塔园

白塔鸦鸣

突兀悬平础，岧峣接太清。
七层连雁起，一角听鸦鸣。
岂是凌空韵，应知响梵声。
登临摩醉目，白塔独题名。

——江天宿（图 4-53）

1. 容城溯源，风景城市

容城县古代属易水流域，处燕南赵北，至秦始设县，有"水乡泽国、塞上江南"之美誉，自古为文化肇兴之地，人杰地灵，文化源远深厚。历史机遇使容城被选为雄安新区的起步区，得到先行开发，力图打造蓝绿交织、清新明亮、水城共融、人与自然和谐共生的生态宜居示范区，让容城成为天蓝、地绿、水秀的美丽家园，生态环境优美、公园如画的风景城市。

城市型著名的风景名胜均是恰好处理了城与景的关系，从而形成丰富的人文景观和文化内涵，城市则保留了优美的自然景致，不出城郭而获山水之怡。悦容公园是城市的绿色核心，必将成为城市风景的缔造者。

"容城古八景"展现了古代容城最有代表性、最深入人心的自然景观和人文景观。"新白塔鸦鸣"延续文脉，将是未来的文化长河中构建一个存续容城历史、演绎新时代的文化地标。

白塔在城市风景营造方面：宏观层面是中轴天际线的重要构成要素，通过白塔之于中轴山水脉络，形成具有中国文化气质的天际线；中观层面是片区的城市文化地标，也是城市空间的标志点。因而使悦容公园从"有界"走向与城市融合的"无界"，公园因为强有力的风景地标，在城市空间视廊、文化传承方面形成了一幅完整画卷。以此为源，回归悦容初心，重塑历史名胜，保留中华文化基因，弘扬中华优秀传统文化；再造城市风景，彰显地域文化特色，打造雄安悦容新地标。

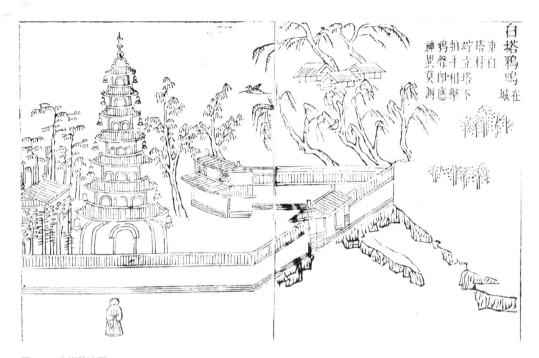

图 4-53 白塔鸦鸣图
资料来源：《容城县志》

2. 相地问名，塑塔怀古

"白塔园"其名源于容城古八景之一"白塔鸦鸣"，建于宋。相传，"在城东白塔村。伫立塔下，拍手相击，鸦声即应，神秘莫测"[21]。该塔现已被毁，只留白塔村，静守阡陌平川，成了容城永远的遗憾。

悦容公园，城之绿心，位于雄安新区起步区中轴北延伸段，是容城容东片区东西向与南北向蓝绿脉交汇处；白塔园，名为园，实为公园核心，位于悦容公园中部核心绿岛，其地势以白塔西北为主峰，亦为全园制高点，余脉向东南两侧延伸。

白塔园占地 11 公顷有余，北侧以园路为界，东、西、南三面环水，微丘起势，借壁画山，理水成湖，是一组在大地上创造的中国园林诗画（图 4-54—图 4-56）。

3. 景点析要，如画风景

（1）白塔鸦鸣

筑塔以怀古，登临而揽今。冶园以纳新，共享成胜景。丘林之上，见妙音堂飞檐翘角，白塔高俊秀丽，听塔铃清脆，余音袅袅。进入塔院，豁然开朗，白塔屹立面前。"欲穷千里目，更上一层楼"[22]，登塔俯瞰，大地回春，旧貌新颜，一幅"悦容春晓图"跃然眼前。击掌和鸣，颂盛世华章（图 4-57）。

---

21. 出自《容城县志》。
22. 出自唐代王之涣《登鹳雀楼》。

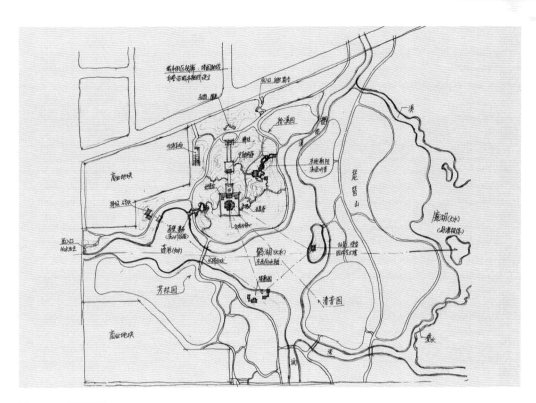

图 4-54 白塔园草图
资料来源：白塔园项目组绘制

图例

① 白塔
② 塔前广场
③ 妙音堂
④ 飞花台
⑤ 枫丹霜壁
⑥ 迎旭台
⑦ 揽秀轩
⑧ 北入口
⑨ 溪涧
⑩ 一级园路
⑪ 艺术馆车行入口
⑫ 慢跑道
⑬ 夕佳阁
⑭ 塔影园
⑮ 白塔驿站

N
0 15 30 60

图 4-55 白塔园平面图
资料来源：白塔园项目组绘制

图 4-56　白塔园鸟瞰效果图
资料来源：白塔园项目组绘制

图 4-57　白塔鸦鸣效果图
资料来源：白塔园项目组绘制

（2）东台迎旭

山体东部引一溪，造景、排水两宜。缘溪而上，闻音寻塔，在泉石相间处，看溪流涓涓，枫叶飘飘。待到山腰见小院碧水，曲廊华庭，正是清晨迎朝阳旭辉，午间品茗对弈，黄昏听塔铃清脆之处，恰似人间仙境（图4-58—图4-60）。

（3）松壑飞瀑

西部拟以一幅"溪山行旅图"为主题，采取土石相间法，打造瀑、涧、壁等景观，形成层峦叠嶂的效果。塑石壁仿佛重山迭峰，山顶飞瀑如银练垂下，白塔露于树巅，山下点石成趣，溪水流淌入湖。

（4）北承礼赞

自中苑北入白塔园，先见一小松冈，叠石几组，仿佛一组《松石图》迎客来赏。拾级而上，有石牌坊立于道中，方正古朴，仿佛框景隐约可见白塔，牌坊题额"白塔鸦鸣"，点题寓意，引人入胜。继续沿规整的石甬道向上，两侧高树林立，浓荫夹道，佳景渐显。复前行，抬头仰望，白塔出云端，梵音落诸天（图4-61）。

（5）塔影在波

鹤湖南岸实为观塔绝佳处，水际安亭，花间隐榭，曲廊连堂，叠石错落。静观对岸，自上而下，白塔青松、枫丹崖碧、桃红柳绿、塔影在波，好一幅山水画卷。回观小院，亭榭轩馆，丝竹唱晚，别有一番风味在心头。

（6）长虹串月

连通南北两岸，有五孔石桥形似长虹卧波，石桥线形优美，雕刻精细，古韵今风。立于桥上环顾四周，山明水秀，岸边樱花飞蝶，岸上亭台掩映，水中小岛如蓬莱仙境。月圆之夜，五孔串月，天上月，水中月，心中月，把酒临风，"举杯邀明月，对影成三人"[23]，好不爽快。

4. 白塔九式，匠心营造

（1）塑塔怀古

盛世筑塔塑名胜，匠心营苑新景荣。

江山如画承古今，悦容同乐中华梦。

古塔之于中国人，有着非凡的意义，它不仅是宗教信仰的符号，更是一座城市、一个地区的地标。例如延安宝塔是革命圣地延安的标志，苏州虎丘塔、杭州西湖雷峰塔等，都是江南秀丽的名片，塔已经成为许多风景名胜的重要组成部分。南北朝时文学家庾信的五言诗《和从驾登云居寺塔》的中"重峦千仞塔，危磴九层台""阶下云峰出，窗前风洞开""隔岭钟声度，中天梵响来"三句便是描绘古塔高峻千仞，出没云端里，塔铃如梵音，声声入耳。唐宋以后，

---

23. 出自唐代李白《月下独酌四首·其一》

① 云台采霞

② 凭栏映霞

③ 琼楼揽霞

④ 白塔染霞

图 4-58　东台迎旭观霞游线
资料来源：白塔园项目组绘制

① 山径藏溪

② 曲涧寻源

③ 临池观瀑

④ 碧潭映塔

图 4-59　东台迎旭听音游线
资料来源：白塔园项目组绘制

图 4-60 东台迎旭
资料来源：白塔园项目组绘制

图 4-61 北承礼赞效果图
资料来源：白塔园项目组绘制

登塔之风更盛，西安大雁塔的"雁塔题名"，成了文人学子追求向往的美事。塔不仅集合了中国古建筑优美而精湛的艺术和技术，更向人们传递着中国各个时代的文明特征，是伟大的存在。

昔日守护着容城的宋代白塔，是这个地区的精神堡垒、文明标志，见证了历史上秀丽丰茂的容城景象，寄托着百姓对生活的希冀和热爱。而今根据历史记载依照古制再造白塔，风格集北雄南秀的优点，塔高约 50 米有余，为七层八角楼阁式宋代风格的塔，设高台托起，体现"突兀悬平础，岧峣接太清"[24]之境，远观其形，高耸纯洁，秀丽神圣。塔院方正，四周环以苍松翠柏，东有林泉相伴，云栖梵径，寻音而来，"岂是凌空韵，应知响梵声"[25]。登塔望远，一览容城美景，入目一派欣欣向荣之势。故再塑白塔名胜，可谓重塑容城之心，滋养悦容芳华（图 4-62）。

（2）一心双脉

白塔为公园核心，相地立基最为重要。从四个方面考虑：①白塔选在容城南北向、东西向十字蓝绿脉交汇之处，是视觉核心、风景绿心，成为容城的风景地标；②白塔偏在中轴一侧，是中国园林承礼，以园林续中轴的高潮点，以 800 ～ 1200 米的中轴韵律与阁、台等在中苑形成序列；③白塔选址位于鹤湖之北，且南向面湖，背丘面湖，迎向中轴；④白塔位于全园主脉之上，白塔丘之次高点，为中苑群园之心，起统领之势（图 4-63）。

中国园林的山水是仁智之乐的哲学，山水寓意阴阳两极。阴阳相合，则万物兴盛，国泰民安。白塔园的空间骨架由塔、山、水等元素构筑，"凡画山水，意在笔先"[26]，筑山理水亦同画理。故以塔为心，筑山呈丘陵状，丘陵一主三副，自北向南绵延，形成两湖三岛，西边是鹤湖，东边是鹿湖，中岛名曰白塔丘，东岛名曰琵琶岛。高低错落，主次分明，体现高远与平远、深山与阔水之画论意境。于是山水二脉阴阳相合，呈水旱双龙之势，绘白塔园如画之景：一丘青松映白塔，一面丹枫迎朝霞，一池春水画悦容，一团和气生景城。

图 4-62 第一式：塑塔怀古
资料来源：白塔园项目组绘制

---

24. 出自明代江天宿《白塔鸦鸣》。
25. 出自明代江天宿《白塔鸦鸣》。
26. 引自唐代王维《山水论》。

图 4-63 第二式：一心双脉
资料来源：白塔园项目组绘制

（3）群园入胜

立足城市风景，打造文化地标，奠定悦容公园核心片区氛围及空间格局，为新老容城构建风景文化核心。"借景有因，构园无格"，借与被借，看与被看，相互衬托，共构风景。白塔凭远，纵目皆然，揽天下之盛世；新城聚拢，借景有因，成四方之美景。

环绕白塔，悦容公园内各园林呈圈层分布，以 200 米、500 米、800 米为不同视觉和游赏半径，形成近、中、远景不同景点。

近景，微丘四周，东侧幽隐之境，南侧叠嶂之态，西侧悬峻之感，北侧礼制之势。岸边借壁画潭，塑"松壑飞瀑"之景；沿岸植柳载桃，见桃红柳绿，感悦容之春。山间松翠枫丹，溪流悦耳，石上亭台，如翼似飞，有"东台迎旭"之景。墨池漫叠溪中石，白塔微分岭上松。

中景，鹤湖畔，南有清音园之余音绕梁，北有拾溪园之枕水雅集，西有芳林园之林泉幽趣，东有园林艺术馆如仙岛入湖，还有塔影园之塔影在波，真可谓众星捧月，群园入胜。

远景，登塔瞭望，北苑归真台、环翠园，南苑曲水园、悦容阁等尽收眼底，呈遥借关系（图 4-64）。

（4）旷奥相生，悠长回合

唐柳宗元《永州龙兴寺东丘记》："游之适，大率有二：旷如也，奥如也，如斯而已。其地之凌阻峭，出幽郁，寥廓悠长，则于旷宜；抵丘垤，伏灌莽，迫遽回合，则于奥宜。"白塔主丘地形营造，一主三副，峰峦相连，创造曲折幽深、别有洞天的园林层次。湖上设堤，湖中点岛，使湖面开合有致，大小相宜。幽奥山体与开阔湖区形成鲜明的对比，一旷一奥间尽显园林空间的丰富变化和节奏体验。

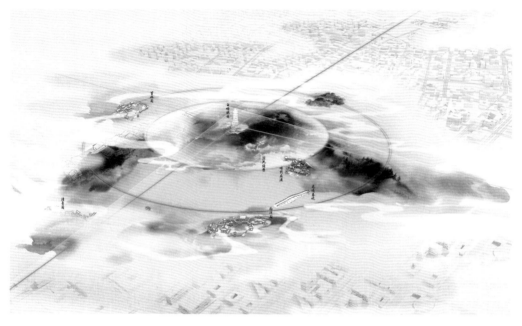

图 4-64　第三式：群园入胜
资料来源：白塔园项目组绘制

　　白塔丘主峰海拔最高仅 33 米，两配峰高 15～18 米，主次峰高比约 1∶2，左右拱卫，凸显主山高峻而客山弛缓之感。浅山茂林，自成气象，有高有凹，有曲有深，有峻而悬，有平而坦，宛如天然之意，不烦人事之工。水面南北长约 480 米、东西宽约 700 米，两水相汇形成鹤、鹿两湖。按照黄金分割比例，在鹤湖偏西三分之一处架五孔石桥，使水面大小变化，开合有致，增强层次感。湖心点缀小岛，增加景深，更添生机（图 4-65）。

（5）多方组画，四面生辉

　　古人对景观构成中有着"千尺为势，百尺为形"[27] 的尺度参照标准，悦容公园山水布局多遵循之。城中塑塔与山间造塔大不相同，山区造塔多选在山上或山腰，真山自然比塔高。园林建塔，写意山水，塔比山高成必然。白塔高 50 米，地形 13 米，台高 6 米，塔与地形竖向比例为 5∶2。塔四周通过塔、山、水、人的视距变化形成不同视点的视距比和不同视角，创造四面多变的画面和各异的视觉效果。

　　东侧幽远，峰峦叠嶂，顺应东侧绵长的地形条件打造前丘后塔，幽隐于林的界面特征；东面观塔自 50～150 米，视距比 1∶0.7～1∶2，隔水观山，葱郁复绿，塔隐山林。

　　西侧妙趣，旷奥相生，利用高差，结合园中园打造层次丰富的园林化界面；西面观塔自 160～320 米，视距比 1∶2～1∶4.5，沿水观塔，枫丹霞壁，虚实变化。

---

27. 引自东晋郭璞《葬经》。

图 4-65 第四式：旷奥相生

资料来源：白塔园项目组绘制

北侧登山步道随轴线而上，礼制仪式性界面。观塔自 40～400 米，视角由平视而仰视，视距比 1∶0.6～1∶5.5，肃穆通达。

南侧崖壁耸立，回应历史特征，"突兀悬平础"。南面观塔自 160～320 米，视距比 1∶2～1∶4.5，隔湖观塔，塔湖相映，层林泼彩，高峻映画（图 4-66）。

（6）因径筑景，步步成画

用"游径法"设计多条游览路径，步移景异，形成多种不同氛围的景观游览序列，极尽意境之美、游赏之趣（图 4-67—图 4-70）。

轴线观塔，愈显白塔高耸。北侧通过三个不同礼仪空间，形成中轴系列的前序。三段不同高度的蹬道，拾级而上，打造充满仪式感的登山之路径，节奏起承转合，烘托白塔。

听音寻塔，峰回路转始见塔。东侧丘陵连绵幽长，溪水漾洄，以泉石幽奇取胜，极富山林野趣。一路寻塔不见塔，听铃声寻塔影，沿途遇"东台迎旭""飞音台"等景点，心随景动，游兴大增。

图 4-66 第五式：多方组画（南、北、西、东）
资料来源：白塔园项目组绘制

图 4-67　第六式：因径筑景（北径）
资料来源：白塔园项目组绘制

图 4-68　第六式：因径筑景（东径）
资料来源：白塔园项目组绘制

图 4-69　第六式：因径筑景（南径）
资料来源：白塔园项目组绘制

图 4-70　第六式：因径筑景（西径）
资料来源：白塔园项目组绘制

步移景异，如观中国画法。西侧缘溪而上，见巨石横卧，有石梁架桥，穿洞而入，抬头仰望飞瀑流泉，恰拟一幅《溪山行旅图》。此景点运用传统造园手法——峭壁山的做法，结合现代工艺，模拟太行气韵，别有特色。

（7）借壁画潭，惊鸿照影

沃野虽平原，起伏生林泉，场地地形总体较为平缓，故而塑微丘以造景，更突显白塔在区域中的核心景观定位。绿丘南侧采用缓坡结合崖壁的造景手法，借高差营造丰富的景观效果。运用现代工艺，人工塑石与传统叠山技术相结合，在白塔园西侧塑画壁幽潭飞瀑，增添景观层次，与外部湖区相映成趣。东侧塑造片段崖壁的融入亦呼应场地记忆，体现太行之势。

（8）四时花木，彩绿共融

青松映白塔，丹枫迎朝霞，巧用环丘四面植物色彩变化，突出春水秋山四时季相，打造具有中国文化气质的植物山水画卷。种植设计有四个特点：

风景林地：乡土植物复层混交"拟自然群落"种植方法，构建以油松、侧柏、银杏、国槐、白蜡等为主的常绿针叶和落叶阔叶混交林，营造近自然的山体植物群落，形成生态系统稳定、季相分明的风景林地。常绿树、落叶树比例 4：6；绿化覆盖率达 90%，其中密林（郁闭度＞0.7）达 50%；乔木与灌木比例 7：3；速生、中生、慢生比例 3：3：4。科学合理配置，重视长寿植物的合理比重，确定乔灌比例和速生、中生、慢生树种比例，以利于植物群落整体结构的相对稳定。

特色群落：油松＋侧柏＋国槐—珍珠梅＋连翘＋月季—萱草＋麦冬；

元宝枫＋油松＋银杏＋柿树—黄栌＋山楂—五叶地锦＋马蔺；

提升林冠线：在白塔丘高点配植高大的"天际线"乔木——选择银杏、油松（大规格）、核桃、国槐、侧柏、黄连木、柿树等，丘陵则种植花灌木，强化高低搭配，形成起伏变化的丘陵地林冠线。

构建引鸟生境：依托乡土植被和园林空间，构建密林、疏林、滨水及园林建筑周边 4 类生境，构建微栖息地系统，提升生物多样性。减少纯林，交叉种植以高大乔木和多种灌木，提高鸟类生态位；适当种植冬春季观花、观果树种，为鸟类越冬提供食物，达到引鸟护鸟作用，重塑"白塔鸦鸣"的地域特色生境。

强化植物色彩：运用彩叶植物和开花植物，色叶树和绿叶树比例为 3：7，形成彩绿共融的植物景观。

（9）承古续今，天下同乐

古容城白塔始建于宋朝，为七层楼阁式塔。塔身白色，有副阶、平座、腰檐，可登临远眺。今悦容之白塔，承古之"容"景，集南秀北雄于一身，借当代建筑技艺重塑历史记忆——新塔呈白色八角七层楼阁式，仿砖石结构。

我们研究了中国古塔的建造历史，结合河北地区古塔的建造特点，进行了多轮方案推敲，经专家们认可后设计。首先把握好塔的形制、塔身比例和曲线式样，对于腰檐形式、门窗样式、斗拱种类、护栏纹样、台基高度等方面都按照《营造法式》的规制，认真研究、仔细设计，以体现古韵古风，保持经典历史风貌。时代在进步，发展是必然。塔主体结构以钢筋混凝土为主，钢结构和木结构辅助，装饰构件选用铝合金、铜等金属材质，以延长建筑使用寿命、增强细部精细程度。同时运用现代科技，满足多功能使用和防火抗震等需求，设置电梯等人性化现代服务功能，还加入智能体验等创新设计，让塔更添新意趣。

悦容之悦，以自然之养为悦，以园林之美为悦，以文脉之续为悦，以生活之适为悦，以风雅之胜为悦。

悦容之法，以天人合一为旨，以师法自然为要，以山水诗画为境，以城苑共融为乐，以传承发展为核。

容城新颜，以风土清嘉为底，以风貌秀丽为容，以风情优雅为美，以白塔风景为名，以悦容公园为胜。

悦容公园山水间架源起北苑，盛于中苑，起伏延绵向南汇聚于中轴。十字水脉，连贯微丘汇聚于园林集萃之核心。塔与园林空间结合形成白塔园，是悦容园林景群的组成核心，是悦容风景的重要特征。白塔园，塔园共构，以塔塑风景地标，以园融景，携"九园"共同谱写中国园林大讲堂的传承发展新篇章。

4.6

"山水清音" · 清音园

1. 追根溯源，寓意呈景

（1）溯源传承

从诗里找意境，从画里找环境：

独坐幽篁里，　　（寂）

弹琴复长啸。　　（音）

深林人不知，　　（幽）

明月来相照。　　（境）

——王维《竹里馆》

水有音而山无音，此理易知人尽晓。

盖缘山静而水动，动则有音静则杳。

然而水音岂自能，亦必藉山高下表。

因高就下斯成音，相资般而相得好。

更思其清本无心，有心听之斯为扰。

——乾隆题石涛《山水清音图》（图 4-71）

（2）诗画意境

走过一个长长、弯弯的竹林小径，

到达一个山间雅舍，

它隐在幽静中，

只有溪水、琴瑟声与之相伴……

那便是远离人间的仙境：

山林、房舍、听琴、品茗、小桥、流水……

（3）相地问名

山高水长，倚流而下，水落深潭，清音响幽……

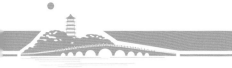

图 4-71　明代石涛绘《山水清音图》

清音园，东近会议中心，西望白塔寺，西南临水，北连山，占地 4 顷余。山水之间，密林幽深，半山而置，溪水而下。相其地也，见翠溪枕水，山林隐逸，花动禽鸣，房舍奄然，尽显林间雅集之意趣。

（4）立意明旨

山拔顶天，寻声而上，林隐远瞭，余音绕梁，清音落涧，天人合一。因之寄情山水，重塑原乡，搭建天、地、人三者之间的"对话平台"，将"高山流水觅知音"之中华文化经典还原于蓝绿交融、林溪相映的经典园林空间（图 4-72，图 4-73）。

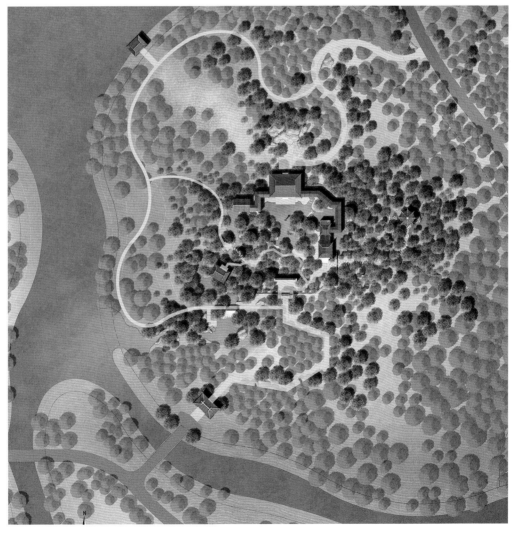

图 4-72 清音园平面图
资料来源：清音园项目组绘制

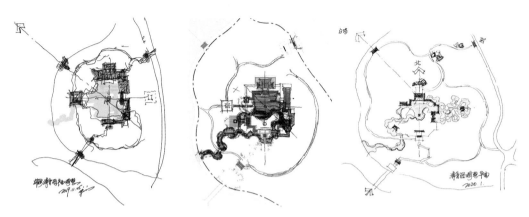

图 4-73　设计构思草图

2. 园藏曲折，韵雅趣幽

（1）师法于天

老子云："人法地，地法天，天法道，道法自然。"造园唯有师法自然，方能彰显天趣。

江南传统园林以围合空间建筑、山水、植物的配置体现"师法自然"的设计理念；江南传统民居则在人与自然和谐共生、天人合一的自然哲学观的影响下，形成一种"融于自然"的建筑体系。

清音园将两者互融，相贯相通。得江南文人山水园之形制，依凭"引""听""藏""纳"的具体手法，彰显曲径通幽、宛若天成的自然真趣。

（2）因借于巧

总体布局设"一轴""三区""五景"，循地形主脉而徐徐铺展，空间有序，山水相融，与西北侧白塔遥相呼应（图 4-74）。

南北轴自"余音绕梁厅"向南延伸至"清音园记照壁"，再到"垂花门"。北倚"松石山"，交汇于"映月池"并置"醉音石柱"。以"余音绕梁厅""溪山知音舫"为重心，东望"清韵流水亭"，西眺"花落寻音轩"（图 4-75，图 4-76）。

全园地形呈东高西低势，地形高差 9 米，以宛转多姿的登道盘纡，其间缀以石步、石矶、石坡、石磴贯通。

理水以"五音十二律"概念展开布局，营造"幽涧缓流""松间细流""江海平流""瀑布飞流""浅滩潺流"五种形态、落水声各异的水景形态。

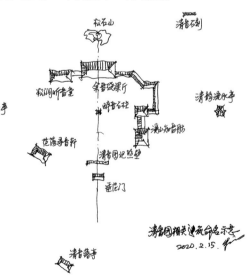

图 4-75　建筑布点草图

图 4-74 "一轴" "三区" "五景" 布局图
资料来源：清音园项目组绘制

园设南北两入口，南以"清音落亭"为序，北以"清音石刻"为界。园内呈自然山水，树木成林，布置"山林清影"绿环、"溪涧清趣"水脉、"庭园清韵"人文等三个互为相融的山水园林空间（图4-77）。

（3）画入于园

清音构园，园分三区五景。"山林清影""溪涧清趣""庭院清韵"此为三区；"幽涧缓流""松间细流""江海平流""瀑布飞流""浅滩潺流"此为五景。内外兼容、布局凝练；起承转合、互为交融；一气呵成，回味隽永。

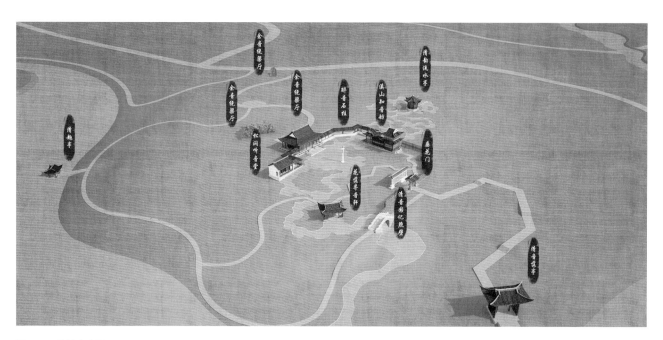

图4-76　建筑布点图
资料来源：清音园项目组绘制

图4-77　"清音落亭"效果图
资料来源：清音园项目组绘制

透山林远瞭，择山水相依，显江南意韵，融山水画卷，品格高雅，意境悠远。

（4）音寓于水

"疏源之去由，察水之来历。"[28] 分别溪水有序，流水有音，五音十二律鸣响于山林之间。溪水源自东北侧山涧，经"清韵流水亭"，沿东侧分别往南往西缓缓流淌入园。园内各系清流碧潭，或水涧倒影清澈，或呈时涸时有之态；或浅水露矶，或深水置潭，皆与自然相契合，宛然如画，境界至幽（图4-78）。

　　清音园之水有聚有分，相得益彰；置水之法，有隐有显、有内有外；水之情状，有抑有扬，亦有曲折。几处建筑点缀其间，位置随宜；各色花木，参错掩映。造园置景，景深自幽，以有限面积，造无限空间（图4-79）。

图 4-78 "疏源之去由，察水之来历"意象图
资料来源：清音园项目组绘制

图 4-79 "庭院清韵"效果图
资料来源：清音园项目组绘制

---

28. 引自明代计成《园冶》。

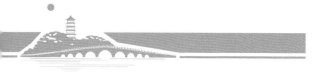

（5）情融于景

园中孤植、花木及景观群组，融生境、画境、意境为一体，尽显山野真趣。种竹引泉，溪流淙淙，山气霏霏。花得滋养而馥郁、水得曲流而有声。顺自然之理，享郊野之趣（图 4-80，图 4-81）。

①"山林清影"区域

由油松、冷杉、黄栌、银杏、小叶朴、槭树、竹林等组成稳定的山林群落，草树郁然，树影婆娑，形成优美的风景林。东侧"清韵流水亭"坐落于山腰，掩映在枝叶茂盛的槭树林间。在松林耸峙、幽草无尽间，让人不禁感受到"雨打青松青，霜染枫叶红"的意境。"花落寻音轩"位于西侧青青竹林深处，重现"独坐幽篁里，弹琴复长啸"的氛围。

②"庭院清韵"区域

石几块，花木一两株，稍事点缀，清幽素雅，别有韵味。结合各个建筑主题选择对应的植物，以烘托意境。"余音绕梁厅"周围种植丁香、木槿、月季等。平流池水有清气，抚琴听水有余音，花的香味随风潜入，明月与清风相伴，"晚色将秋至，长风送月来"的景象跃然入目；"溪山知音舫"西南侧，树影婆娑，芙蓉映秋水，窗外花木横斜，几枝垂柳，若隐若现，别具诗情画意。

③"溪涧清趣"区域

清流过碧潭，或水涧倒影清澈，或山涧流水潺潺；幽潭拢绿水，或浅水露矶，或深水置潭，皆与自然相契合，宛然如画，清净至极。"花落寻源轩"边侧溪水间种植品种梅花，片片梅花落水中，营造"落花有意随流水，流水无情恋落花"的意境；"溪山知音舫"东北侧水池中种植荷花，水边点植柳树，尽显"露浥荷花气，风散柳园秋"的意趣。

"日出有清荫，日照有清影；风来有清声，雨来有清韵；露凝有清光，雪停有清趣"，清音园亦有此境，一日之景可现四季之状。

（6）体宜于精

清音园属郊园风格多野趣，以求清新不落常套。原木梁柱，素墙黛瓦，还原乡土建筑的自然本真。建筑所施色彩以雅淡幽静为主，梁枋柱头皆用栗色。

主体建筑"余音绕梁厅"按宋《营造法式》中"副阶周匝"设置回廊。"醉音石柱"以河北定兴县义慈惠石柱为原型（图 4-82）。

园内构筑，大到屋面举折、举架坡度，小到柱子、月梁等构件的"卷杀"曲线皆呈宋韵遗风。比例得当，曲直自如，天人合一，再现中国古代建筑之大美（图 4-83）。

（7）鉴今于古

宏观层面：实现城苑共融，共创优良人居环境助力构建具有生命力和可持续发展的城市生态格局，南北向形成重要的生态景观廊道，优化拓展城市绿地功能。

图 4-82 "余音绕梁厅"效果图
资料来源：清音园项目组绘制

图 4-83 "溪山知音舫"效果图
资料来源：清音园项目组绘制

图 4-80　清音园总体鸟瞰图
资料来源：清音园项目组绘制

图 4-81　清音园剖面图
资料来源：清音园项目组绘制

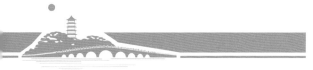

中观层面：传承园林文化与公园整体风格相统一，体现中国园林悠久历史和中华神韵，构成"中国园林文化的室外大讲堂"，彰显中华传统园林之文化自信。

微观层面：理顺中华传统造园艺术传承与创新的关系，探索中国江南传统园林的现代表达。将当代景观设计学的新理念、新技术、新工艺、新材料融入传统风格中，在古典中寻求创新，在现代里守护传统，将传统元素整合打造成契合当代景观设计定位和功能需求的经典之园，体现时代特色。

3. 清音四式，溪涧五音

（1）清音四式

清音园景观空间营造特色遵循以下四式：

清音园循江南文人山水园之形制，空间营造特色遵照"引""听""藏""纳"四式手法、彰显曲径通幽、宛若天成的自然真趣（图4-84）。

"引"：参差自然，曲折幽深。

园因水活，山水清音。"引"水自东北侧，疏源之去由，察水之来历，寻声而上，宛然如画，引曲径彰显园林的层次美。

"听"：高山流水，余音绕梁。

密林有声，天籁清音。"听"翠溪枕水，花动禽鸣。水曲有音，流水潺潺，落水声鸣响于山林之间，听水声彰显园林的自然美。

"藏"：园中有园，步移景异。

山林隐逸，幽雅清音。"藏"于山水之间，密林幽深，以曲求其深，以折求其掩，藏幽景彰显园林的含蓄美。

"纳"：诗情画意，引人入胜。

借景入园，诗画清音。"纳"周边景致入园，增长景观的宽度与广度，揽多方之胜景，融景入画，纳佳境彰显园林的空间美。

（2）五音十二律

中华民族自古就被称为礼乐之邦。早在远古时代，中国的先民就已经懂得"击石拊石，百兽率舞"。敦煌壁画中的乐器图形，历经千余年演变，记录了古代音乐发展的脉络，成为独具特色的民族瑰宝。

琵琶是敦煌壁画中最重要的弹弦乐器，其特点是共鸣箱为梨形，也是敦煌壁画中典型的音乐象征。

清音园所在的整个山体，形似梨形的琵琶，可以称为琵琶山。

琵琶山又好似从飞天乐伎低垂的眼帘中滑落的一滴眼泪。

琵琶山上有"清音"，寓意大自然就是无师自通的乐伎——在溪、涧、瀑、泉等各种水系的作用下，山之弦被轻轻拨动，产生各种自然的美妙旋律。于是声境、意境、画境都有了。此时万般情愫瞬间涌现，正是中国传统园林追求的美妙境界。

营造法式之【一】

 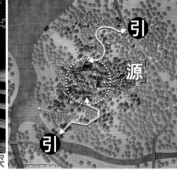 

参差自然、曲折幽深

营造法式之【二】

高山流水、余音绕梁

营造法式之【三】

园中有园、步移景异

营造法式之【四】

 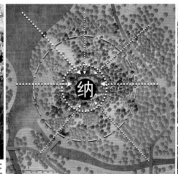 

诗情画意、引人入胜

图 4-84　清音四式
资料来源：清音园项目组绘制

音律是万事万物的根本，借鉴中国古代的"五音十二律"的定音方法，清音园理水以此概念展开布局，取"宫""商""角""徵""羽"五音，营造"幽涧缓流""松间细流""江海平流""瀑布飞流""浅滩潺流"五个景点，呈现出不同形态和声音。

"幽涧缓流"：树在石中，水在石上，甘泉有音溜阶石；

"松间细流"：绿荫照水，溪水荡漾，寻花落音穿林间；

"江海平流"：一池碧水，清澈如镜，微风清音映月池；

"瀑布飞流"：水如白丝，飘然落下，飞瀑响音鸣山林；

"浅滩潺流"：涓涓细流，汇流江河，涟漪洄音畔清溪。

4. 有法无式，自尊自信

中国古典园林讲求"园因景成，景因园异"。虽然园林的景致都是由山水、花木、建筑等要素组合而成，但其妙处可以说是园园相异，就像计成《园冶》中所说造园"有法无式"——只有总的艺术规律，而无固定的模式。

中国传统园林艺术与中国山水画、风景诗密不可分，并从中国诗画中不断吸取营养。我国古代园林中的自然、气韵、空灵、含蓄、气韵、意境等审美标准，对园林艺术法则都产生了很大的影响，与西方造园偏好不同。

通过对中华传统园林文化精华的挖掘整理，并进行创造性的诠释，以求超越传统，构建适应时代需求的新作品，以此来提升我们民族的自尊心、由此传承光大文化精粹，增强文化自信与荣誉感，不负历史重任。

"逍遥乐境" · 芳林园

"……莫春者，春服既成，冠者五六人，童子六七人，浴乎沂，风乎舞雩，咏而归……"这则记载于《论语·先进》的小故事，不仅是"春风沂水""沂水弦歌"两则成语的发端，更为后世贡献了"曾点传统"这一赞颂"生命乐境"的审美模式——融自然于一体且不离伦常，大乐与天地同和。这脉源自先秦时期由"浴沂咏归"所代表的"洒脱之风"和"逍遥之行"被传续承继，深刻影响了后世，特别是宋以后的山水审美和园居生活的塑造。而江南，则成为其中的代表。

1. 风雅生活，大众风景：江南园林营造思想对于芳林园设计的启示

（1）江南园林：基于日常的山水与人际之间的"诗意"连接

中国山水画历来强调"可行、可望、可游、可居"[29]。传统中国园林就更是如此，尤其是其中的"可游、可居"，更看重山水与人之间的"诗意"连接。得益于江南丰富的山水资源、深厚的人文底蕴、（相对普遍）富裕的经济状态，江南园林让这种连接更加"风雅"，也更加"日常"——某种程度上而言，江南的园居生活是"艺术的生活化"和"生活的艺术化"的双向结合。而在这种诗意的、日常性的连接中，杭州成就了自己的独特风景。

（2）杭州西湖："风雅中国"的杭州样板

同属江南园林文化体系，得益于独特而紧密的城湖关系、阔大的规模尺度以及以湖为主体的景观特征，杭州西湖呈现了传统中国难得的面向大众的开放性的一面。所谓"西湖天下景，游者无愚贤"[30]。区别于更多强调个体"孤高品性"的、属于"孤芳自赏"的私家园林，西湖作为极具开放性的自然山水和文化景观，是传统中国一处不可多得的"众乐之地"——其所实现的"风雅生活"与"大众风景"的连接，长久以来深刻地塑造了杭州市井生活，闪耀着传统的"民本"光辉。

---

29. 出自宋代郭熙《林泉高致》。
30. 出自宋代苏轼《怀西湖寄晁美叔同年》。

（3）传承与创新——芳林园总体构思

公园绿地作为城市唯一具有"生命"的绿色基础设施，作为"生态产品"和"美丽产品"以及具有普惠性的"公共产品"，对于提升人民身心健康、建设美丽中国均极为重要且不可替代。从这个角度而言，杭州西湖所代表的"风雅生活"与"大众风景"的诗意连接对于包括芳林园在内的新区生态绿地的建设均具有极强的现实指导意义，值得特别研究和继承发扬。

芳林园立足用地的独特区位（城市与公园过渡区）和周边条件（南为商业街，北为全园主景白塔），围绕"彰显江南园林文化与风貌的传承和创新表达"的总体要求，以"逍遥乐境，风雅芳林"为立意，不仅接传统西湖风景营造中对"众乐逍遥"的赞赏与支持，更突出对当代生态美学与生活美学融合趋势的全力呼应，最终构筑了一处具有时代特征的连接"风雅生活"与"大众风景"的雄安小园（图4-85）。

① 杏坪望塔
② 花朝争秀
③ 逍遥乐境
④ 闻莺春坞
⑤ 芳林亦乐
⑥ 锁澜听松
⑦ 公园南入口
⑧ 公园西入口
⑨ 商业水街
⑩ 出让地块
⑪ 白塔园
⑫ 五孔桥
⑬ 中心湖面

图4-85 芳林园平面图
资料来源：芳林园项目组绘制

2. 筑境有序，情境交融

（1）因借南北

位于芳林园东北面的主山属于全园的制高点，其上的白塔具有较强的视线影响力，园中因此设置多处透景视廊和观塔场地，主动借白塔之景入园，并使芳林小园融于悦容公园整体氛围之中。

芳林园亦视南侧的景观化商业用地为积极因素，于商业地块与公园的交界处设置水系景观，营造了一处可以彼此渗透的积极景观界面，使商业街与公园之间形成自然过渡——城市与公园环境融为一体，并彼此助益（图 4-86，图 4-87）。

（2）景以境出

全园共设"六景"。

①杏坪望塔：杏树绕坪，白塔对景，花卉点染，绿丘蜿蜒

芳林园南侧主入口对景白塔，于入口端部设一开阔草坪，四周环绕杏树，林下点缀花卉，坪后有绿丘蜿蜒，与远处白塔共同构成一幅引人入胜的优美图画（图 4-88，图 4-89）。

②花朝争秀：引水为溪，石泉叠翠，花团锦簇，莺舞蝶飞

呼应传统的"花朝"情结，沿南界水体两侧广植群芳，构成百花溪景观，营造与商业水街相融的多彩活力界面。另于水系东端及杏坪西侧置群芳圃，设中心牡丹台及蝶泉（引水口），大量种植时花，塑造"花团锦簇"的迎宾氛围（图 4-90，图 4-91）。

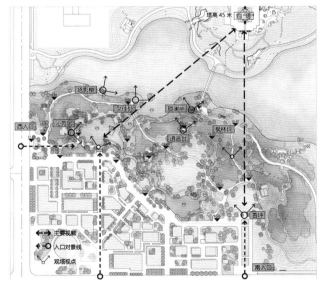
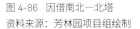

图 4-86　因借南北—北塔
资料来源：芳林园项目组绘制

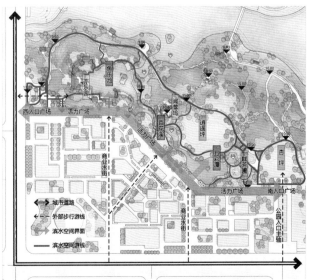

图 4-87　因借南北—南街
资料来源：芳林园项目组绘制

图 4-88　总体鸟瞰图
资料来源：芳林园项目组绘制

图 4-89　杏坪望塔效果图
资料来源：芳林园项目组绘制

图 4-90　群芳圃效果图
资料来源：芳林园项目组绘制

图 4-91　百花溪效果图
资料来源：芳林园项目组绘制

③逍遥乐境：阳光草坪，花林逢春，芳草鲜美，落英缤纷；拾级而上，山顶高台，望塔远眺，明月清风

整理地形，于场地阳面设计一处平缓而开阔的草坪空间，支持包括家庭亲子、音乐会、野餐会等多种类型及规模的户外游憩活动。草坪周围以开花乔木与色叶乔木搭配，坪南有一处较开阔水面，缤纷花木，影入池中。另设台阶步道穿梭林间，至芳林园最高处，筑一高台，可观塔望远，邀清风明月，悠游逍遥（图4-92，图4-93）。

④闻莺春坞："环坡面水，合院小筑，傍柳闻莺，悠然自得

"莺啼"在古典文化意象中表达了朋友之谊。设计通过地形塑造，营造了一处三面环坡、南向面水的围合空间，并于其间置。

闻莺草堂、悠然亭、云岫泉，院中植柳树、海棠，刻画了春光，也渲染了"莺其鸣矣，求其友声"的情境（图4-94）。

图4-92 逍遥坪效果图
资料来源：芳林园项目组绘制

图4-93 逍遥台效果图
资料来源：芳林园项目组绘制

图 4-94　闻莺春坞效果图
资料来源：芳林园项目组绘制

⑤芳林亦乐：理水为池，临水而筑，碧荷红鱼，相映成趣

百花溪流经园西侧，水面平阔处结为"鱼乐池"，环池设沁芳居、亦乐榭、撷秀轩、香远亭，池周遍植各色花木，池内碧水风荷，红鱼招摇——一派"鱼乐人亦乐"的"众乐"景象（图 4-95）。

⑥锁澜听松：亭桥相映，松石渲染，水镜锁澜风间听涛

芳林园北，经一五孔桥，便入白塔园。于桥南端放大场地，布景石并植松林。其间独置一亭，名"锁澜"。身处亭间，傍桥面水，对白塔而听松涛，成为园中又一清乐之地所在（图 4-96）。

图 4-95　闻莺春坞效果图
资料来源：芳林园项目组绘制

图 4-96 锁澜听松效果图
资料来源：芳林园项目组绘制

3. 芳林四法

在具体的景观营造中，立足江南山水和中式生活的美学思想，继承并发扬传统山水园的造园手法，并结合当代功能，特别突出了以下四个方面的经营手法。

（1）复层山水塑形

中国特有的山水美学使得一般园林空间中的地形塑造有了更为根本的价值。彼此协同的"筑山"和"理水"成为园林空间及序列最基本的组织者、园林景观塑造最基础的表现者（图4-97）。

芳林园居于北侧白塔与南侧商业街之间，并与两条城市道路相连，总体上强调"以山为屏，北望南动；以水为轴，串联东西"的空间格局，营造出主脉连绵蜿蜒、山峰高低错落，围合多样生境和丰富空间的多丘地形及形态丰富、曲折有致的滨水环境，最终形成主次分明、开合有序的山水格局（图4-98）。

（2）群落芳林敷彩

树木花草是园林空间和景观的主体，许多时候还是园林景观表现的主题。区别于传统中国园林更加在意单体植株的美学价值，当代园林同时还重视植物在创造群落生境方面的生态价值。

芳林园也因此更加在意不同群落、不同生境的植物景观的创造。通过疏密开合的变化来进一步丰富园林空间，通过季相变化来展示园林景观的生命之美。全园据此塑造了不同季节、不同生境的植物景观：早春"逍遥樱雪"、阳春"花朝争秀"、夏至"薇林艳阳"、盛夏"亦乐风荷"、金秋"枫林醉染"、晚秋"夕佳霜色"、初冬"锁澜听松"、严冬"石台远香"（图4-99）。

谷 次峰 岛 台 鞍 次峰 主峰 滩坡 次峰 坡台 鞍

高程
6.5m
20.5m

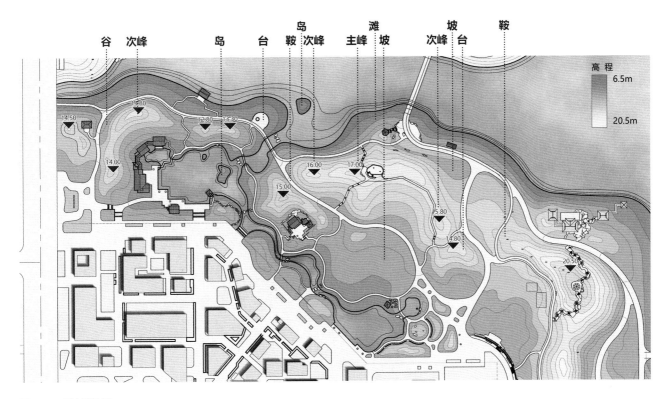

图 4-97 竖向设计图
资料来源：芳林园项目组绘制

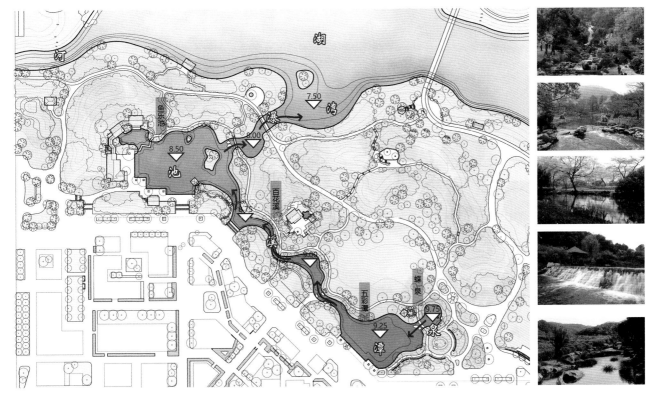

图 4-98 水系设计图
资料来源：芳林园项目组绘制

① 早春 "逍遥樱雪"
② 阳春 "花朝争秀"
③ 夏至 "薇林艳阳"
④ 盛夏 "亦乐风荷"
⑤ 金秋 "枫林醉染"
⑥ 晚秋 "夕佳霜色"
⑦ 初冬 "锁澜听松"
⑧ 严冬 "石台远香"

图 4-99 群落芳林敷彩图
资料来源：芳林园项目组绘制

花木——植物意境八式

第一式 早春——"逍遥樱雪"（逍遥坪）

主景植物：早樱、海棠；

配景植物：朴树、国槐、雪松；

意境描述：山色清朗，朝露日晞，芳草鲜美，落英缤纷。

第二式 阳春——"花朝争秀"（群芳圃 + 百花溪）

主景植物：牡丹、时花；

配景植物：垂柳、碧桃、白皮松、银杏；

意境描述：百花齐放，莺舞蝶飞，清溪花影，气象一新。

第三式 夏至——"薇林艳阳"（紫薇林）

主景植物：紫薇、梧桐；

配景植物：萱草、葱兰、栾树；

意境描述：葱茏茂盛，馥郁含风，花林如霞，独占芳菲。

第四式 盛夏——"亦乐风荷"（亦乐园）

主景植物：荷花、国槐、水杉；

配景植物：枫杨、垂柳、红枫；

意境描述：赤日炎炎，树影婆娑，红花翠底，蛙叫蝉鸣。

第五式 金秋——"枫林醉染"（枫林坪）

主景植物：黄栌、火炬树、元宝枫；

配景植物：栾树、红枫、白皮松、黑松；

意境描述：夕晖晚照，枫叶流丹，山峦尽染，如烁彩霞。

第六式 晚秋——"夕佳霜色"（夕佳台 + 塔影榭）

主景植物：芦苇、水烛；

配景植物：马褂木、黑松、千屈菜；

意境描述：秋深露重，蒹葭苍苍，色素沙白，蒲苇叶黄。

第七式 初冬——"锁澜听松"（锁澜亭）

主景植物：油松、黑松、白皮松；

配景植物：红枫、鸡爪槭、八仙花；

意境描述：苍松如盖，冬雪压枝，山石叠嶂，亭桥相映。

第八式 严冬——"石台远香"（逍遥台）

主景植物：腊梅；

配景植物：黑松、雪松、白皮松；

意境描述：银装素裹，傲梅绽放，疏枝玉瘦，萼点珠光。

（3）精设佳构点睛

举凡亭台桥榭，均具功能性与景观性。园林建筑是园林游憩和服务功能的主要承担者，也是园林景观的积极贡献者。"精在体宜"的园林建筑更可成为各景观的点睛者（图 4-100）。

图 4-100　精舍佳构点睛图

资料来源：芳林园项目组绘制

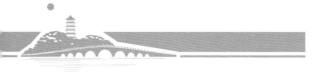

芳林园因此特别强调园内建筑大小开合、立基有凭。结合环境，共设两组建筑（图 4-101）。

"沁芳居"承担文化展示、简餐供应等多样功能，选址于鱼乐池的平阔水面西岸，与水街隔水相望，又设平台眺望白塔（图 4-102）。

"闻莺草堂"承担插花、读画、品茗的园林文化展示功能，选址闻莺坞，是一座三面环坡、一面临水的独立庭院，院内设亭、泉，林木接檐，闹中取静（图 4-103）。

结合山水，着重研究"看与被看"的关系。宜亭斯亭，宜榭斯榭，风景装点恰当。

（4）风雅乐境逍遥

中国园林通过协调山水与建筑，综合景观与功能，使诗情与画意具象化呈现，最终实现"景文合一""情境交融"。

芳林园特别强调"放情山水"的山水美学和"众乐逍遥"的生活美学的现代演绎。芳林园地处商业水街与白塔园之间，未来将成为人流聚集之地。全园在重塑自然风景的同时，布置了多处不同尺度、不同类型的开放活动空间，为各类人群的多样活动创造可能，实现可动可静、可游可赏的众乐逍遥之境（图 4-104）。

图 4-101 沁芳居和闻莺草堂立面图、效果图
资料来源：芳林园项目组绘制

图 4-102 沁芳居效果图
资料来源：芳林园项目组绘制

图 4-103 闻莺草堂效果图
资料来源：芳林园项目组绘制

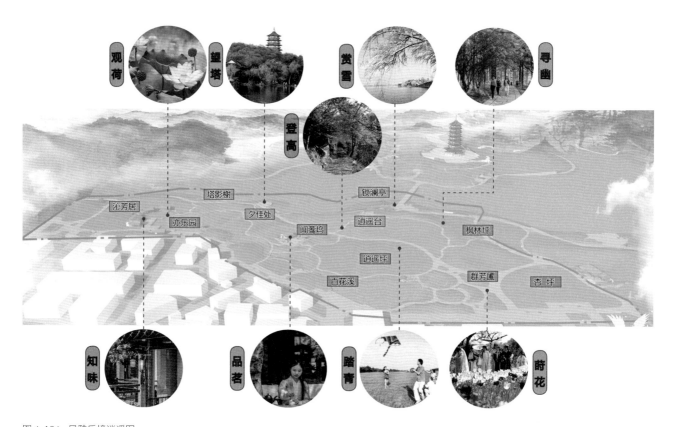

图 4-104　风雅乐境逍遥图
资料来源：芳林园项目组绘制

4. 雄安小园，生命乐境

　　中国古典园林是中国传统优秀文化的重要载体，体现了古代中国人对于理想中"美好生活"的向往和努力。其所蕴含的天人合一的哲学思想、诗情画意的美学追求、筑山理水的造园手法等对今日之中国宏观层面文化复兴和高质量发展、中观层面美丽国土的规划管理、微观层面具体园林建设营造方面而言均为极其珍贵的资源。其中，江南园林普遍存在的对由"浴沂咏归"所代表的"生命乐境"的追求，以及由此带来的对日常生活的诗意塑造，尤其是以西湖为代表的杭州山水园林所闪耀的人性光辉，就更值得今日风景园林建设者继承和发扬。

　　包括芳林园在内的新区绿地的规划设计，对于传统造园思想做了有意识地继承和发扬。同时响应时代的需求，并基于其特定的内外条件，芳林园也在更加能动的内外空间组织、更加多元的功能承接、更富生机的生态景观塑造、更富魅力的"众乐"情境设置等方面做了积极探索和实践，真正实现"风雅生活"与"大众风景"的时代连接，成为一处体现"美丽中国、美好生活"的雄安小园。

4.8

"曲水若书" · 曲水园

1. 寓意于形，曲水流觞

（1）回溯：符号化的自然

　　"曲水流觞"最早萌发于夏商时期"修禊事"这一神圣的祭祀仪式。我们的先民出于对水的崇拜，在每年三月上巳节或者三月三，借天然河流或小溪祈求子嗣平安、生命健康。汉代时慢慢走向世俗，成为一项户外游乐活动——"论道饮燕，流川浮觞"。

　　魏晋时期，人们极度推崇对自然的回归和人性的自由，赋予了"修禊事"浓厚的文学属性和浪漫主义色彩。以王羲之的兰亭雅集为代表，志同道合的文人士大夫们临曲溪而坐，饮酒作诗，感怀人生，"仰观宇宙之大，俯察品类之盛"，留下了思逸神超、神融笔畅的"天下第一行书"《兰亭集序》，成就了一场历史上风雅至极的山水文艺沙龙，成为后世争相效仿的雅集之范本。"曲水流觞"也从此由民俗活动走向园林游赏，从自然走进建筑，并逐渐成为中国传统园林乃至中国传统文化的一个经典符号（图 4-105）。

　　宋代的《营造法式》中已经出现"流杯渠"的工法和图示，表明"曲水流觞"在当时已成为非常成熟的园林小品，并开始普遍出现在皇家园林和地方建筑中。

　　"惟万物之自然，固神妙之不如。"[31] 曲水流觞带着人们对自然和生命的热爱，经过几千年中华文明的洗礼，被高度写意化和艺术化。它从自然郊野的溪流河谷，演变为高度凝练的图案纹样，出现在亭台殿堂中，这是一种文化的浓缩、演绎和发展，但却似乎在某种程度上丢失

图 4-105　元 赵孟頫《兰亭修禊图卷》（局部）

---

31. 出自西汉孔臧《杨柳赋》。

了山水诗意生活的本真。正如计成在《园冶》里的阐述:"曲水,古皆凿石槽,上置龙头喷水者,斯费工类俗,何不以理涧法,上理石泉,口如瀑布,亦可流觞,似得天然之趣。""曲水流觞的当代演绎"是悦容公园"曲水园"的创作命题,我们希望借此机会,探讨经典园林符号之于未来园林环境营造的意义(图 4-106)。

(2)期待:文化向自然的回流

一个园林符号即是一种回忆。不同时代的曲水流觞形态代表着不同的环境、文化、意识形态,这些珍贵的历史印记,值得敬畏、品鉴和回味,而不是一味地复刻和模仿。"曲水流觞"引发了兰亭之书,兰亭雅集成就了"曲水流觞"。在那个历史节点,最美的人文与自然进行了碰撞与交融。这才是"曲水流觞"符号背后诗意山水的初衷和本源。我们希望通过萃取记忆中不同时空里最美好的画面和景象,在真实的自然园林环境中进行溶解和重塑,构建引发思考、聚集、活动和事件的园林空间,在具有历史美感的空间中注入新的日常,形成新的园林文化。如同王羲之的书法,来自瞬间对生命意识和宇宙自然的体悟,他博采众长,却不拘泥于前人的笔法,创立了自然、适意、洒脱的行书风格。曲水园不受古典园林符号的限制,以经典文化为源,以水为媒,结合现代设计语汇,营造融于自然的雅集之所,传承行云流水的书法之道,实现文化向自然的回流,激发园林在自然中的有机生长。

2. 空间析要,曲水三幕

曲水园所处地块位于悦容公园南苑与中苑交界处,由于受南北两侧市政道路的分隔而形成较为独立的地块。此间林丘画草甸,山石映松竹,属城中天然闲适之地。曲水园偏安一隅,与悦音台一脉相连,西临河流,其余三面微丘起势,悦容公园的主园路于外侧环之,独享林泉佳

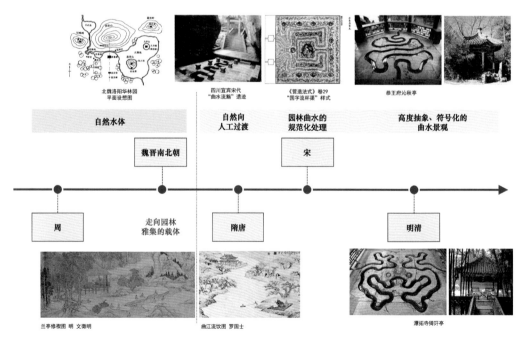

图 4-106 曲水流觞演变历史
资料来源:曲水园项目组绘制

境、流觞乐事。园子占地两公顷有余，挖池掇山，引溪筑台，轻点屋室，营咫尺山林、茂林修竹的古朴清雅之境（图4-107）。水是"曲水流觞"的物化表现，也是其精神内核。"水必曲，园必隔"，故此园以水为脉，结合周边环境，串联和营造山中泉、石上渠和苑中池三种不同状态和意境的水主题景点。虽有曲水潆洄，无源不能追也；虽有茂林修竹，无书不能雅也；虽有池台清浅，无亭榭不能享也。乃作"曲水有源""临流若书"（图4-108）"曲苑畅情"三幕场景，以此邀君共书今昔，畅叙幽情（图4-109）。

图4-107 曲水园空间结构
资料来源：曲水园项目组绘制

图4-108 "曲水若书"意象图
资料来源：曲水园项目组绘制

图 4-109 曲水园平面布局
资料来源：曲水园项目组绘制

① "曲水有源"

全园地势北高南低，北塑制高点五米有余，恰好屏蔽北侧城市道路之声。山顶设宋式石亭一座，地刻《营造法式·流杯渠图》，以怀古意，敬过往。泉水发于亭，向南成溪，清流触石，象征古老而兴盛的曲水流觞文化的再次活化以及向自然的回流和滋养（图 4-110）。由北丘东侧登道拾级而上，全园景致尽收眼底，石间潺潺流水，夹岸落英缤纷，顺势而落，东西二分，向西流经石渠台，觅兰亭风雅；向东顺北丘之势，承雨露山泉，终皆汇于曲苑之池（图 4-111）。

② "临流若书"

自南入园，竹径通幽，枝繁障日，游路画境若漪，渐闻水声不见水（图 4-112）。复前行，九曲石台如若大地之书，行云流水般穿行于佳木修竹之间。石渠狭窄曲折，延而为溪，时收时放，时急时缓，时有竹障之，时汀步连之，使之可停、可走、可续、可断。临溪而坐，砚石为台，水如墨溢，归于溪。谈笑间诗意如涌泉，忽而欲书"信可乐也"。

立于台上，西眺晴川流云，东赏石渠婉转，感叹时光流逝。下数阶，清流可触，怀想逸少今何在？恰似清风、流水、竹石，风雅依旧（图 4-113）。

③ "曲苑畅情"

自东入园，香草引路，松枫迎客，隐约见一方屋舍悠然，名曰"墨妙轩"，拾级而上，豁然开朗。水苑开阔静止，聚而为池，四周微丘环绕，池西松岛将园分为二，营造东部水苑自成

图 4-110 曲水园鸟瞰效果图
资料来源：曲水园项目组绘制

图 4-111 泉发于亭，向南成溪
资料来源：曲水园项目组绘制

图 4-112 画境若漪
资料来源：曲水园项目组绘制

图 4-113 九曲石台
资料来源：曲水园项目组绘制

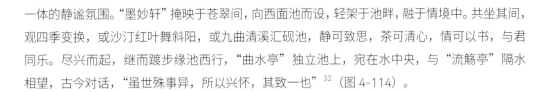

一体的静谧氛围。"墨妙轩"掩映于苍翠间，向西面池而设，轻架于池畔，融于情境中。共坐其间，观四季变换，或沙汀红叶舞斜阳，或九曲清溪汇砚池，静可致思，茶可清心，情可以书，与君同乐。尽兴而起，继而踱步缘池西行，"曲水亭"独立池上，宛在水中央，与"流觞亭"隔水相望，古今对话，"虽世殊事异，所以兴怀，其致一也"[32]（图 4-114）。

3. 曲水三式

曲水园造园手法，汲取和借鉴王羲之书法"以简为美""动静相生""取意自然"的神韵特点，运用简约流畅的设计语言，构建动静相生的空间格局，营造融于自然和以书会友的园林场景，实现书法之道和园林空间的交融（图 4-115）。

（1）一曲至简，一气呵成

明代汪珂玉在《墨花阁杂志》中评述魏晋时期的书法"以清简为尚，虚旷为怀，修容发语，以韵致胜"，王羲之简化了书法的笔画，使得字形流畅灵动，给人以一气呵成之感。通篇的连贯得益于其字与字之间的联系，用有形的游丝或是无形的笔势使字与字之间、笔画与笔画之间相互呼应。

曲水园的造园手法吸收王羲之书法之"简"，以更凝练写意的手法和纯粹的设计语言，营造更符合现代审美和使用功能的园林空间。园林格局清晰，整体风格意境简洁质朴、轻盈自然。

图 4-114　曲水亭效果图
资料来源：曲水园项目组绘制

---

32. 出自东晋王羲之《兰亭集序》。

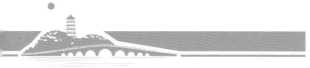

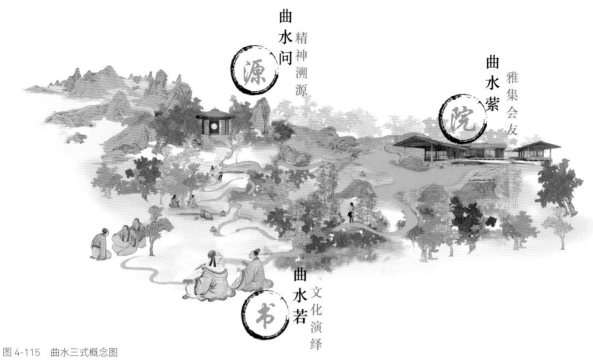

图 4-115　曲水三式概念图
资料来源：曲水园项目组绘制

水作为整个园子的设计线索贯穿始终，流畅的水形与游径双环交织，与东、南两个入口自然衔接。导引游人或缘溪而行，或若即若离，或跨越溪涧。一笔流水，一笔游径，一脉自然，一脉人文，最终交汇于东部水苑。水苑流动的岸线进退自如，一气呵成，以纯粹的沙砾石滩形成变化的池岸，给人以静好安宁之感。

园林建筑简约空灵——池南一亭、池东一轩，建筑形式在继承了宋式遗韵的基础之上，进行提炼创新，钢木结构的运用保证了建筑的实用性和外观的轻盈细腻。没有过度的装饰，木平台、木栏杆、木廊、木柱、木吊顶以及木板瓦屋面等系列木构件的组合形，成温暖而纯粹的外观和空间。

（2）动静交呈，曲境变幻

王羲之书法笔法自由灵动、充满变化，他尝试在行书中加入楷体，增强其静谧之感，使之静中有动，动中寓静。在极尽变化的同时又不失整体风格的统一。曲水园虽小，但其水系形态的精妙塑造形成了开合有致、动静相生的空间变化及空间对比，同时产生了不同的游园体验方式：时而只闻水声不见水，时而循溪而行，时而临流静坐，时而可望不可即，时而宛在水中央。"临流若书"与"曲苑畅情"区域，各具动、静之特点。西侧九曲石台区域以线性曲折的水系主导空间属性：曲折所造成的含蓄感产生了无限深远的不尽之意，营造了一系列流动的景象；尺度的控制带来人性化的游赏空间，为人与人、人与环境的亲密交流创造了条件；空间的动感和趣味引导人们游走其间，曲折入胜，跨涧，循溪，望泉，身体成了景致的一部分，充分与环境进行互动。而东部曲苑以静态水面为中心，以自然地形及植被形成内聚式的围合空间，并且在水面西北侧均未设置园路，保证从两组园林建筑内向外观赏的界面完整性。于墨妙轩中静坐，旁观山水，以憩、以思、以书、以谈，与西侧园林的感受形成鲜明对比。与此同时，两者又以水脉、植被、园路巧妙过渡连接，融为一体，比如中部分隔两区的松岛，既是曲溪的绿色背景，又是曲苑的观赏界面。

（3）曲意天然，情景交融

王羲之崇尚自然的美学思想在《兰亭集序》中表现得极其透彻，他寄情于山水林泉的自然之美，崇尚个性的自我追求与放达，书法师于自然造化之功，循自然之势，形成了独特的飘逸风格。可以说，大自然的灵山秀水孕育了王羲之的审美情趣，和谐的人文环境激发了他的创作热情。最美的自然并非自然本身，而是因寓目自然而触发的感悟和情怀，是情景交融之自然。

曲水流觞本源于自然，曲水园的营造亦首先基于对自然小环境的塑造。尊重现状地势，以地貌重塑及植物造景为主要营造手法，以自然元素为主要造园素材。适当强化地形高差，以形成流水动势。园路宽窄不一，结合地形有机穿行。园林建筑少而隐，恰如其分地融于环境之中，并形成六分林丘、两分水、一分石又一分竹的林泉之境，以回应"崇山峻岭，茂林修竹""清流激湍，映带左右"之意。

北丘是整个园子的背景，也是精神性的景观标志。以密林结合地形打造自然的苍松背景，营造"流觞亭"古朴神圣的氛围；南坡疏林草甸，打开视廊，形成开阔的向阳主观景面；溪谷两侧山石护岸，樱花夹溪，草坡一直绵延至东侧山脚，是一处明媚浪漫的春景。

西侧九曲石台以石渠、石台、松竹营造幽静古朴的林下休憩游赏之所，此区域从铺装、置石到景观小品，均以"石"为主要造景元素，形成既具野趣又不失精致的户外交流空间。以砚台为灵感来源的石台点题"书法"，让人不禁联想起兰亭雅集之场景。两级石台借景西侧河道，在延伸空间的同时，创造了亲水空间，形成内部精致园林与外部自然石滩的强烈对比。

东部水院是整个园子功能服务属性最强的区域，两处园林建筑在此集中，却与环境融为一体、不可分割。曲水亭意境取自文徵明的《兰亭修禊图》（图4-116），画面再现了清新优美的环境和当日雅集之盛况：亭子建于水上，茅顶朱栏，四面临风，近处临水亭中，三人对坐于桌旁谈诗，溪流如注，从远处汩汩而来，弯弯曲曲，汇于兰亭。相传王羲之为了更好地观景，将山间驿亭移至水边。曲水园方亭轻驾于水面，于双溪交汇处，开阔的池面更显其空灵，简约通透的木亭彻底融于环境，成为画面的视觉焦点。亭内则是观景的最佳视角，也为书法爱好者抒发胸臆、纵情挥墨提供了场所，墨宝悬挂其中，别有一番诗情画意。墨妙轩借水景而不临水，它低调后退，隐于苍松翠柏中，平静的石滩柔化了它与水面的关系。它融合了宋代建筑和日式茶亭建筑的特点，平台开阔舒展，当所有的推拉门完全拉开，建筑的室内外界限就此消失，不过度修饰的空间与场地亲密对话，将天空、池水、沙汀、红枫等景致引入建筑内部，为在此休憩、集会与交流的人们提供诗意的驻足之所。即便在寒冬雨雪时，玻璃门窗和保温性能上佳的建筑也创造了通透而舒适的交往空间（图4-117）。

图 4-116　明文徵明《兰亭修禊图》

图 4-117　分隔两区的松岛
资料来源：曲水园项目组绘制

　　"曲水流觞"作为自然山水与人文精神碰撞形成的经典园林符号，浓缩着历史，具有时空交感之美。我们希望通过对园林营造的探索，在保留和延续其文化本体意义的基础上，突破符号化的禁锢，实现向自然和生活回归，使其再次自由生长，焕发生机与活力，发起历史与未来的风雅对话。如同陈年的墨，在时代清新的林泉中研磨、晕染，成就新的园林篇章，润养未来。

4.9

"燕乐共享"·燕乐园

1. 释名知旨

　　燕，地域上指河北省北部。现今的雄安新区大致位于燕赵两地的分界区域，也就是位于燕国故地之南端。乐，顾名思义，意为愉悦喜乐。故以燕乐园为名，此处为一座充满燕地趣味的园中园。

　　燕赵大地自古以来就是民族交融、文化荟萃之地，作为悦容公园九园之一的燕乐园亦理应成为承载在地文化、传承北派传统风格园林的作品。在传承北派传统造园技法与文化的同时，考虑园子作为现代公园的一部分，其使用者已非往昔高门士族，故其设计必须与时俱进有所创新——以典型北方传统风格山水园林的形制满足当下广大市民的需求（图 4-118）。

图 4-118　燕乐园鸟瞰图
资料来源：燕乐园项目组绘制

2. 循旨立意

（1）打造四季景观，诠释"三生"理念

欧阳修在《醉翁亭记》中说："四时之景不同，而乐亦无穷也。"中国文化对于四季景观的感怀源于传统的农耕文明。中国古人上观天文俯察地理，发现了天时与气候、物候三者间的关联关系以及季节、节气周期运转的规律。这些规律不但指导古人的生产而且指导着古人的生活，从而形成了以二十四节气文化为代表的传统农耕文明下的"三生关系"（图4-119—图4-122）。

图 4-119 北宋赵令穰《陶潜赏菊图》
资料来源：台北故宫博物院馆藏

图 4-120 明陈洪绶《米芾拜石图》
资料来源：网络

图 4-121 宋苏汉臣《荷塘消夏图》
资料来源：网络

图 4-122 清陈枚《月曼清游图》
资料来源：故宫博物院馆藏

燕乐园通过精心的植物配置设计，形成"木欣欣以向荣"的良好生态，同时还要举办各种游人喜闻乐见的活动。希望游人在体验"四时之景不同，而乐亦无穷也"的同时，通过参与游园活动，展现当代人的生活方式，诠释新时代的"三生关系"。

（2）展现在地文化，传承传统技艺

燕乐园内建筑形式多样，一是出于功能需要，二是希望燕乐园能够让游人在欣赏植物四季之景外，亦能欣赏建筑物、构筑物的四季之景，更重要的是要让游人感受到传统技艺传承之美。

燕乐园内的建筑借鉴避暑山庄形制，采用北方官式建筑中的小式建筑，端庄而朴雅。院落建筑多用硬山卷棚形式，山墙采用具有野趣的虎皮石砌筑方式或五进五出形式砌筑，门窗用支摘窗为主。园林建筑采用卷棚歇山、敞亭及小式攒尖形制，于园林中显得玲珑别致（图 4-123）。

建筑彩画不求绚丽但求点睛的功效，故牌楼采用云楸木彩画装饰，色彩丰富而内敛。庭院建筑中只施以掐箍头形式苏式彩画，垂花门处辅以包袱以呼应园之主题。山水园区建筑中，为点缀园林意趣，亦为增加冬季园林景观效果，在色彩上稍加丰富，以苏式包袱彩画为主要形式（图 4-124）。

院内掇山选用太行山石，建筑基石、栏板等石作内容宜由曲阳工匠制作，这些都是在地文化的鲜活展现与传统技艺的宝贵传承。

图 4-123 同乐亭效果图
资料来源：燕乐园项目组绘制

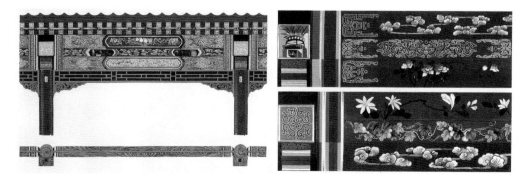

图 4-124 云楸木彩画和海墁彩画
资料来源：何俊寿《中国建筑彩画图集》

3. 燕乐五式

（1）相地合宜，构园得体

　　燕乐园位于悦容公园南部地块东北角，用地以西及西南方向为连绵的山体，是公园的局部高点，其上有阁。北部和东部的边界被两条城市主干道框定，东侧隔路与雄安市民中心相望。

　　燕乐园巧妙利用公园西侧山地，向东顺势延展地形，形成山之余脉，其上植林，以隔绝北部城市道路的不良影响，形成园内静谧的园林氛围。依山就势叠置山石，其上筑轩形成园内制高点。西侧山谷做水口，为园内水脉之源。总体形成山横于北，如屏似靠，水卧于前，似带相环的山水骨架。

　　西南侧临近公园主路位置，处理为下凹式草沟，一方面降低山体雨洪的冲刷影响，一方面可形成季节性雨水景观。

　　园东侧紧邻城市道路，微地形处理采用密植乔木作为屏障。燕乐园主入口布置在场地的东南，一是顺应传统习俗，二是可以与公园南门区形成有机衔接（图4-125）。

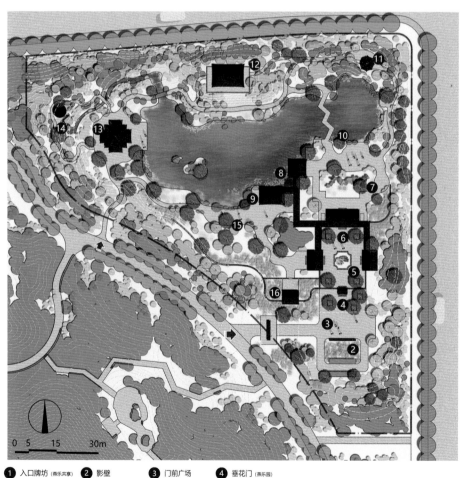

图4-125　燕乐园平面图
资料来源：燕乐园项目组绘制

（2）巧于因借，精在体宜

《园冶·兴造论》中提到的"巧于因借"与"精在体宜"，一直被后世园林人奉为圭臬。"因借"讲究"随"，讲究"巧"，需"互相借资"，甚至"无中生有"。而"体宜"则必须"精到"，要求规划设计者善于观察，巧于计算，斟酌损益，揆度玄机。

燕乐园在设计布局上首先是"借势"，上段"相地合宜"已经讲到了这点，随形就势地处理山形水系，既解决了园林布局问题又与公园整体形成良好的衔接，更重要的是小园林地貌与国土地理层面大地貌形成耦合（图 4-126）。

园林在打造内部小景时，亦时刻注意"借景"于外，扩大视野，延展景深，使游人感受到骋目抒怀的快意。园子西南方向的"阁"与北向公园中心区的"白塔"都是燕乐园的借景对象，比如循山路登"真意轩"而凭栏四望，公园美景尽在眼前。

在设计过程中向经典园林案例寻找答案是为"借法"。在燕乐园中大家可以发现"谐趣园""静心斋"等传统名园的意象，但并不是简单的照搬照抄，而是设计手法的有益借鉴。

燕乐园设计属于命题"作文"，需要设计者施展"借题发挥"的能力来写好这篇文章。燕乐园是否是一篇高质量的答卷，正待"阅卷人"的评判。

（3）前庭后园，顿置婉转

燕乐园分为东南部庭院区与西北部山水园林区两个功能区。庭院区类似颐和园东宫门景区，既是全园的形象入口，又有服务及文化展览展示等多功能。西北部的山水园林区是全园的游兴中心，山环水绕，步移景异，尽显山水之乐，是全园最为精彩的区域。

庭院区由牌楼、合院与双榭三部分构成（图 4-127）。牌楼起提示与引导的作用，题额"燕乐共享"。合院是截取标准三进四合院的中间部分，垂花门与一正两厢建筑呈围合格局，垂花门匾额题名"燕乐园"，南向正房匾额题名"众乐堂"（图 4-128）。双榭分别题名"藕香"与"鱼

图 4-126　燕乐园空间格局图
资料来源：燕乐园项目组绘制

图 4-127　庭院区效果图
资料来源：燕乐园项目组绘制

图 4-128　主入口垂花门效果图
资料来源：燕乐园项目组绘制

乐”，此处既是庭院部分的终结又是山水园林区的起始处，同时还处于园区东西方向的中间部位，因此是全园景观的重要节点。坐于榭内近赏莲荷、游鱼，东西可见曲桥与双亭，向北隔水仰望"真意轩"，转回西南眺望可赏山上之绰约阁影（图4-129）。

园林区以山水为骨架，遍植乡土乔灌花木，形成自然朴雅景观基调。其间于园之东西各置一亭，东侧八角亭位于小丘之上，景观兼顾公园内外，名曰"两宜亭"。西侧四角亭位于山水之间，名曰"同乐亭"。园区中部的"真意轩"踞于北部山体之上，下可俯瞰，远可眺望，是全园的景观核心（图4-130）。

《园冶》中提到"宜亭斯亭，宜榭斯谢，不妨偏径，顿置婉转，斯谓'精而合宜'者也"。燕乐园在山水构架、建筑布局、场地设置、节点分布、游线组织上注重节奏的控制与变化，力求形成规整中正与自然灵动相融合，呈现"精而合宜"的设计效果。

图4-129 鱼乐与藕香双榭效果图
资料来源：燕乐园项目组绘制

图4-130 山水园林区效果图
资料来源：燕乐园项目组绘制

（4）嘉树甘木，四时生生

燕地"北枕居庸，西峙太行，东连山海，南俯中原，沃野千里，山川形胜，水甘土厚，民俗淳朴，物产丰富……奇花珍果，嘉树甘木，禽兽鱼鳖，丰殖繁育"。历史上的京津保地区曾经森林覆盖，生态良好，因此在燕乐园种植设计中突出了植物品种与植物景观的丰富性。

燕乐园植物选择本着"乡土、长寿、季候、文化、多样"的原则。其中，"季候"一是指植物要具有典型的季节性景观特征，比如桃、海棠、元宝枫、大果榆、油松、白皮松等；二是指可以作为节气候征的植物品种，如泡桐、木槿、牡丹、菊等。文化是指植物品种要具有美好寓意或在传统诗词中有相应意象，如槐、柳、松、竹、桃、海棠等。

针对园子面积较小的特点，在种植方式上，细化植物分区，如垂花门外槐荫匝地，合院之内玉兰与海棠当庭，两宜亭周边多植山桃与碧桃，真意轩周边广植油松、栾树与元宝枫，同乐亭处近水插柳、靠山植柏，在不同空间形成不同的植物景观特色。

（5）掇山有致，理水欲深

燕乐园掇山选太行之石，或叠或置，且与乔灌花木结合构景，务求咫尺山林、自然野趣之意境（图4-131）。合院四周浓阴匝地，院内玉兰迎春，院落中"稍点玲珑石块"配以海棠、牡丹等花木。

"众乐堂"北侧，选三五块高石与丛生元宝枫相配，形成山林近在眼前的野趣，在空间上将庭院区与园林区分隔开来，起到屏风的效果。

"真意轩"临湖一侧叠石护坡，形成崖壁的效果，登眺愈觉其高。依崖壁堆叠蹬道，顺山势迂回转折（图4-132）。"两宜亭"处做山池，水中散置汀石（图4-133）。

燕乐园全园理水以汇聚为手法，水源隐于园之西北，有源头活水不尽之意。水流顺溪谷潺潺而下，在园中形成东西连贯的湖池，以山石为驳岸，自然多变。湖池在双榭处稍加转折变化，并在池中置山岛，使水脉愈觉深远，景观层次愈加丰富。

"呦呦鹿鸣，食野之苓。我有嘉宾，鼓瑟鼓琴。鼓瑟鼓琴，和乐且湛。我有旨酒，以燕乐嘉宾之心。"[33] 燕乐园的嘉宾是广大人民群众，燕乐园不仅为嘉宾提供了四季美景、传统技艺，更为大众提供了传承创新的中国风景园林文化大餐，并生动地诠释了新时代的"千年城市"，雄安质量下的生态文明建设理念。

图4-131 建筑群西侧立面图
资料来源：燕乐园项目组绘制

---

33. 引自《诗经·鹿鸣》。

图 4-132 真意轩效果图
资料来源：燕乐园项目组绘制

图 4-133 两宜亭效果图
资料来源：燕乐园项目组绘制

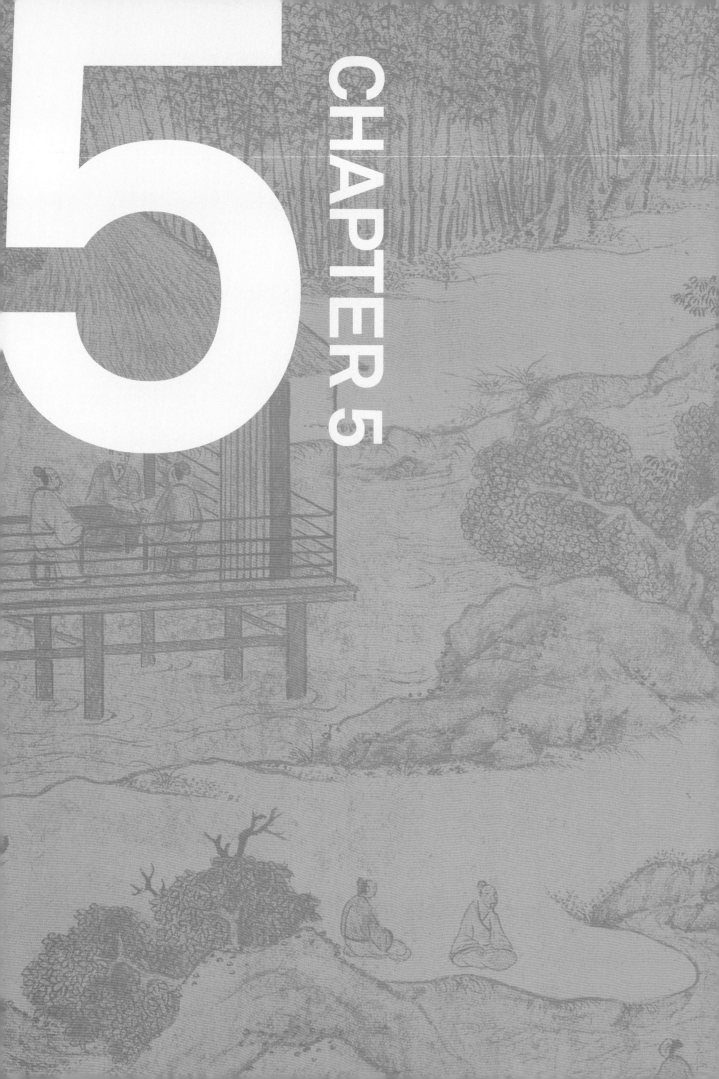

CHAPTER 5

第 5 章

众 创

一花独放不是春，百花齐放春满园。

——《古今贤文》

记录、悦容公园规划设计全过程中"众创众机"的创新工作模式展示部分工作成果。

5.1
开放包容

一个从零开始的城市，离不开创新的支撑。悦容公园规划设计全过程，处处体现突破和创新，围绕高起点规划、高标准建设、高质量发展的要求，以"开放包容、开门做设计"的态度，坚持"世界眼光、国际标准、高点定位、中国特色"；坚持"中西合璧、以中为主、古今交融"；坚持"创造历史，追求艺术"，在实践中探索园林设计行业工作思路、模式标准的新高度。

1. 规划层面：上下联动，同步推进

新区规划体系的编制打破了自上而下、按部就班的传统传导模式，以《河北雄安新区规划纲要》（以下简称《规划纲要》）及纲要批复精神为根本，五组团控制性详细规划、专项规划、项目概念规划、工程预研究等工作的开展，均同步推进。在编制过程中，上下联动，前后支撑，通过集中工作营的高效沟通模式加强交流与衔接，相互论证、校核，形成自下而上的反馈。控规团队及时将项目规划成果的优点、亮点，转化为管控要素、引导性条件，纳入图则；概念规划团队在深入沟通的过程中，逐渐转变思维模式，站在资源统筹、锚固格局、风貌协同、功能导向的角度，给未来留下空间与弹性，思考生态基底的营建原则，从"等条件"走向"定规则"，助推科学规划建设。

悦容公园于 2018 年 7 月正式启动规划设计工作，相邻片区控制性详细规划正同步编制。前期研究均基于《规划纲要》和雄安新区总体规划的相关内容，规划、景观、水利、生态、建筑等团队打破界限、紧密协作，相互启发、相互影响，整个工作犹如抽丝剥茧，层层推进，目标要求逐步明晰。规划视角宏观、思维全面，以促进城市可持续发展为根本立足点；园林景观则更关注中微层面，以创造生境、打造环境、营造意境为目标愿景；建筑设计更为理性，以城市风貌、使用功能、秩序规范为前提；生态团队关注自然资源，注重生态格局的构建；涉水团队以水资源、排涝滞蓄为核心，形成水生态、水安全、水景观等专业成果；智慧团队在智慧运营、互动、管理方面着力；国际征集团队提供了大量水资源、再生能源利用、生态修复领域的国际经验和案例……各团队各展所长，在磨合、配合、融合中，不断分散集中、吸纳整合，形成悦

容公园蓝绿空间稳定成果。向上为容东片区控详规划、新区绿色空间专项规划提供有力支撑；向下为后续实施设计打通专业壁垒，提供更为明确的依据。

2. 设计层面：各界合力，协作推进

雄安新区坚持"专业的人做专业的事"。悦容公园设计实施阶段，汇集了国内京津冀、长三角等地和国外（美国、法国）20 余个专业优秀设计团队，百余名专业设计人员参与创作，形成"1+1+9+X"的组织构架：第一个"1"指 1 个规划研究中心，负责悦容公园与周边区域规划的统筹协调；第二个"1"指 1 个总体规划单位，负责悦容公园内部设计工作的协调及公共区域系统设计；"9"指 9 园的对应设计单位，负责园中园的详细设计，重点围绕中国园林造园精粹的传承、创新和发展；"X"指各专业专项设计团队，负责建筑、市政（桥梁）、水利水生态（城市排涝）、智慧设施、园林家具、文化艺术、无人驾驶等。设计期间，得到中国园林雄安设计联盟的全力支持，九位中国风景园林行业的领军人物主动奉献，领衔众创，亲自沟通汇报，将各自深厚的专业理论研究和丰富的实践经验倾注于此，以中国园林行业的合力，共同铸就造园经典，提升悦容公园整体设计质量和水平。

新区管委会以"创造历史，追求艺术"的精神，举办了一系列面向全球，以高质量发展为背景的建筑、桥梁、园林家具等专项设计征集活动，聚焦新区近期启动建设的区域，像绣花一样开展精细化设计工作，为悦容公园提供大量优质设计成果，将分散在悦容公园中的平凡而普通的景观要素、功能设施，装点成一颗颗珍珠、一串串项链，用设计丰富城市内涵，用艺术点亮城市魅力，共绘一张蓝图。

雄安新区画卷正在徐徐铺展，容东片区作为先行示范的重点区域，大量基础设施建设同步开展，各专业临时建筑和设施影响悦容公园实施的矛盾尤其突出，新区重大工程建设和高质量管理办公室统一研究、统一调度，各专业在满足施工条件、行业规范的前提下，提出最科学合理的专业方案，在平衡中协同推进。

国际征集

　　2018 年 7 月至 9 月，悦容公园（原名：容东西侧生态绿地）概念方案设计工作面向全球公开征集方案，12 家国内外设计机构报名，经资格预审、专家遴选，最终由 Sasaki Associates, Inc.、AGENCE TER、苏州园林设计院有限公司和北京市园林古建设计研究院有限公司四家单位入围，其中包括了国内以南、北方传统园林为专长的优秀园林设计院，以及具有生态景观、城市设计双主业特色的境外综合性设计机构，征集过程体现了"世界眼光、国际标准、中国特色、高点定位"，取得了国际一流的设计智慧和成果，征集效果显著。

1.SASAKI：城市生命体

　　SASAKI 团队遵循"天人合一"的哲学思想，从自然、地形、天气、人的行为活动等方面研究入手，分析提炼"轴、水、风、洼、山、城"六大核心要素，通过中国传统的山水园林构建手法进行空间设计，模山范水，强调在有限空间内移天缩地、再现自然，融入人的活动体验空间，创造城市的生命体。

　　该方案以目标为导向，强调生态主导，围绕水资源、城市森林、动物栖息地等方面，解决场地现存的生态问题，修复区域生态环境，提高生态质量，运用科学量化的手段对水资源管理进行系统设计，让基地回归绿水青山，创造林、城、河和谐共生的城市生态新格局；强调园城交融，提出微气候和交通优化两大策略，模糊城市与自然的边界，打造健康的自然环境、舒适的人居环境，倡导健康的生活方式。因地制宜提出三大设计策略：一是通过下凹地形、通风廊道等空间设计，结合风压、热压导风降温的原理，改善区域微气候；二是结合道路下穿、上跨和生态隧道等方式，保证生态系统的完整性和与周边开发地块的联系；三是强调重塑特征，传承历史、展望未来，塑造符合时代特征的场所精神。以容城居民、新雄安人对生活、康体、娱乐、艺术、教育、民俗文化的不同需求和愿景为考量；结合人为活动对生态环境的影响，提出结合周边建设时序、伴随森林建设演替规律而逐渐丰富的四大活动带——生态研学带、城市生态保育轴、活力健康带和探索花谷，体现了活动"持续生长"的创新理念；并挖掘华北水乡地域特征，借鉴中国传统山水园林小中见大、虚实相间、疏密有致的空间组织手法，

形成集景似的景观格局，塑造新容城八景——千松飞雪、锦带浴雨、花间蝶恋、荷田蛙鸣、碧塘鹤影、星谷冰舞、层林尽染、翠阴晴柔。根据森林生态演替规律等提出"分期活动策划"的理念，实现了可持续发展的创新（图 5-1—图 5-6）。

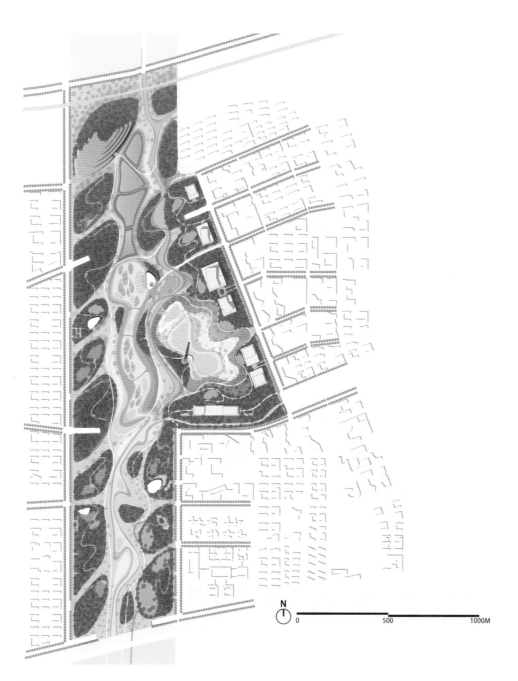

图 5-1 悦容公园总平面图
资料来源：SASAKI 绘制

图 5-2　悦容公园总体鸟瞰图
资料来源：SASAKI 绘制

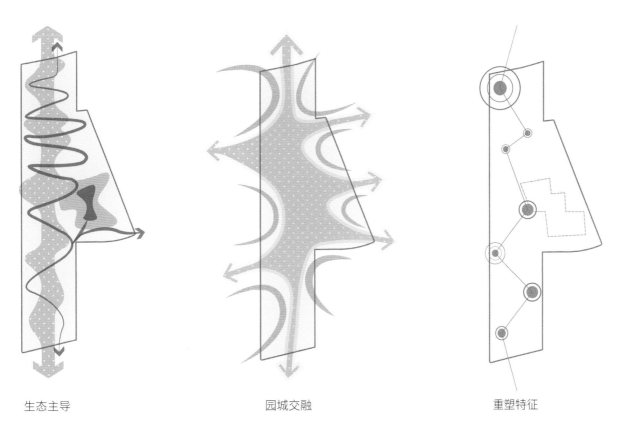

生态主导　　　　　　　　　　　园城交融　　　　　　　　　　　重塑特征

图 5-3　悦容公园设计策略模式图
资料来源：SASAKI 绘制

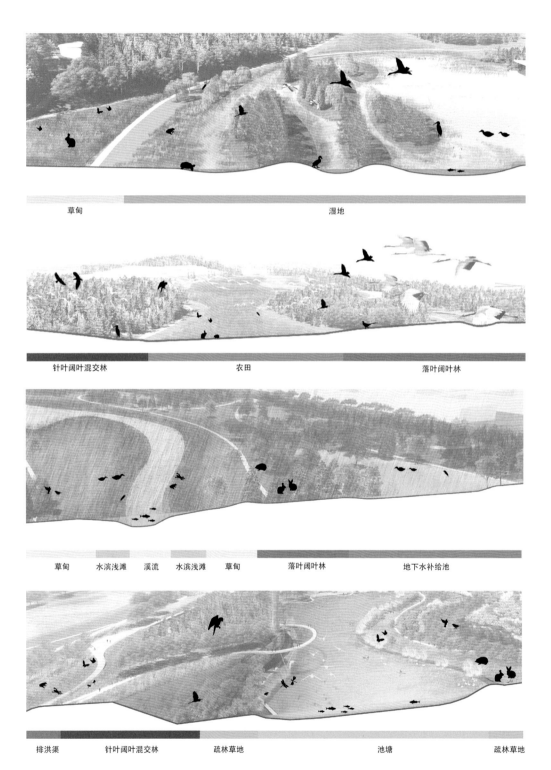

草甸　　　　　　　　　　　　湿地

针叶阔叶混交林　　　　　　农田　　　　　　　落叶阔叶林

草甸　水滨浅滩　溪流　水滨浅滩　草甸　　落叶阔叶林　　　地下水补给池

排洪渠　　针叶阔叶混交林　　　疏林草地　　　　　　池塘　　　　　疏林草地

图 5-4　悦容公园栖息地类型图
资料来源：SASAKI 绘制

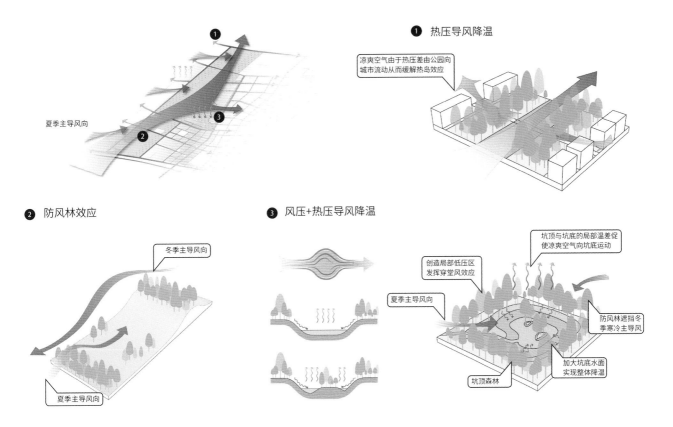

① 热压导风降温

凉爽空气由于热压差由公园向城市流动从而缓解热岛效应

② 防风林效应

冬季主导风向

夏季主导风向

③ 风压+热压导风降温

夏季主导风向

坑顶与坑底的局部温差促使凉爽空气向坑底运动

创造局部低压区发挥穿堂风效应

防风林遮挡冬季寒冷主导风

坑顶森林

加大坑底水面实现整体降温

图 5-5 悦容公园微气候分析图
资料来源：SASAKI 绘制

新容城八景

花间蝶恋

星谷冰舞

层林尽染

翠阴晴柔

锦带浴雨

荷田蛙鸣

碧塘鹤影

千松飞雪

新容城八景总图

空

空

空

碧塘鹤影

荷田蛙鸣

花间蝶恋

星谷冰舞

锦带浴雨

层林尽染

翠阴晴柔

图 5-6　新容城八景图
资料来源：SASAKI 绘制

2. AGENCE TER：城市港

　　白洋淀，一万年的积淀、一千年的起点。

　　AGENCE TER 岱禾设计团队从"蓝绿交织"四字着手，提取华北平原两大独特的景观要素——农田、淀泊作为灵感来源，用抽象、微缩的现代景观语汇，唤醒人们对华北水乡的文化记忆，表达人们对人与田、人与水交融共生这一生活方式的向往。而"蓝绿"作为整个场地的核心要素，承载并激发着不同空间界面的城市活力和生态活力，设计以港湾——城市中最具活力的空间形态为意象，提出"城市港"的概念，以人的活动为线索，串联蓝绿空间与城市空间，打造阡陌港、千年港、生态港三段主题港湾，形成蓝绿交织、城景共融的美好景象。

　　设计顺势而为，结合雄安新区"北林南淀"的空间特征及现状地貌情况，形成"三段、六景"的空间结构。由北往南，"三段"依次为田野段、城市段、淀湾段。"六景"即五彩田野——追寻传统农耕饮食与耕作风景的记忆；城市港湾——连续观赏公园全景的城市活力空间；绿色溪谷——人与自然和谐共生的生态主脉；矿塘桃源——水草丰茂、鸟语花香的世外桃源；活力森林——人文休闲与自然涵养相结合的生态绿屏，城市与公园共享界面；漂浮群岛（芦苇湿地）——历史人文与地域特征的重现，打造祥和、活力、浪漫、诗意的城市港湾。

　　设计围绕绿地位于容城老县城和容东先行示范区之间的特殊区位，提出"构建公园活力边界，容纳公众休闲活动"的策略，将边缘化的消极空间转化为活力共享空间，构建公园融入城市、城市作为公园背景的友好关系。方案利用林下空间活跃公园与城市界面的处理方式和思路，在后续深化过程中被吸收采纳，研究形成了"三区多景点，共享街区林带"的空间特色（图 5-7—图 5-17）。

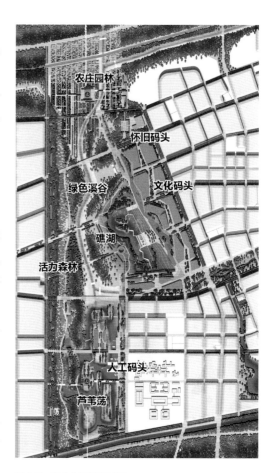

图 5-7　悦容公园总平面图
资料来源：AGENCE TER 绘制

图 5-8　悦容公园总体鸟瞰图
资料来源：AGENCE TER 绘制

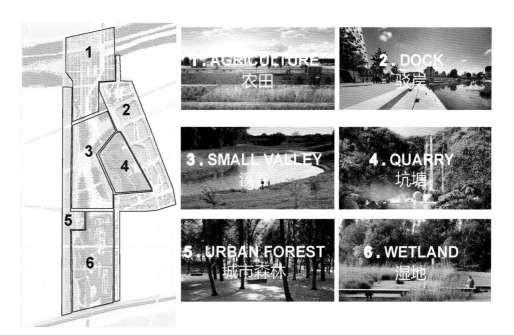

图 5-9　三段港湾、六个场所示意图
资料来源：AGENCE TER 绘制

图 5-10 田野段效果图
资料来源：AGENCE TER 绘制

图 5-11 五彩田野春景秋色
资料来源：AGENCE TER 绘制

图 5-12 城市港整体鸟瞰图
资料来源：AGENCE TER 绘制

图 5-13 城市港叠翠退台
资料来源：AGENCE TER 绘制

图 5-14 矿塘桃源·百鸟渊
资料来源：AGENCE TER 绘制

图 5-15 淀湾段整体鸟瞰图
资料来源：AGENCE TER 绘制

图 5-16 淀湾局部效果图
资料来源：AGENCE TER 绘制

图 5-17 漂浮群岛晴雨效果图
资料来源：AGENCE TER 绘制

3. 苏州园林设计院：乐千秋·中国脉

苏州园林设计院团队深入研究大区域及公园现状自然基底，尊重并融合太行山脉走廊的雄浑气势、淀泊芦荡的柔美水岸、现状坑塘霞壁的自然艺术美，以此构建悦容公园的山水脉络及造园艺术，并提出"蓄塘为湖，天然画境；深潭面霞，合而为苑；借壁为山，枫丹可依；因势汇水，通达南北"的技术路径。

规划从协调生态与人文、过去与未来、传承与创新三大关系入手，团队追根溯源，挑战求新，方案形成了三个特色亮点。其一为河湖共生的生态廊道——形成一河（生态河）与两湖（文化湖、活力湖），实现了生态基底完善和高度融合的城绿关系。其二为阴阳和合之山水礼序——传续历史之脉络，重塑山水间架，形成北中轴气韵连贯的山水之势，由此构建公园的核心山水园林地貌。其三为园林画卷，秀美景苑——传承中国文化及中国园林精髓，将中国园林艺术和中国园林精神深刻而透彻地贯穿于设计之中，用优美的语言诠释了"中华基因"在雄安新区的表达，同时创新运用智慧生态等技术，发展现代技艺，共构新时代景苑的园林格局。

宏观层面，将绿地纳入整个淀北片区的城市格局和南北轴线体系中研究，提出以传承中华文化基因为核心，以中为主，古今交融，与起步区南侧的大溵古淀遥相呼应，形成"方城居中，南北双苑"的结构，融入礼宾和美好生活等属性。中微观层面，以公园连接城市，南北向形成重要的生态景观廊道；东西向联动容城老城与容东新区，集合"海绵城市"等理念营造功能复合、弹性多变的林下共享花园，激活城市园林边界，以创新理念与技术，营建城苑融合的秀美景苑。规划构建了大园林体系，从传统的苑中之园走向未来开放共享之园，实现"大美雄安、中轴礼赞、筑梦桃源、秀美景苑"的规划愿景。

设计借鉴中国传统造园精髓和智慧，以水为脉，结合基地特征、山水地貌、周边城市开发、交通组织、生态廊道系统等方面内容，形成"一河两湖三进苑、千年一脉融多园"的规划结构。"一河"指的是满足城市排涝要求弹性变化的生态河滩体系；"两湖"指利用深坑形成的内湖和利用艺术馆形成的西湖——以一河为发展，两湖为传承；"三进苑"指"南部乐苑、中部诗苑、北部林苑"；"多园"指镶嵌在生态基底中，与蓝绿双脉融合的主题空间，满足各类人群的活动需求。

设计提出五大设计策略：弹性调蓄的河流消落带，多样的生物栖息地，具有弹性调蓄和源头净化雨水等管理功能的海绵绿地，近自然格局的植物群落、智慧生态技术等，增强方案的可实施性。

最初的感动成为项目创作最真诚的力量，作为优胜方案，设计对悦容公园的定位特色、空间结构、文化内涵、景观序列等内容的诠释，在后续方案深化中得到很好的延续和扩展，"传承弘扬中国文化及中国园林精髓"为"九师众创"带来了巨大的启发（图5-18—图5-27）。

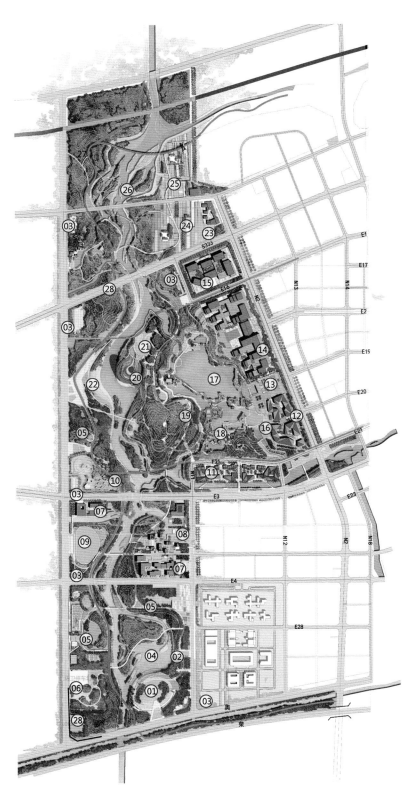

01 礼仪草坪   15 四星级酒店
02 市民活动广场   16 台地花园
03 停车场   17 容景湖
04 秀林湾   18 商业园林
05 预留弹性空间   19 清音阁
06 市政设施   20 艺术馆
07 配套商业   21 艺术公园
08 共享园林   22 艺术草坪
09 运动公园   23 养老院
10 儿童公园   24 中国院子
11 客栈   25 都市田园
12 商业街   26 净水湿地
13 入口广场   27 涵养森林
14 五星级酒店   28 加油加气站

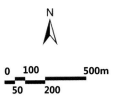

图 5-18 悦容公园总平面图
资料来源：苏州园林设计院绘制

图 5-19　悦容公园全园鸟瞰图
资料来源：苏州园林设计院绘制

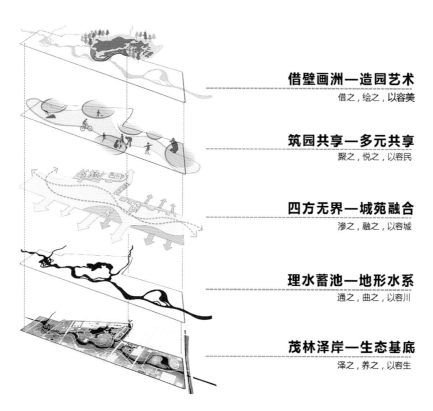

借壁画洲—造园艺术
借之，绘之，以容美

筑园共享—多元共享
聚之，悦之，以容民

四方无界—城苑融合
渗之，融之，以容城

理水蓄池—地形水系
通之，曲之，以容川

茂林泽岸—生态基底
泽之，养之，以容生

图 5-20　悦容公园设计策略图
资料来源：苏州园林设计院绘制

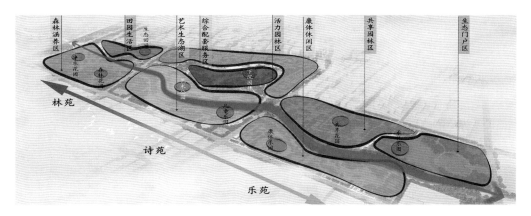

图 5-21　悦容公园功能分区图
资料来源：苏州园林设计院绘制

图 5-22　乐苑鸟瞰图
资料来源：苏州园林设计院绘制

图 5-23　诗苑鸟瞰图
资料来源：苏州园林设计院绘制

图 5-24 林苑鸟瞰图
资料来源：苏州园林设计院绘制

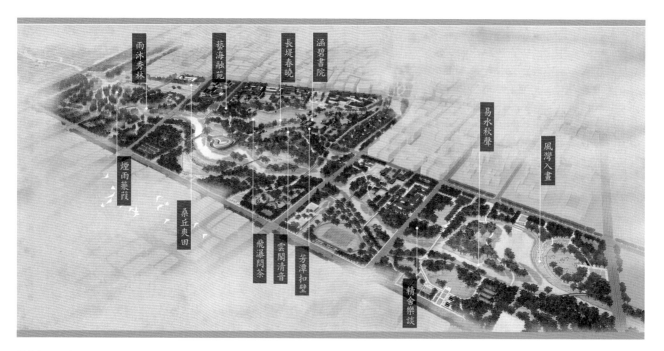

悦容十二景总图

风湾入画

共享街区

长堤春晓

涵碧书院

飞瀑问茶

绿脉望潭

河漫滩夏景

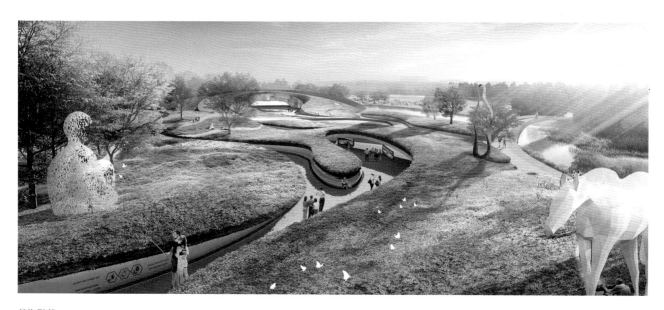

艺海融苑

水上森林

桑丘爽田

图 5-25 悦容十二景
资料来源：苏州园林设计院绘制

丰富——构建8种生境，创造生物多样性热点区域

依托林、田、水、草生态系统，构建密林、疏林、农田、河流、湖泊、滩涂、湿地、草地8类生境，构建微栖息地系统，提升生物多样性。

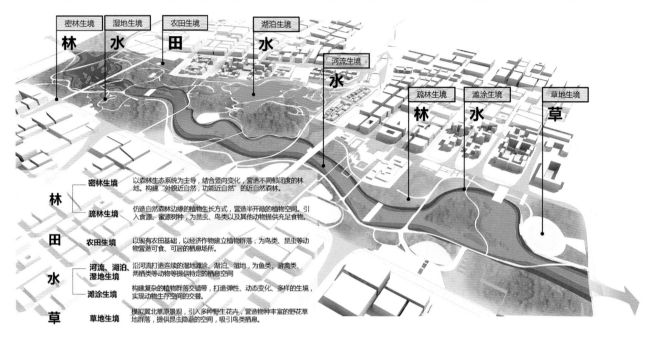

密林生境	以森林生态系统为主导，结合竖向变化，营造不同郁闭度的林地，构建"外貌近自然，功能近自然"的近自然森林。
疏林生境	仿造自然森林边缘的植物生长方式，营造半开敞的植物空间。引入食源、蜜源树种，为昆虫、鸟类以及其他动物提供充足食物。
农田生境	以现有农田基础，以经济作物建立植物群落，为鸟类、昆虫等动物营造可食、可居的栖息场所。
河流、湖泊、湿地生境	沿河流打造连续的湿地滩涂、湖泊、湿地，为鱼类、游禽类、两栖类等动物等提供特定的栖息空间。
滩涂生境	构建复杂的植物群落交错带，打造弹性、动态变化、多样的生境，实现动物生存空间的交叠。
草地生境	模拟冀北草原景观，引入多种野生花卉，营造物种丰富的野花草地群落，提供昆虫隐蔽的空间，吸引鸟类栖息。

图 5-26 生境构建
资料来源：苏州园林设计院绘制

弹性消落—动态演变的蓝绿生命空间

连接斑块，促进场地内部物质和能量流动
丰富群落，提供不同生态位动物的栖息地

消落带长度：3800m　　　　**消落带面积：4hm²**
消落带标高范围：7.5m - 9.0m　　**消落带宽度范围：9m - 75m**

图 5-27 消落带生境
资料来源：苏州园林设计院绘制

4. 北京市园林古建设计研究院：容川景

"容"是千年容城县的文化滋养，是开放包容，是多元融合，是
融会贯通的雄安形象，是融合创新的雄安精神；"川"是河流，是百川
东到海的区域生态空间，是一马平川的华北平原，也是晴川历历、芳
草萋萋的山水画卷。设计将绿地命名为"容川市民公园"，寓意以生
态为底，以文化为脉，为人民服务为本，打造韧性生态纽带，营造活
力公共空间，彰显东方文化韵味，实现生态共荣、人民乐融、文化涵
容的目标愿景。

方案通过三个节点建筑的设置，将中轴线 "由实转虚"，北端延
伸消隐于自然；通过海绵城市、雨洪管理、近自然造林和营造多样生
境四个方面构建一条有韧性的蓝绿生态纽带；利用现状地貌，模拟雄
安西倚太行、东望渤海的区域生态格局，形成中部负阴抱阳的山水核
心；分析中轴线上城市向绿色发展的规律和周边地块特点，由南至北，
形成礼序迎宾、康体乐活、天伦和美、山林密境的复合公园群及山水
林锦九境，形成"一轴、一带、一心、四园、九境"的布局特点（图5-28—
图5-31）。

设计对城市轴线的处理手法，在后续方案深化中得到了吸纳和
运用。

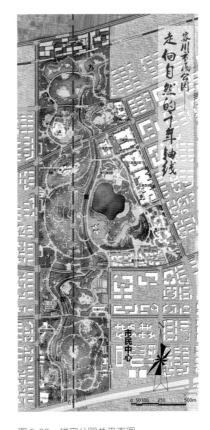

图 5-28 悦容公园总平面图
资料来源：北京市园林古建设计研究院绘制

图 5-29 悦容公园总体鸟瞰图
资料来源：北京市园林古建设计研究院绘制

图 5-30　悦容公园南入口效果图
资料来源：北京市园林古建设计研究院绘制

图 5-31　悦容公园游客中心效果图
资料来源：北京市园林古建设计研究院绘制

5.3
九师共绘

悦容公园历经前期定位研究、国际方案征集、实施方案优化整合等阶段后，为进一步落实高起点规划、高标准建设雄安新区的总体要求，坚持"中西合璧，以中为主、古今交融"，塑造"中华风范、淀泊风光、创新风尚"的城市风貌，新区管委会遵循弘扬优秀传统文化，保留中华文化基因的原则，以"创造历史、追求艺术"的精神为初衷，再次聚集国内风景园林行业的九位知名设计大师，亲自领衔进行二次创作。九师融百家之长，集北雄南秀之造园旨趣，为总体方案画龙点睛，凝神提气，为悦容这棵生命之树孕育硕果，在宏大中蕴藏精巧，着力打造新时代背景下的"中国园林"，传承并创新地设计实景集成。同时边创作、边提炼、边总结，形成营造法式和造园指南，绘就雄安高质量发展的生态画卷，促进经典中国园林文化艺术的传播，开启中国园林发展的新征程。

"九师共绘"分为四阶段工作，第一阶段为前期定位研究阶段，进行设计任务解读和创意构思；第二阶段为方案创作阶段，由行业资深专家（大师们的导师）进行咨询指导；第三阶段为集中深化阶段，综合专家、总体规划单位和规划研究中心的意见和建议，形成稳定成果；最后将九园方案纳入总体规划，缝合边界，整合内容，完善体系。

2019 年 3 月 7 日，"九园众创·九师共绘"工作正式启动。朱祥明、何昉、李雷、张新宇、王向荣、贺风春、李永红、陈跃中、李树华（图 5-32），九位南北园林规划设计大师团队齐聚一堂，与新区规建局、规划研究中心、总体规划单位进行深入交流和探讨。何昉大师表示："中国园林有法无式，今天我们要把式补上，做到有法有式，这是一种历史性的突破，希望这次的实践创新能被后辈所传承。"朱祥明大师表示："雄安为园林行业创造了历史性的机会和舞台，九师在国家战略的平台上进行众创、集创意义非凡，'雄安质量'需要全生命周期的制度保障，希望大师团队能全程参与公园的建设，落实好高起点规划、高标准建设的要求，确保建精品、出作品，形成百花齐放，百家争鸣的盛景。"王向荣院长表示："特别感谢新区管委会能够给大家这个机会，这种开放的工作方式在建筑界非常多，被称之为'集群设计'，园林界还是开篇第一次，尽管每个园子的主题不一样，但大家的压力依然非常大，这是一个竞技的舞台，让我们在创作过程中充分交流和学习，全力以赴把设计做好，把作品建好。"贺风春院长表示："无论作为总规划师单位还是九个大师团队之一，都要极尽全力把悦容公园建设成为一本实景教科书，留下新时代园林人为传承和创新所作出的努力，可谓责任重大。"

为进一步落实高质量发展的要求，新区管委会邀请风景园林、建筑（古建筑）行业的七位资深专家——张树林、施奠东、詹永伟、周在春、檀馨、李雄、党辉军组成专家委员会，全过程跟踪指导悦容九园众创设计与建设实施。

何昉团队

朱祥明团队

李雷团队

张新宇团队

王向荣团队

贺风春团队

李永红团队

陈跃中团队

李树华团队

图 5-32　南北园林规划设计大师团队齐聚一堂

　　为解决北京、上海、杭州、苏州四地空间距离产生的沟通障碍，设计团队在创作初期制定了每周视频沟通会的制度，探讨九园主题脉络体系、各园表达重点等核心内容，解决技术交流、技术方案和造园观点等问题，在碰撞中持续推进方案创作。

　　2019 年 4 月 8 日，专家们（图 5-33）听取了各团队的中期汇报，充分肯定了悦容九园传承中国文化、展示中国园林技艺、演绎优秀园林文化的立意和初心，强调只有创新才能赋予传统文化更鲜活的生命力，鼓励大师积极呈现传承创新的破题之作，向国内外专业同行展示中国园林的独特魅力。

　　2019 年 5 月 14 日至 15 日，专家组对九园概念方案进行了 48 小时集中评审，以园林博览的高度，从规划结构、造园体系、设计手法、意境营造、经典工艺等多维角度出发，对方案进行了详实的评审和指导。专家组表示：九园成果远远超出设计方案本身的意义，这是几代园林人的匠心梦想和心血智慧，无论是专家组还是设计团队，参与其中，既是荣幸又是责任，是群力之举、众智之为。经修改完善，九园方案纳入"一张总图"，为后续实施夯实了基础。

　　悦容公园的诞生是一个不断生长、不断蜕变的过程，充分体现了雄安新区践行"创新、绿色、协调、开放、共享"的五大发展理念，始终坚持"世界眼光、国际标准、中国特色、高点定位"的态度。九个园中园"北雄南秀"，貌似风格迥异，却因自然的无界之境，因人民对美好生活的向往，因中国园林的传承创新，而在悦容的大园林中和谐统一，这就是众创设计的力量，亦是雄安质量的保障。

图 5-33　专家们对方案进行了详实的评审和指导

5.4
一张蓝图

1. 横向覆盖，协同推进

悦容公园的设计严格贯彻"一张蓝图干到底"的思想，强化顶层规划设计的重要性。统筹协调多专业、多接口与总体规划、专项规划、起步区及容城组团控制性规划的对接。明确城镇开发、生态景观、建筑风貌、防洪排涝、公共服务、智慧建设、文化艺术等专业设计要求，考虑后期运营管理和资金平衡，加强前后联动、上下贯通、多专业协同，统筹规划、统一设计、统一实施。

2. 纵向到底，创造质量

（1）规划师单位负责制

其规划愿景令人振奋，规划落地任重而道远。为高效推动悦容公园建设实施，确保建成效果，雄安新区积极探索实践规划师单位负责制，以规划设计为引领，让规划管到位，跟到底。充分尊重规划师单位在总体把控、专业协同、技术指导等方面的科学权威性，由规划师单位协助新区主管部门和项目建设单位共同把关实施设计、专项深化、施工指导、运营管理等工作，成为主管部门和设计单位间的沟通桥梁和纽带，搭建"上、下、左、右"多向互通的平台，做好规划方案重点与要点解读说明。根据项目进展情况不断引入专业团队，强化公园建设品质，以"创造历史、追求艺术"的精神，跟踪指导专项设计深化工作，及时吸纳前瞻创新的设计理念和优秀作品成果，更新完善方案，确保规划的科学性、合理性和可操作性。同时，协调解决各阶段设计过程中出现的专业交叉、共构等技术难点，在总体规划的层面上做好平衡与统一，利用综合管理的空间和口径，实现多重功能复合叠加，构建工序环环相扣、责任层层落实的工作模式，确保一张蓝图干到底。

（2）专家决策咨询机制

规划、园林、建筑（古建）、生态、水利、智慧城市、文化、艺术 8 大专业，近 30 位知名专家跟踪参与悦容公园的规划设计全过程，凭借各自几十年的从业经历、专业眼界、技术能力、实践经验，对悦容公园方案进行专题咨询和技术把关，对关键问题提出了专业权威的意见和建议，发挥了专家团队辅助政府决策的重要作用，为扎实推进悦容公园建设提供强有力的技术保障。

6

CHAPTER 6

第 6 章

使 命

蓝绿交织绘底色，
城景应和寓生机。
工匠精神铸经典，
悦容筑梦见初心。

——孟兆祯

参与悦容公园规划设计的专家团队代表，对中国园林的传承和发展提出的感悟和期许。

6.1
新时代中国园林人

中国园林"虽由人作,宛自天开",是融合建筑、山水、花木、文学、书画等于一炉的综合艺术品,在世界园林史上独树一帜,被誉为"世界园林之母"。在生态文明发展的新时代,现代风景园林的外延和内涵不断拓展,通过统筹山水生态、自然空间、景观形象、游憩功能和历史人文等多项要素,传承文化传统、营造生态环境、塑造城市形象、打造休闲空间,业已形成提升城市环境品质、提高居民获得感、增强城市竞争力、实现健康永续发展的重要手段。

风景园林正面临着时代赋予的巨大机遇和挑战,如何传承、发展、创新中国园林文化和园林技艺,是新时代中国风景园林人的历史使命。作为中国进入高质量发展阶段的"千年大计、国家大事",雄安新区以"世界眼光、国际标准、中国特色、高点定位",面向世界提出了人类城市的一种理想模式,以 70% 的蓝绿空间构筑人与自然的生命共同体,这既是当下的前沿理念,也是中国智慧的体现。

由上海市园林设计研究总院有限公司、苏州园林设计院有限公司、北京北林地景园林规划设计院有限责任公司、北京市园林古建设计研究院有限公司、杭州园林设计院股份有限公司、天津市园林规划设计院、广州园林建筑规划设计院和深圳媚道风景园林与城市规划设计院有限公司等自发联合成立的"中国园林(雄安)设计联盟"(图 6-1),以"中国园林在雄安的传承和发展"为使命与责任,充分挖掘中国园林几千年的文化瑰宝,探索新时代中国园林的传承与创新,弘扬民族气质和文化自信,实现中国园林的历史性复兴,为中国园林行业的发展探明方向。中国园林(雄安)设计联盟的全体同仁深感责任重大,决定攻坚克难,忠诚担当,绘好新时代的"雄安画卷"。

图 6-1 中国园林(雄安)设计联盟成立

6.2
专家共话传承发展

　　自《河北雄安新区规划纲要》制定两年多以来，各方面建设工作有序推进，风景园林建设作为美丽的绿色基底，是应该最早开始的建设行业方向，且需要具备国际化的视野和战略高度，具体而言有以下三点建议：

　　一是坚持生态空间统筹布局，优先推动绿色基础设施全覆盖建设工作的全面推进，增强生态资源的连续性，为生态文明建设打好坚实基础。

　　二是优先考虑满足人的绿色出行需求，优先选择绿色慢行系统，拓展共享空间。从绿道建设入手，全面推进包括古道、碧道在内的多道合一的建设工作齐抓共进。

　　三是风景园林建设工作必须与时代同频共振，加强对环境修复和设计创新的全新理解，积极发展四个自然，让雄安成为现代的、自然系统完善的全球新城建设典范。

　　京畿大地，千年百都，雄安新区风景园林既要继承和发展中国园林文化传统，又要脚踏实地建设并打造符合当今时代要求的典范艺术阵地和优美园境风光。

何昉

全国工程勘察设计大师

中国勘察设计协会园林和景观设计分会副会长

深圳媚道风景园林与城市规划设计院有限公司董事长兼主持规划设计师

　　中国传统园林的传承与发展与发达国家相比，特别是跟邻国日本相比，差距还很大，可谓任重而道远。

　　这次由九个长期在中国园林规划设计前沿耕耘的设计师领衔众创的九个大师园，兼容南北不同风格，运用不同的园林艺术法则，共同演绎、诠释对中国传统园林的理解和展示，九个大师园虽然风格不同，但是以一个互相关联的整体空间系列展示的，这在近代中国传统园林的建造史上是史无前例的。

　　这次大师园的规划设计创作过程，也是我们踏踏实实研究如何找到传统中国传统园林的"魂"与"神"的过程，我们的目标就是要营造一种中国传统园林的气场感、仪式感。一方面，让普通的游客感动，感受到中国传统文化的博大精深；另一方面，也向国内外专业同行展示中国传统园林的独特魅力。

朱祥明

全国工程勘察设计大师

中国勘察设计协会园林和景观设计分会副会长

上海市园林设计研究总院有限公司董事长

随着文明进步和时代更迭，现代中国园林经历了三个转变。其一，服务对象的转变——从为少数人服务的"私园"转成为公众服务的"公园"；其二，园林功能的延伸——从古典园林的游憩和审美功能，延伸出生态保护、减灾避险等综合服务功能；其三，行业范畴的拓展——学科融合让园林行业走出"学术围墙"，开始思考区域发展、城乡统筹、生态环境等国策层面的问题。

在生态文明建设的大背景下，构建了园林行业的新格局，赋予了园林行业新的挑战。化园为"器"，园以载"道"——传承中华文化基因，坚定"人与自然和谐共生"的初心，坚定为人民服务的意愿，是当代园林人的社会责任与历史担当。

道阻且长，行则将至。吾辈共勉之！

李 雷

中国勘察设计协会园林和景观设计分会会长

北京北林地景园林规划设计院有限责任公司董事长

我告诫自己，做园林史研究，应该专注于历史之中。一部好的园林史研究不是为了迎合现实或是预判未来去编写历史，也不是为了佐证自己的学术思想去阐释历史，而是如实地记录和说明过去。所以，研究园林历史，首先要正确地认识历史本身，弄清历史事实发生的真相，按照历史的本来面目写历史。

作为风景园林的教师，必须要研习历史，但不应沉湎于历史之中而失去对现实的敏感，也不可由于历史的远去和今昔之别而充满对现实和未来的恐惧，更不能陶醉于过去的历史成就而对未来充满盲目的自信。

作为风景园林设计师，一方面，应该保护前人在过去的岁月中创造的文化遗产，让它们经我们之手再完整地传递给下一代；另一方面，也应该创造属于我们这个时代有价值的文化，只有这样的文化才有可能成为新的遗产，成为留给后代的财富，也才有可能使后人通过它们来了解我们这个时代的传统。

王向荣

北京林业大学园林学院教授、院长

第四、五届中国风景园林学会副理事长

《中国园林》主编

从业三十二年来，无论是江南名园的修复设计，还是国外苏式园林的再创作，我都会被中国古典园林深邃的思想、精湛的技艺、如诗如画的美景所倾倒。传承中国古典园林文化瑰宝，责无旁贷。

传承有道，以学为承，学习造园理论，研究园林历史，追本溯源，方知中华造园根本；以干为传，勇于实践，不断探索，方解中华造园奥妙。发展有脉，沿着中华园林文化主脉，兼收并蓄各种外来理论，中外优秀科学技术为我所用，方能有序发展。学习自然之道，顺应时代变化，感悟人性真谛，方能创新有源。

苏州园林是园林规划设计的思想宝库，发展创新的灵感源泉，幸福生活的人间范本。以"人与天调、天人共荣"作为我们的行动宗旨，创造具有中国魅力的优秀作品是历史赋予我们的责任。

贺风春

江苏省设计大师

中国勘察设计协会园林和景观设计分会副会长

苏州园林设计院有限公司董事长

中国园林的传承发展与中国环境的变迁有着密切关联，中国的环境史历经了从森林河湖密布到森林湖泊消失、土地沙化的过程，在这个过程中，中国园林从汉唐园林的"巨丽也""望八荒，视天都若盖，江河若带，又况万物在其间者乎？其为乐岂不大哉？"转变为院墙里的"一石则太华千寻，一勺则江河万里"。

中华人民共和国成立以来，特别是进入中国特色社会主义新时代后，风景园林专业迎来了发展的春天。我们的工作已不仅是单纯的绿化美化，不仅是庭院绿化与道路绿化，而是要在更高层面全尺度空间施展才华——风景园林登上了更宽广的舞台，森林城市、公园城市、绿色生态宜居城市都是我们为之奋斗的目标。

新时代的风景园林面对新的历史使命，督促我们要继承并弘扬中国传统文化关于人与自然关系的哲学思想，从广大市民的需求出发，应用新技术、新标准、新材料、新工艺，建设人与自然和谐共处的美丽家园。

张新宇

中国勘察设计协会园林和景观设计分会副会长

北京市园林古建设计研究院有限公司董事长

中国园林的传承与创新是个大课题。我个人的体会是，中国的传统园林与其特有的山水文化关系十分密切。所谓的隐逸山水是中国知识分子寄托情怀、修身养性的灵魂归所。在中国园林源远流长的历史中，始终贯穿人文山水的脉络。作为一名园林设计师，这种特殊的山水情结始终伴随着我的创作。

尊重传统是为了更好地创造未来，当代的设计师还必须注意吸纳和掌握当今的文化现象和设计理念，以世界的眼光去看待传统，将历史人文价值与现代功能、生态技术、时代精神融为一体。风景园林是日常生活的一部分，应该表达当代思想感情，用最新的理念和技术去品味和欣赏我们最优秀的传统。

作为一名设计师，我希望更多地将思考注入实践，用作品发声，知行合一地推动中国优秀园林传统迈向未来。

陈跃中

中国建筑学会园林景观分会 副主任委员

易兰（北京）规划设计院创始人、首席设计师

　　风景园林专业和"美丽中国"的事业天然贴合。作为人居环境中具有"生命"的要素，风景园林是"'人地、人际'美好关系"的积极塑造者——这种"美好关系"既因关乎国家的生态文明建设而特别宏大，也因指涉身边环境的点滴改善而具体可感。

　　风景园林的"生命观"也是一种"文化观"。作为传统优秀文化的重要载体，中国古典园林体现了前人对于理想中"美好生活"的诸多向往和努力。其中文人园林所追求的由"浴沂咏归"所代表的"生命乐境"，以及由此带来的对日常生活的诗意塑造，尤其是极具开放性的杭州西湖所闪耀的"民本"光辉，都值得今人继承和发扬。

　　风景园林的"生命观"也是一种"发展观"。当代风景园林建设需响应时代需求，在从一般响应市民户外休闲活动到积极塑造健康生活方式，从普遍改善身边环境到积极带动城乡发展等方面做出有效探索——为"美丽中国、美好生活"建设贡献专业力量。

李永红
中国风景园林学会规划设计分会副理事长
杭州园林设计院股份有限公司副总裁

　　植物景观是园林的重要组成部分之一，它不仅赋予了园林季相变化与生命活力，也使园林空间舒适宜人。在两千余年的发展过程中，我国传统园林形成了精湛的营造手法和珍贵的文化遗产，如"桃红柳绿"水边栽植法、"松竹梅"三君子、"玉堂富贵"庭园植物布置等；此外，明代王象晋《群芳谱》中的"雅称"、明末清初陈淏子《花镜》中的"种植位置法"都对传统园林的植物配置和种植设计进行了总结，达到了有史以来的极高水准。

　　随着园林所有者发生变化，以及园林面积从小到大、服务对象从少数人到广大市民群众的变化，园林植物景观的功能已经从过去的景观美化、文人雅赏、意境创造等向综合方向发展，如出现了对于生态涵养、防灾避险以及康养卫生等功能的要求。随着新的功能的出现，我们必须在传承传统植物景观营造手法的基础上，对于植物景观设计、施工，甚至维护管理都进行创新和发展。

李树华
中国风景园林学会园艺疗法与园林康养专业委员会主任委员
清华大学建筑学院绿色疗法与康养景观研究中心主任
清华大学建筑学院景观学系教授

致谢

悦容公园园林设计工作经历了前期定位研究、国际方案征集、实施方案优化综合、知名设计大师园众创集创、专家论证深化完善等多个阶段，参与的单位和人员众多，在此向给予指导和支持的专家、学者、专业技术人员表示衷心感谢。（致谢名单排名不分先后）

专家顾问团队

孟兆祯　张树林　李　雄　檀　馨　施奠东　詹永伟　周在春　周　俭　刘智敏　党辉军

指导单位

河北雄安新区管理委员会

河北雄安新区规划建设局

规划设计阶段

苏州园林设计院有限公司

上海同济城市规划设计研究院有限公司

雄安城市规划设计研究院有限公司

《悦容春晓图》作者华海镜

国际方案征集阶段

Sasaki Associates, Inc.

AGENCE TER 法国岱禾景观设计事务所

苏州园林设计院有限公司

北京市园林古建设计研究院有限公司

勘察设计阶段

苏州园林设计院有限公司

上海市园林设计研究总院有限公司

北京北林地景园林规划设计院有限责任公司

北京市园林古建设计研究院有限公司

杭州园林设计院股份有限公司

易兰（北京）规划设计股份有限公司

深圳媚道风景园林与城市规划设计院

清华大学

北京林业大学

中国电建集团华东勘测设计研究院有限公司

北京市建筑设计研究院有限公司

润·建筑工作室

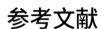

参考文献

[1]　俞廷献 . 容城县志 . 北京：方志出版社，1999.

[2]　梁勇 . 大美雄安 . 石家庄：河北美术出版社，2017.

[3]　厉鹗 . 辽史拾遗：卷 14. 北京：中华书局，1985.

[4]　李培祜 . 保定府志：卷 2. 日本藏中国罕见地方志丛刊 . 北京：书目文献出版社，1992.

[5]　李焘 . 淳化四年二月辛亥 // 续资治通长编：卷 34. 北京：中华书局，2004.

[6]　吕陶 . 奉使契丹回上殿札子 // 净德集：卷 5. 北京：中华书局，1985.

[7]　宋裒 . 雄州道中即事 // 文渊阁四库全书（第 1212 册）：燕石集（卷 5）. 台北：商务印书馆，1969.

[8]　庞元英 . 文昌杂录：卷 4. 北京：中华书局，1985.

[9]　秦廷秀，褚保熙 . 金赵元卿均乐亭记 // 雄县新志：第 9 册 . 台北：台北成文出版社，1969.

[10]　河北雄安新区规划纲要 .2018.

[11]　吴良镛 . 中国人居史 . 北京：中国建筑工业出版社，2014.

[12]　宗白华 . 艺境 . 北京：北京大学出版社，1999.

[13]　周维权 . 中国古典园林史 . 北京：清华大学出版社，1999.

[14]　王毅，刘绍武 . 智者的审美 . 上海：上海交通大学出版社，2001.

[15]　傅志前 . 从山水到园林：谢灵运山水园林美学研究 . 济南：山东大学，2012.

[16]　乔迅翔 . 宋代建筑台基营造技术 . 古建园林技术，2007(1).

[17]　李金宇 . 论中国古典园林中的"塔影". 中国园林，2010(11).

[18]　河北雄安新区容东片区控制性详细规划 .2019.

[19]　Auttapone Karndacharuk. 城市环境中共享（街道）空间概念演变综述 . 城市交通，2015(3).

[20]　刘滨谊 . 城市道路景观规划设计 . 南京：东南大学出版社，2002.

[21]　黄秋实 . 南京老城社区型共享街道空间建构与活力营造：以成贤街—碑亭巷—延龄巷为例 . 南京：东南大学，2017.

[22]　张永鹏 . 塑造人本街道：城市街道设计导则构建方法研究 . 大连：大连理工大学，2017.

[23]　张皖清，董丽 . 北京城市公园中鸟类对植物生境及种类的偏好研究 . 中国园林，2015.31(08)：15-19.

[24]　马明，蔡镇钰 . 健康视角下城市绿色开放空间研究：健康效用及设计应对 . 中国园林，2016.32(11).

[25]　彭一刚 . 中国古典园林分析 . 北京：中国建筑工业出版社 1986.

[26]　沈复 . 浮生六记 . 南京：江苏古籍出版社，2000.

[27]　沈括 . 梦溪笔谈 // 杨大年 . 中国历代画论采英 . 南京：江苏教育出版社，2005.

[28]　陈从周 . 说园 . 上海：同济大学出版社，2007.

[29]　张文东，刘琦 . 中华诗词经典百首赏析 . 长春：吉林文史出版社，2001.

[30]　吕明华，蒋俊敏，周江漪 . 空中的东方林泉，心相印的世界级峰会：中国·杭州 2016 年 G20 峰会场馆屋顶花园景观设计解析 . 中国园林，2016(10).

[31]　杨鸿勋 . 江南园林论 . 上海：上海人民出版社，1994.

[32]　金学智 . 中国园林美学 . 北京：中国建筑工业出版社，2000.

[33]　刘月 . 中西建筑美学比较研究 . 上海：复旦大学，2004.

[34]　计成园冶 . 陈植，注释 . 北京：中国建筑工业出版社，1988.

[35]　吴自牧 . 梦粱录 . 杭州：浙江人民出版社，1984.

[36]　张承安 . 中国园林艺术辞典 . 太原：山西教育出版社，1994.